国家级精品课程配套教材

粮油食品加工技术

袁　仲　主编
张百胜　主审

化学工业出版社
·北京·

内容简介

《粮油食品加工技术》是国家级精品课程配套教材,以粮油食品生产企业为依托,以满足职业岗位需要为中心,以粮油食品加工的理论知识为基础,以培养实践技能为目的,系统地介绍了粮油食品加工原料知识、加工原理、加工技术及设备使用技术。本教材分为粮油食品加工原辅料知识、焙烤食品加工技术、挂面方便面加工技术、速冻米面制品加工技术四个模块,每个模块分为2~4个项目,每个项目分为3~6个学习单元,每个学习单元以一种典型产品为例,介绍原料的要求及配方、加工工艺、设备操作、生产管理、质量标准、产品研发及创新等内容,其中融入了现代粮油食品企业所采用的新技术和新成果,并搭配特色食品技能训练,体现以职业岗位为导向、以技能培养为重点的高职特色;教材有机融入思政与职业素养内容,体现以德树人;配有数字资源,可扫描二维码学习参考;电子课件可从 www.cipedu.com.cn 下载。

本教材可作为职业教育食品智能加工技术等食品类专业教材,也可作为从事粮油食品加工企业技术人员和管理人员参考用书。

图书在版编目(CIP)数据

粮油食品加工技术 / 袁仲主编. --北京:化学工业出版社,2024.9.
国家级精品课程配套教材
ISBN 978-7-122-45654-0

Ⅰ.①粮… Ⅱ.①袁… Ⅲ.①粮食加工-高等学校-教材②油料加工-高等学校-教材 Ⅳ.①TS210.4②TS224

中国国家版本馆CIP数据核字(2024)第097735号

责任编辑:迟 蕾 李植峰　　文字编辑:药欣荣
责任校对:李雨函　　装帧设计:王晓宇

出版发行:化学工业出版社
　　　　(北京市东城区青年湖南街13号 邮政编码100011)
印　装:三河市双峰印刷装订有限公司
787mm×1092mm 1/16 印张13¼ 字数325千字
2025年1月北京第1版第1次印刷

购书咨询:010-64518888　　售后服务:010-64518899
网　　址:http://www.cip.com.cn
凡购买本书,如有缺损质量问题,本社销售中心负责调换。

定　价:48.00元　　　　　　　版权所有　违者必究

前言

为全面贯彻落实中共中央办公厅、国务院办公厅《关于深化现代职业教育体系改革的意见》，以及教育部《"十四五"职业教育规划教材建设实施方案》，教材以"围绕行业办专业，围绕市场育人才"为指导思想，基于河南粮油食品行业优势，进行了广泛的行业调研和深入的岗位分析，形成以"工作过程导向"为原则的体系，以职业岗位群任职要求和相关职业资格标准为具体内容，以实际生产过程出现的产品质量问题为案例进行编写，充分实现学生从毕业到就业的无缝对接。

《粮油食品加工技术》教材为国家级精品课程粮油食品加工技术配套教材，在教材编排中，尽可能多采用生产实际中的案例剖析问题，加强与实际工作的对接，反映行业中正在应用的新技术、新方法，体现科学性、实用性与先进性的结合，注重理论知识和实践技能的有机结合。在内容选择和编排顺序上尽可能结合食品类专业的实际需要，以对应于职业岗位的知识与技能要求为目标，以"必需、够用、实用"为重点，力求文字简练规范、语言通俗易懂、图文并茂，便于理解和掌握。教材有机融入课程思政与职业素养内容；数字资源可扫描二维码学习参考；电子课件可从 www.cipedu.com.cn 下载。

本教材由商丘职业技术学院袁仲教授任主编，商丘职业技术学院周向辉、北京电子科技职业学院姜斌、商丘职业技术学院李哲斌任副主编。粮油食品加工原辅料知识由商丘职业技术学院祝贝贝、李亚会编写；焙烤食品加工技术由北京电子科技职业学院姜斌、商丘职业技术学院袁彬、商丘风帆西点蛋糕学院刘治国编写；挂面方便面加工技术由商丘职业技术学院王焕、国家面粉及制品质量检验检测中心胡亚苹编写；速冻米面制品加工技术由商丘职业技术学院周向辉、郑州三全食品股份有限公司张鹏辉编写；微课、视频、动画等数字资源由商丘职业技术学院李哲斌提供；全书由袁仲统稿并整理；郑州工程技术学院张百胜教授主审。

教材编写中得到了编写单位的大力支持，在此一并表示感谢！

由于编者水平有限，不足之处在所难免。敬请广大读者批评指正。

编者
2024 年 5 月

目 录

模块一 粮油食品加工原辅料知识 ... 1

项目一 原料选择与处理 ... 2
【知识目标】... 2
【能力目标】... 2
【职业素养目标】... 2
学习单元一 面粉选择与预处理 ... 2
学习单元二 大米和米粉选择与预处理 ... 7
学习单元三 油脂选择与预处理 ... 10
学习单元四 糖选择与预处理 ... 14
学习单元五 水选择与预处理 ... 17
【复习思考题】... 19
【数字资源】... 19

项目二 辅料选择与处理 ... 20
【知识目标】... 20
【能力目标】... 20
【职业素养目标】... 20
学习单元一 蛋与蛋制品选择与预处理 ... 20
学习单元二 乳与乳制品选择与预处理 ... 23
学习单元三 肉与肉制品选择与预处理 ... 26
学习单元四 蔬菜选择与预处理 ... 29
学习单元五 果料选择与预处理 ... 31
学习单元六 其他辅料的选择与预处理 ... 33
【复习思考题】... 36
【数字资源】... 36

项目三 食品添加剂选择与处理 ... 37
【知识目标】... 37
【能力目标】... 37
【职业素养目标】... 37
学习单元一 疏松剂选择与预处理 ... 37
学习单元二 氧化剂、还原剂选择与预处理 ... 38
学习单元三 乳化剂、稳定剂选择与预处理 ... 39
学习单元四 香料香精、色素选择与预处理 ... 43
【复习思考题】... 45
【数字资源】... 45

模块二　焙烤食品加工技术 …… 46

项目一　蛋糕加工技术 …… 47
【知识目标】 …… 47
【能力目标】 …… 47
【职业素养目标】 …… 47
学习单元一　海绵蛋糕加工技术 …… 47
学习单元二　重油蛋糕加工技术 …… 52
学习单元三　戚风蛋糕加工技术 …… 55
学习单元四　裱花蛋糕加工技术 …… 58
【复习思考题】 …… 61
【数字资源】 …… 61

项目二　面包加工技术 …… 62
【知识目标】 …… 62
【能力目标】 …… 62
【职业素养目标】 …… 62
学习单元一　一次发酵法面包加工 …… 62
学习单元二　二次发酵法面包加工 …… 70
学习单元三　快速发酵法面包加工 …… 73
【复习思考题】 …… 74
【数字资源】 …… 75

项目三　饼干加工技术 …… 76
【知识目标】 …… 76
【能力目标】 …… 76
【职业素养目标】 …… 76
学习单元一　酥性饼干加工技术 …… 76
学习单元二　韧性饼干加工技术 …… 80
学习单元三　苏打饼干加工技术 …… 84
学习单元四　曲奇饼干加工技术 …… 87
【复习思考题】 …… 89
【数字资源】 …… 90

项目四　月饼加工技术 …… 91
【知识目标】 …… 91
【能力目标】 …… 91
【职业素养目标】 …… 91
学习单元一　广式月饼加工技术 …… 91
学习单元二　苏式月饼加工技术 …… 98
【复习思考题】 …… 100
【数字资源】 …… 100
技能单元一　蛋糕加工 …… 101
　技能训练一　樱花戚风蛋糕制作 …… 101
　技能训练二　提拉米苏蛋糕卷制作 …… 101

  技能训练三 草莓夏洛特蛋糕制作 ········· 102
 技能单元二 面包加工 ········· 104
  技能训练一 乳酪岩烧吐司制作 ········· 104
  技能训练二 巧克力吐司制作 ········· 105
  技能训练三 菠菜罗宋面包制作 ········· 107
 技能单元三 饼干加工 ········· 109
  技能训练一 火龙果曲奇饼干制作 ········· 109
  技能训练二 椰香糯米老婆饼制作 ········· 109
  技能训练三 马卡龙制作 ········· 110
 技能单元四 月饼加工 ········· 111
  技能训练一 广式月饼制作 ········· 111
  技能训练二 双酥月饼制作 ········· 112
 技能单元五 焙烤食品创新创业训练 ········· 112
  技能训练一 彩虹心千层蛋糕制作 ········· 112
  技能训练二 粽情端午面包制作 ········· 113
  技能训练三 创意月饼设计制作 ········· 114

模块三 挂面方便面加工技术 ········· 115

项目一 挂面加工技术 ········· 116
【知识目标】 ········· 116
【能力目标】 ········· 116
【职业素养目标】 ········· 116
学习单元一 一般挂面加工技术 ········· 116
学习单元二 鸡蛋挂面加工技术 ········· 127
学习单元三 杂粮挂面加工技术 ········· 130
【复习思考题】 ········· 132
【数字资源】 ········· 132

项目二 方便面加工技术 ········· 134
【知识目标】 ········· 134
【能力目标】 ········· 134
【职业素养目标】 ········· 134
学习单元一 油炸方便面加工技术 ········· 134
学习单元二 热风干燥方便面加工技术 ········· 143
学习单元三 方便面调味料加工技术 ········· 148
【复习思考题】 ········· 152
【数字资源】 ········· 153
技能单元 挂面加工 ········· 153
 技能训练 花色挂面加工 ········· 153

模块四 速冻米面制品加工技术 ········· 156

项目一 发酵型速冻面制品加工技术 ········· 157
【知识目标】 ········· 157
【能力目标】 ········· 157

【职业素养目标】 157
　　学习单元一　速冻馒头加工技术 157
　　学习单元二　速冻包子加工技术 162
　　学习单元三　速冻花卷加工技术 164
　　【复习思考题】 166
项目二　非发酵型速冻面制品加工技术 167
　　【知识目标】 167
　　【能力目标】 167
　　【职业素养目标】 167
　　学习单元一　速冻水饺加工技术 167
　　学习单元二　速冻馄饨加工技术 174
　　学习单元三　速冻飞饼加工技术 176
　　【复习思考题】 179
　　【数字资源】 179
项目三　速冻米制品加工技术 180
　　【知识目标】 180
　　【能力目标】 180
　　【职业素养目标】 180
　　学习单元一　速冻汤圆加工技术 180
　　学习单元二　速冻粽子加工技术 184
　　学习单元三　速冻米饭加工技术 192
　　【复习思考题】 196
　　【数字资源】 196
　　技能单元一　发酵型速冻面制品加工 197
　　　技能训练　速冻包子制作 197
　　技能单元二　非发酵型速冻面制品加工 198
　　　技能训练一　创意水饺设计制作 198
　　　技能训练二　速冻馄饨制作 198
　　技能单元三　速冻米制品加工 200
　　　技能训练　速冻粽子制作 200

参考文献 203

模块一
粮油食品加工原辅料知识

项目一
原料选择与处理

知识目标

熟悉粮油食品加工原料的种类和性质；理解粮油食品加工原料的作用；掌握粮油食品加工中不同的产品对原料的要求；了解食品加工中原料的选择与预处理。

能力目标

具有学习新知识并充分运用知识的能力；具有正确选择和使用粮油食品加工原料的能力；具有正确鉴别粮油加工食品原料质量的能力。

职业素养目标

培养勤俭、奋斗、创新、奉献的劳动精神，有强烈的事业心和社会责任感；具有一定的专业基础知识和技能。

学习单元一 面粉选择与预处理

一、面粉的成分、性质和作用

1. 面粉的化学成分及性质

面粉的主要化学组成如表 1-1 和表 1-2。

表 1-1 小麦面粉主要化学成分含量

品种	水分/% （质量分数）	蛋白质/% （质量分数）	脂肪/% （质量分数）	糖类/% （质量分数）	灰分/% （质量分数）	其他
标准粉	11～13	10～13	1.8～2.0	70～72	1.1～1.3	少量维生素和酶
精白粉	11～13	9～12	1.2～1.4	73～75	0.5～0.75	

表 1-2 面粉中矿物质与维生素含量

品种成分	钙 /(mg/100g)	磷 /(mg/100g)	铁 /(mg/100g)	维生素 B_1 /(mg/100g)	维生素 B_2 /(mg/100g)	烟酸 /(mg/100g)
标准粉	31～38	184～268	4.0～4.6	0.26～0.46	0.06～0.11	2.2～2.5
精白粉	19～24	86～101	2.7～3.7	0.06～0.13	0.03～0.07	1.1～1.5

(1) 水分 国家标准规定面粉的含水量不大于14.5%。

(2) 蛋白质 面粉中蛋白质含量与小麦的成熟度、品种，面粉等级和加工技术等因素有关。

小麦蛋白质可分为面筋性蛋白质和非面筋性蛋白质两类。根据其溶解性质还可分为麦胶蛋白、麦谷蛋白、球蛋白、清蛋白和酸溶蛋白，见表1-3。

表1-3 面粉的蛋白质种类及含量

类别	面筋性蛋白质		非面筋性蛋白质		
名称	麦胶蛋白	麦谷蛋白	球蛋白	清蛋白	酸溶蛋白
含量/%	40～50	40～50	5.0	2.5	2.5
提取方法	70%乙醇	稀酸、稀碱	稀盐溶液	稀盐溶液	水

(3) 糖类 糖类是面粉中含量最高的化学成分，约占面粉量的75%。它主要包括淀粉、糊精、可溶性糖和纤维素。

① 淀粉：小麦淀粉主要集中在麦粒的胚乳部分，约占面粉量的67%，是构成面粉的主要成分。

② 可溶性糖：面粉中的可溶性糖包括葡萄糖和麦芽糖等，约占糖类的10%。对生产苏打饼干和面包来说，面粉中的可溶性糖有利于酵母菌的生长繁殖，又是形成面包色、香、味的基质。

③ 纤维素：面粉中的纤维素主要来源于种皮、果皮、胚芽，是不溶性糖。

(4) 脂肪 面粉中脂肪含量甚少，通常为1%～2%，主要存在于小麦粒的胚芽及糊粉层。制粉时要尽可能除去脂质含量高的胚芽（8%～15%）和麸皮（6%），以减少面粉中的脂肪含量，使面粉的安全储藏期延长。面粉在储藏过程中，脂肪因受脂肪氧化酶及脂肪酶的作用产生的不饱和脂肪酸可使面筋弹性增大，延伸性及流散性变小，同时酸败。温度和水分含量高也会加速促成脂肪酶分解作用，使面粉变质，影响面粉的烘焙性质，结果可使弱力面粉变成中等面粉，使中等面粉变成强力面粉。

(5) 矿物质 面粉中的矿物质含量是用灰分来表示的。我国国家标准把灰分作为检验小麦粉质量标准的重要指标之一，精制粉灰分含量（以干基计）不得超过0.70%，标准粉灰分含量应小于等于1.10%，普通粉灰分不得超过1.60%。

(6) 维生素 面粉中维生素含量较少，不含维生素D，一般缺乏维生素C，维生素A的含量也较少，维生素B_1、维生素B_2、维生素B_5及维生素E含量略多一些。

(7) 酶 面粉中含有一定量的酶类，主要有淀粉酶、蛋白酶、脂肪酶、脂肪氧化酶、植酸酶等。这些酶类的存在，不论对面粉的储藏还是饼干、面包的生产，都产生一定的作用。

2. 面粉的性能

(1) 淀粉的性能 面粉中的淀粉由于葡萄糖分子之间的连接方式不同分为直链淀粉和支链淀粉。直链淀粉易溶于热水，生成的胶体黏性不大，具有增强面团可塑性的性能。支链淀粉需要加热、加压后才溶于水，生成的胶体黏性很大，有增强面筋筋力的性能。

淀粉在常温下不溶于水，但当水温升至53℃以上时，淀粉的物理性能发生明显变化。淀粉在高温下溶胀、分裂形成均匀糊状溶液的特性，称为淀粉的糊化。淀粉的糊化可提高面团的可塑性。

面制食品由生到熟，实际上就是β淀粉变为α淀粉。但α淀粉在常温环境下放置，会逐渐变为β淀粉，这称为淀粉的老化。焙烤产品刚出炉时，淀粉呈糊化状态，但放置一段时间后会老化就是这个原因。

在发酵面团中，面粉中的淀粉在淀粉酶和糖化酶的作用下转化成可溶性糖，可为酵母菌发酵提供养分，从而提高面团发酵产气的能力。面粉中的淀粉转化为糖的能力，称为面粉的糖化力。在相同的条件下，面粉的糖化力越强，为酵母菌提供的养分就越多，面团产气就越多，制出的面包体积就越大。在焙烤过程中，淀粉的作用也很重要，当面团的中心温度达到55℃时，酵母菌会使淀粉酶加速活化，面粉的糖化力加速，面团变软，此时淀粉吸水糊化，与网状面筋一起形成焙烤制品的组织结构。

(2) 蛋白质的性能 面粉中的蛋白质主要是麦胶蛋白和麦谷蛋白，约占面粉蛋白质的80%，是形成面筋质的主要成分。麦胶蛋白和麦谷蛋白吸水形成的软胶状物就是面筋质。面筋质具有弹性、延伸性、韧性和可塑性。

蛋白质的吸水过程及其所形成的面筋质的性能，在焙烤工艺中具有重要意义。在调制面团时，由于蛋白质吸水形成的面筋质，使面团质地柔软，具有弹性、韧性和延伸性。在面团发酵时，由于面筋质形成的网状结构，在酵母菌发酵产生二氧化碳气体时，网状面筋的延伸性形成了包含气泡的膜，抵抗气体的膨胀，不致使气体外逸，酵母菌不断产气，使面团逐渐增大。在成熟过程中，由于面筋质的网状结构和淀粉的填充，面粉在焙烤制品中起着"骨架"作用，能使面坯在成熟过程中形成稳定的组织结构。

蛋白质吸水形成面筋与面团的静置时间、搅拌强度和面团温度有关。蛋白质吸水形成面筋质需要经过一段时间，因此，面团静置一段时间使蛋白质充分吸水，有利于面筋的形成，一般面团的静置时间以20分钟为宜。面团在搅拌过程中，可以增加蛋白质的吸水速度，但要注意搅拌时间不宜过长，否则会破坏已形成的面筋，而降低面筋的生成。温度对面筋的形成有很大的影响。最适宜的温度为30~40℃，此时蛋白质的吸水率可达50%，面筋生成率较高。温度过低，面筋溶胀过程延缓，面筋生成率低。温度过高，如温度在60~70℃时，蛋白质受热变性，吸水能力减退，溶胀性降低，面团逐渐凝固，筋力下降，面团的弹性和延伸性减弱，可塑性增强。

(3) 其他化学成分的性能 面粉中除了淀粉和蛋白质外，还含有可溶性糖、纤维素、脂肪、酶、无机盐和维生素等。这些化学成分对焙烤工艺也会产生一定的影响。

① 可溶性糖：面粉中的可溶性糖包括蔗糖、麦芽糖和葡萄糖等。含量不多，但在面团发酵过程中可作为酵母菌的养分，又有利于制品色、香、味的形成。

② 纤维素：主要存在于麦皮中。一定量纤维素的存在，有利于肠胃蠕动，促进人体对食物的消化吸收。半纤维素有增强面团强度、防止制品老化的功能。

③ 脂肪：胚乳中的脂质是形成面筋网络的重要部分。其中卵磷脂是一种良好的乳化剂，可使制品组织细腻、柔软，有抗老化的作用。

④ 酶：酶是一种蛋白质，对焙烤工艺影响较大的是淀粉酶、蛋白酶和脂肪酶。淀粉酶在发酵面团中可使淀粉转化为麦芽糖和葡萄糖，为酵母菌发酵提供能量，在烘烤中可大大改善面包的品质。蛋白酶的分解作用，可使面粉软化，降低面粉的工艺性能。在搅拌和发酵过程中，降低面筋强度，有助于面筋完全扩展，缩短和面时间。脂肪酶在面粉储藏中的分解作用易使面粉产生酸败，降低了面粉的品质。

3. 面粉的作用

(1) 粮油加工食品最重要的原料　面粉是制作面点的主要原料。

(2) 形成产品的组织结构　面粉中的蛋白质吸水并在搅拌作用下形成面筋，面筋起支撑产品组织的骨架作用。同时，面粉中的淀粉吸水润胀，并在适当的温度下糊化、固定。两种作用共同形成了产品的组织结构。

(3) 为酵母菌提供发酵所需的能量　当配方中糖含量较少或不加糖时，酵母菌发酵的基质便要靠面粉提供。

二、不同产品对面粉的要求

按蛋白质的含量进行分类，通常把面粉分为三类：

(1) 高筋粉（强筋粉、高蛋白质粉或面包粉）　蛋白质含量为12%～15%，湿面筋含量>35%。高筋粉适宜制作面包、起酥糕点和泡芙等。

(2) 低筋粉（弱筋粉、低蛋白质粉或饼干粉）　蛋白质含量为7%～9%。湿面筋含量<25%。低筋粉适宜制作蛋糕、饼干、混酥类糕点等。

(3) 中筋粉（通用粉、中蛋白质粉）　介于高筋粉与低筋粉之间的一类面粉。蛋白质含量为9%～11%，湿面筋含量在25%～35%之间。中筋粉适宜做水果蛋糕，也可以用来制作面包。

除此之外，专用粉、预混粉和全麦粉越来越受到焙烤企业的欢迎而得到应用。常见的几种介绍如下：

(1) 面包粉　用面包粉能制作松软而富有弹性的面包，这是由蛋白质的特性所决定的。以筋力强的小麦加工的面粉，制成的面团有弹性，可经受成型和模制，能生产出体积大、结构细密而均匀的面包。面包质量根据面包体积（面包特定的体积cm^3/g）而定。它和面粉的蛋白质含量成正比，并与蛋白质的质量有关。因此，制作面包用的面粉，必须具有数量多而质量好的蛋白质，一般面粉的蛋白质含量在12%以上。

(2) 饼干粉　制作酥脆和香甜的饼干，必须采用面筋含量低的面粉。筋力低的面粉制成饼干后，干而不硬，而面粉的蛋白质含量应在10%以下。粒度很细的面粉可生产出光滑明亮、软而脆的薄酥饼干。制作各式糕点的面粉，可含有稍高的蛋白质，采用软麦与硬麦各半加工而成。采用全部软麦加工的面粉，可制作掺有果仁的各式饼干。

(3) 糕点粉　这种面粉之所以能使制成的糕点保持松散的结构，是由于它存在均匀和膨胀的淀粉粒。它可采用蛋白质含量低、α-淀粉酶活性低的粉质小麦加工而成。在研磨时淀粉粒要不受损伤。糕点粉的标准特性：不经处理的糕点粉，蛋白质含量8.5%～9.5%，颗粒大小超过90μm至最小限度，以便制造出更为细密而均匀的点心；筋力强的糕点粉，采用筋力较高的小麦加工而成，适用于水果蛋糕，蛋白质含量12%，用0.18%氯气处理，淀粉损伤程度3.0%～4.5%。

(4) 预混粉　按照焙烤产品的配方将面粉、糖、粉末油脂、乳粉、改良剂、乳化剂、盐等预先混合好的面粉。目前市场所售的海绵蛋糕预混粉、曲奇预混粉、松饼预混粉就是此类。

(5) 全麦粉　由整粒小麦磨成，包含胚芽、大部分麦皮和胚乳。麦皮和胚芽中含有丰富的蛋白质、纤维素、维生素和矿物质，具有较高的营养价值。

三、面粉的选择与预处理

不同产品对面粉的要求不同，根据产品类别选用合适的面粉。在选择面粉时需要对面粉进行品质鉴定，所选用的面粉应符合国家标准。

1. 面粉的品质鉴定

（1）面筋的数量与质量　面筋在面团形成过程中起着非常重要的作用，决定面团的焙烤性能。面粉筋力的好坏及强弱，取决于面粉中面筋的数量与质量。面粉的面筋含量高，并不是说面粉的工艺性能就好，还要看面筋的质量。

面筋的工艺性能指标有延伸性、韧性、弹性和可塑性。延伸性是指面筋被拉长而不断裂的能力。弹性是指湿面筋被压缩或拉伸后恢复原来状态的能力。韧性是指面筋被拉伸时所表现的抵抗力。可塑性是指面团成型或经压缩后，不能恢复其固有状态的性质。以上性质都密切关系到焙烤制品的生产。当面粉的面筋工艺性能不符合生产要求时，可以采取一定的工艺条件来改变其性能，使之符合生产要求。

（2）面粉吸水率　面粉吸水率是检验面粉焙烤品质的重要指标。它是指调制单位重量的面粉成面团所需的最大加水量。通常采用粉质仪来进行测定。面粉吸水率高，可以提高面包的出品率，而且面包中水分增加，面包心就比较柔软，保存时间也相应延长。食品厂一般选用吸水率较高，而且吸水率比较恒定的面粉。

（3）气味与滋味　气味与滋味是鉴定面粉品质的重要感官指标。新鲜面粉具有良好而清淡的香味，在口中咀嚼时有甜味，凡带有酸味、苦味、霉味、腐败臭味的面粉都属于变质面粉。

良质面粉味道可口，淡而微甜，没有发酸、刺喉、发苦、发甜，以及异味，咀嚼时没有砂声。次质面粉淡而乏味，微有异味，咀嚼时有砂声。劣质面粉有苦味、酸味或其他异味，有刺喉感。

（4）颜色与麸量　面粉颜色与麸量的鉴定是根据已制定的标准样品进行对照。

2. 面粉的等级标准

我国现行的面粉等级标准主要是按加工精度来划分等级的。小麦粉国家标准中将面粉分为精制粉、标准粉和普通粉三等。具体质量指标见表1-4。

表1-4　小麦粉质量指标

质量指标		类别		
		精制粉	标准粉	普通粉
加工精度		按标准样品或仪器测定值对照检验麸星		
灰分含量（以干基计）/%	≤	0.70	1.10	1.60
脂肪酸值（以湿基，KOH 计）/(mg/100g)	≤	80		
水分含量/%	≤	14.5		
含砂量/%	≤	0.02		
磁性金属物/(g/kg)	≤	0.003		
色泽、气味		正常		
外观形态		粉状或微粒状，无结块		
湿面筋含量/%	≥	22.0		

3. 面粉前处理

（1）根据季节适当调温　温度对面筋蛋白吸水形成面筋有很大影响，面筋吸水润胀的最适温度是30℃。在低温条件下，面筋蛋白的吸水过程迟缓，面筋生成率低，所以在冬季应给予保温以提高面粉温度。夏季温度过高时应将面粉放在干燥、低温、通风处，以使降温。调温有利于面团形成和发酵。

（2）过筛　过筛将使面粉松散成微粒并可除杂，同时也能混入空气，利于面团形成和酵母菌繁殖生长，促进面团成熟。过筛时安装磁铁可除去磁性金属物。

4. 面粉的储藏

（1）面粉熟化（亦称成熟、后熟、陈化）　新磨制的面粉所制面团黏性大，缺乏弹性和韧性，生产出来的面包皮色暗、体积小、扁平易塌陷、组织不均匀。但这种面粉经过一段时间后，上述缺点得到一定程度的克服，其烘烤性能有所改善，这种现象就称为面粉"熟化"。

面粉熟化的机制是新磨制面粉中的半胱氨酸和胱氨酸含有未被氧化的巯基（—SH），这种巯基是蛋白酶的激活剂。调粉时被激活的蛋白酶强烈分解面粉中的蛋白质，从而使烘烤食品的品质低劣。但经过一段时间储存后，巯基被氧气氧化而失去活性，面粉中蛋白质不被分解，面粉的烘烤性能也因此得到改善。

（2）面粉储藏中水分的影响　面粉具有吸湿性，其水分含量随周围空气的相对湿度的变化而增减。面粉储藏在相对湿度为55%～65%、温度为18～24℃的条件下较为适宜。

学习单元二　大米和米粉选择与预处理

一、大米和米粉的成分、性质及作用

大米是稻谷经清理、砻谷、碾米、成品整理等工序后制成的成品。

1. 大米

(1) 大米的成分　稻谷加工脱壳后成为糙米，糙米由四部分组成。

① 谷皮　由果皮、种皮复合而成，主要成分是纤维素、无机盐，不含淀粉。

② 糊粉层　与胚乳紧密相连。糊粉层含有丰富的蛋白质、脂肪、无机盐和维生素。整个谷粒中糊粉层的质量分数为4%～6%。常把谷皮和糊粉层统称为米糠层，米糠中含有20%左右的脂肪。

③ 胚乳　位于糊粉层内侧，是米粒最主要的部分，其质量约为整个谷粒的70%。

④ 胚　是大米的生理活性最强的部分，含有丰富的蛋白质、脂肪、糖分和维生素等。

(2) 大米的物理性质

① 外观、色泽、气味　正常的大米有光泽，无不良气味。特殊的品种，如黑糯、血糯、香粳等，有浓郁的香气和鲜艳的色泽。

② 粒形、千粒重、相对密度和体积质量　一般大米粒长5mm，宽3mm，厚2mm。籼米长宽比大于2，粳米小于2。短圆的粒形出米率高，破碎率低。大米的千粒重一般为20～30g之间，谷粒的千粒重大，则出米率高，加工后的成品大米质量也好。大米的相对密度在1.40～1.42，一般粳米的体积质量为800kg/m^3，籼米约为780kg/m^3。

③ 心白和腹白　在米粒中心部位存在的乳白不透明部分称心白，若乳白不透明部分位于腹部边缘的称腹白。心白米是在发育条件好时籽粒充实而形成的，故内容物丰满。腹白多

的米强度低、易碎，出米率也低。

④ 米粒强度　含蛋白质多、透明度大的米强度高。通常粳米比籼米强度大，水分低的比水分高的强度大，晚稻比早稻强度大。

(3) 大米的化学性质

① 水分　一般含水量在 14.5%～15.5%。

② 淀粉及糖分　糙米含淀粉约 70%，精白米含淀粉约 80%，大米的淀粉含量随精白度提高而增加。大米中还含有 0.37%～0.53% 的糖分。

淀粉是影响大米蒸煮食用品质的最主要因素，直链淀粉含量越高，米饭的口感越硬，黏性越低；相反支链淀粉高的大米，饭软黏可口。米饭的黏度与淀粉细胞的细胞壁强度有关。蒸煮时，如果米粒外层淀粉细胞容易破裂，糊化淀粉就溢出较多，分布在米粒表面，增加了黏性。籼米细胞壁较厚，因此其米饭散而不黏，但蛋白质含量较高。

③ 蛋白质　蛋白质在胚和糊粉层含量较多，越靠近谷粒中心越少，主要以蛋白体的形式储藏于细胞中；胚乳部分的蛋白质沿淀粉细胞的细胞壁分布，包裹淀粉。这些蛋白质和细胞壁影响了蒸煮时淀粉粒的润胀和破裂及米饭的口感。蛋白质含量越高，米饭的硬度也越高，色泽发暗。大米淀粉糊化温度直接影响煮饭时米粒的吸水率、膨胀体积和蒸煮时间。高糊化温度大米，蒸煮时需较长的煮饭时间及较多的水，适合加工灌米米饭或点心食品。低、中糊化温度大米则适合作为蒸煮米饭。

④ 脂肪　脂肪主要分布在糠层中，其含量为糙米质量的 2% 左右，含量随米的精白而减少。大米中脂肪多为不饱和脂肪酸，容易氧化变质，影响风味。

⑤ 纤维素、无机盐、维生素　精白大米纤维素质量分数仅为 0.4%，无机盐为 0.5%～0.9%，主要是磷酸盐。维生素主要分布在糊粉层和胚中，以水溶性维生素 B_1、维生素 B_2 最多，也含有少量的维生素 A。

2. 米粉

米粉是用籼米、粳米或糯米等制成的。米粉的软、硬、黏度，因米的品种不同差异很大，如糯米的黏性大、硬度低，制得的成品口味黏糯，成熟后容易坍塌；籼米的黏性小、硬度高，制得的成品口感硬实。

3. 加工特性

(1) 黏性　籼稻米饭黏性较小，口感较差。粳稻米饭黏性大，柔软可口。糯米饭黏性大。

(2) 胀性　用籼米制成的米饭胀性较大，出饭率高。用粳米制成的米饭胀性较小。糯米胀性小，出饭率低。

(3) 硬度　籼米质地疏松、硬度小，籼稻加工时容易破碎而产生碎米，出米率低。粳米质地硬而有韧性、坚实、耐压性好，粳稻在加工时不易产生碎米，出米率较高。糯米硬度较低。

(4) 加工精度　大米的加工精度对食用品质有很大影响。大米的精度高，则食用品质好，但维生素及矿物质等营养成分的损失比较大。糙米虽然含有较多的维生素及矿物质，但口感粗糙、食味差。不合理的加工工艺也会影响大米的食用品质。例如，大米中碎米含量多，则食味下降。

二、不同产品对大米和米粉的要求

1. 不同产品对大米的要求

国家标准《大米》（GB/T 1354—2018）规定，大米按食用品质分为大米和优质大米；

根据原料稻谷类型分为籼米、粳米、籼糯米、粳糯米四类；优质大米分为优质籼米和优质粳米。

（1）米饭 一般来说，籼米饭口感较硬，米粒松散，迎合南方一些地区和东南亚各国人民口味，适于做烩米饭和炒米饭；粳米饭口感较软，米粒有黏性，做米饭和粥受多数人喜欢；糯米饭最为柔软，宜于做粥或花色米饭，如八宝饭等。

（2）米粉 米粉的原料以籼米为好。

（3）大米粉 大米粉分为籼米粉、糯米粉和粳米粉。籼米粉用于制作"粉蒸牛肉""粉蒸排骨"等粉蒸类菜肴；糯米因其香糯黏滑，常被用以制成风味小吃如汤圆等；粳米粉也是作各种米糕、米点心的原料，纯粳米调制的粉团具有黏性，一般不用于发酵。

（4）大米制品 主要分为米粒制品、大米粉制品、发酵制品等。米粒制品有粽子、八宝饭、八宝粥、爆米花、糍粑等。大米粉制品有年糕、汤圆、米糕、米豆腐、米饼干、蓼花糖、锅巴等各种米膨化小食品。米饼干、蓼花糖等各种米膨化食品原料既可以是糯米粉，也可以是普通大米粉，但糯米粉产品膨化性更好，口感比较酥脆，普通大米粉制品口感较硬。发酵制品有醪糟、米酒、米醋等发酵产品。

（5）其他制品 这类制品包括：米糠油、米粥罐头、特殊营养食品等。

2．不同产品对米粉的要求

根据米粉加工方式的不同，可将米粉分为干磨粉、湿磨粉、水磨粉等。

（1）干磨粉 干磨粉是指将各类米不经加水，直接磨成的细粉。优点是含水量少、便于保存、不易变质；缺点是粉质较粗，制成的成品爽滑性差。

（2）湿磨粉 用经过淘洗、着水、静置、泡胀的米粒磨制而成。优点是粉质比干磨粉细软滑腻，制品口感也较糯。缺点是含水量多、难保存。湿磨粉可做蜂糕、年糕等品种。

（3）水磨粉 以糯米为主，掺入10%～20%粳米，经淘洗、净水浸透，连水带米一起磨成粉浆，然后装入布袋，挤压出水分而成水磨粉。优点是粉质比湿磨粉更为细腻、制品柔软、口感滑润；缺点是含水量多、不易保存。水磨粉可用来制作特色糕团，如水磨年糕、水磨汤圆等。

三、大米和米粉的选择与预处理

1．大米的选择与预处理

（1）大米的品质鉴定 影响大米品质的因素是多方面的，如大米的品种、加工情况、成熟度、含水量、储存情况等。一般用感官经验的方法检验大米的粒形、腹白和新鲜度。

① 大米的粒形 以米粒充实肥大、整齐均匀、碎米和爆腰米少为佳。碎米是指小于同批试样完整米粒平均长度的3/4的米。爆腰米是指米粒上有裂纹的米。

② 大米的腹白 腹白是指米粒腹部胚乳不透明的粉质白斑。凡有腹白的米，体积小、硬度低、易碎、蛋白质含量低、味道欠佳、品质差。

③ 大米的新鲜度 新鲜米有光泽、味清香、滑爽干燥。不新鲜的大米暗淡无光亮、无清香味、易生虫，熟后食之味差，质感粗糙。

④ 蒸煮食用品质 可用感官评定方法或仪器测定（糊化温度、胶稠度、直链淀粉含量）进行评价，通常采用后者。

糊化温度：糊化温度直接影响煮饭时米粒的吸水率、膨胀体积和蒸煮时间。

胶稠度：胶稠度常用于衡量米饭的硬度与黏性。通常硬胶稠度的稻米不受欢迎。

表观直链淀粉含量：采用碘比色法测定（GB/T 15683—2008）。

(2) 大米的选择 应符合《大米》（GB/T 1354—2018）标准中大米的质量指标规定。表 1-5 为我国大米的质量指标。

表 1-5 我国大米的质量指标

品种			籼米			粳米			籼糯米		粳糯米	
等级			一级	二级	三级	一级	二级	三级	一级	二级	一级	二级
碎米	总量/%	≤	15.0	20.0	30.0	10.0	15.0	20.0	15.0	25.0	10.0	15.0
	其中：小碎米含量/%	≤	1.0	1.5	2.0	1.0	1.5	2.0	2.0	2.5	1.5	2.0
加工精度			精碾	精碾	适碾	精碾	精碾	适碾	精碾	适碾	精碾	适碾
不完善粒含量/%		≤	3.0	4.0	6.0	3.0	4.0	6.0	4.0	6.0	4.0	6.0
水分含量/%		≤	14.5			15.5			14.5		15.5	
杂质	总量/%	≤	0.25									
	其中：无机杂质含量/%	≤	0.02									
黄粒米含量/%		≤	1.0									
互混率/%		≤	5.0									
色泽、气味			正常									

2．米粉的选择与预处理

在实践操作中，米粉在使用时为了提高成品质量，扩大粉料的用途，便于制作，使制成品软硬适中，需要把几种粉料混合使用。混合比例要根据米的质量及制作品种而定，经常使用的掺粉方法有如下几种：

(1) 糯米粉、粳米粉混合 混合比例一般是糯米粉 60%、粳米粉 40%，或者糯米粉 80%、粳米粉 20%，其制品软糯、滑润，可做汤团、凉团、松糕等品种。

(2) 将适量的米粉与面粉混合 如糯米粉和面粉，因粉料中含有面筋，其性质黏滑而有劲，做出的成品不易走形，可制作油糕、苏式麻球等。

(3) 糯米粉、粳米粉和部分面粉混合成三合粉料 其粉质糯实，成品不易走形。

(4) 混合粉料 在磨粉前，将各种米按成品要求，以适当比例掺和在一起，磨成混合粉料。

3．储藏条件

(1) 水分 一般设定相对湿度 75%。

(2) 温度 一般 <15℃。

学习单元三　油脂选择与预处理

一、油脂的成分、性质和作用

1．油脂的成分

自然界存在最多的脂类化合物是动植物的脂肪（油脂），它是由脂肪酸和甘油组成的一酯、二酯和三酯，分别称为酰基甘油、二酰基甘油和三酰基甘油，也称脂肪酸甘油酯、脂肪酸甘油二酯和脂肪酸甘油三酯。油脂的主要成分是甘油和三种脂肪酸组成的三酰甘油酯。

如棕榈油中三酰甘油酯占96.2%，其他甘油酯占1.4%。可可脂中三酰甘油酯占52%，其他甘油酯占48%。

2. 常用油脂的特性

(1) 动物油 奶油和猪油是焙烤制品生产中常用的动物油。大多数动物油都具有熔点高、可塑性强、起酥性好的特点。色泽、风味较好，常温下呈半固态。

① 奶油：奶油的熔点为28～34℃，凝固点为15～25℃。高温下则软化变形，易受细菌和霉菌的污染，其中酪酸首先被分解而产生不愉快的气味。奶油中的不饱和脂肪酸易被氧化而酸败，高温和光照会促进氧化的进行。因此，奶油应在冷藏库或冰箱中储存。

② 猪油：猪油最适合制作中式糕点的酥皮，起层多、色泽白、酥性好、熔点高，利于加工操作。因为猪油呈β型大结晶，在面团中能均匀分散在层与层之间，进而形成众多的小层。烘烤时这些小粒子熔解使面团起层，酥松适口，入口即化。

(2) 植物油 植物油品种较多，有花生油、豆油、菜籽油、椰子油等。除椰子油外，其他各种植物油均含有较多的不饱和脂肪酸甘油酯，熔点低，在常温下呈液态。其可塑性较动物油差，色泽为深黄色，使用量高时易发生走油现象。而椰子油却有与一般植物油不同的特点，它的熔点较高，常温下呈半固态，稳定性好，不易酸败。

(3) 氢化油 氢化油是将油脂经过中和后，在高温下通入氢气，在催化剂作用下，使油脂中不饱和脂肪酸达到适当的饱和程度，从而提高了稳定性，改变了原来的性质。

氢化油多以植物油和部分动物油为原料，如棉籽油、葵花籽油、大豆油、花生油、椰子油、猪油、牛油和羊油等。氢化油很少直接食用，多作为人造奶油、起酥油的原料。

食用氢化油具备以下特性：在常温下有可塑性，在体温下能迅速熔化，即口溶性好，不含高熔点成分，即在较高温度下固体脂肪指数的温度梯度较大。食用氢化油不仅要控制一定的氢化程度，而且要掌握氢化反应的选择性，使产品中的脂肪酸组成与结构符合不同食用油脂的需要。例如，营养方面，油脂中的亚油酸含量要高，饱和酸及不饱和异构酸含量要低；油脂稳定性方面，不饱和脂肪酸要少，尤其是亚麻酸等高度不饱和脂肪酸含量要低。

(4) 人造奶油 人造奶油是目前焙烤食品使用最广泛的油脂之一。它是以氢化油为主要原料，添加适量的牛乳或乳制品、色素、香料、乳化剂、防腐剂、抗氧化剂、食盐和维生素，经混合、乳化等工序而制成。它内含15%～20%的水分和3%的盐，软硬度可根据各成分的配比来调整。它的特点是熔点高、油性小，具有良好的可塑性和流动性。

(5) 起酥油 起酥油是指精炼的动、植物油脂，氢化油或这些油脂的混合物，经混合、冷却塑化而加工出来的具有可塑性、乳化性等加工性能的固态或流动性的油脂产品。起酥油不能直接食用，而是食品加工的原料油脂，因而必须具备各种食品加工性能。

起酥油的品种很多，几乎可以用于所有的食品中，其中以加工糕点、面包、饼干的用途最广。

① 面包用液体起酥油：以食用植物油为主要成分，添加适量的乳化剂和高熔点的氢化油，使之成为具有加工性能、呈乳白色并具流动性的油脂。乳化剂在起酥油中作为面包的面团改良剂和组织柔软剂。

② 通用型起酥油：应用范围很广，但主要用于加工面包和饼干等。油脂的塑性范围可根据季节来调整其熔点，冬季为30℃左右，夏季为42℃左右。

③ 高稳定型起酥油：可以长期保存，不易氧化变质，适用于加工饼干及油炸食品。全

氢化植物起酥油多属于这种类型。

④ 乳化型起酥油：含乳化剂较多，具有良好的乳化性、起酥性和加工性能。适用于重油、重糖类糕点及面包、饼干中，可增大面包、糕点的体积，不易老化，松软，口感好。

(6) **磷脂** 磷脂即磷酸甘油酯，其分子结构中具有亲水基和疏水基，是良好的乳化剂。含油量较低的饼干，加入适量的磷脂，可以增强饼干的酥脆性，方便操作，不发生黏辊现象。

3. 油脂在焙烤制品中的作用

(1) **提高制品的营养价值** 油脂发热量较高，每克油脂可产生热量37.66kJ，用于生产一些特殊的救生压缩饼干、含油量高的饼干，既可以满足热量供给又可以减轻食品重量，便于携带。

(2) **改善制品的风味与口感** 由于油脂的可塑性、起酥性和充气性，油脂的加入可以提高饼干、糕点的酥松程度，改善食品的风味。一般含油量高的饼干、糕点，酥松可口；含油量低的饼干显得干硬，口味不好。

可塑性是人造奶油、奶油、起酥油、猪油的最基本特性。因为油脂的可塑性，固态油在糕点、饼干面团中能呈片、条及薄膜状分布，而在相同条件下液体油可能分散成点状、球状。因此，固态油要比液态油能润滑的面团表面积更大。用可塑性好的油脂加工面团时，面团的延展性好，制品的质地、体积和口感都比较理想。

起酥性决定了油脂在焙烤制品中的重要作用。在调制酥性糕点和酥性饼干时，加入大量油脂后，由于油脂的疏水作用，限制了面筋蛋白质的吸水。面团中含油越多，其面粉吸水率越低，一般每增加1%的油脂，面粉吸水率相应降低1%。油脂能覆盖于面粉的周围并形成油膜，除降低面粉吸水率及限制面筋形成外，还由于油脂的隔离作用，使已形成的面筋不能互相黏合而形成大的面筋网络，也使淀粉和面筋之间不能结合，从而降低了面团的弹性和韧性，增加面团的塑性。此外，油脂能层层分布在面团中，起着润滑作用，使面包、糕点、饼干产生层次，口感酥松，入口易化。

油脂经高速搅拌时，空气中的细小气泡被油脂吸入，这种性质称为油脂的充气性。油脂的饱和程度越高，搅拌时吸入的空气量越大，油脂的充气性越好。起酥油的充气性比人造奶油好，猪油的充气性较差。

油脂的充气性对食品质量的影响主要表现在酥性制品和饼干中。在调制酥性制品面团时，首先要搅打油、糖和水，使之充分乳化。在搅打过程中，油脂中结合了一定量的空气。油脂结合空气的量与搅打程度和糖的颗粒状态有关。糖的颗粒越细，搅拌越充分，油脂中结合的空气就越多。当面团成型后进行烘烤时，油脂受热流散，气体膨胀并向两相的界面流动。此时由化学疏松剂分解释放出的二氧化碳及面团中的水蒸气，也向油脂流散的界面聚结，使制品碎裂成很多孔隙，成为片状或椭圆形的多孔结构，使产品体积膨大、酥松，故糕点、饼干生产最好使用氢化起酥油。

(3) **控制面团中面筋的润胀度，提高面团可塑性** 油脂具有调节饼干面团润胀度的作用，在酥性面团调制过程中，油脂形成一层油膜包在面粉颗粒外面，由于这层油膜的隔离作用，使面粉中蛋白质难以充分吸水润胀，抑制了面筋的形成，并且使已形成的面筋难以互相结合，从而增强面团的可塑性，可使饼干花纹清晰，不收缩变形。

由于油脂能抑制面筋形成和影响酵母菌生长，因此面包配料中油脂用量不宜过多，通常为面粉量的1%~6%，可以使面包组织柔软，表面光亮。

二、不同产品对油脂的要求

1. 饼干用油脂

生产饼干用的油脂首先应具有优良的起酥性和较高的氧化稳定性，其次要具备较好的可塑性。

苏打饼干既要求产品酥松，又要求产品有层次。但苏打饼干含糖量很低，对油脂的抗氧化性协同作用差，不易储存。因此，苏打饼干宜采用起酥性与稳定性兼优的油脂。

2. 糕点用油脂

(1) 酥性糕点　生产酥性糕点可使用起酥性好、充气性强、稳定性高的油脂，如猪油和氢化起酥油。

(2) 起酥糕点　生产起酥糕点应选择起酥性好、熔点高、可塑性强、涂抹性好的固体油脂，如高熔点人造奶油。

(3) 油炸糕点　油炸糕点应选用发烟点高、热稳定性好的油脂。大豆油、菜籽油、米糠油、棕榈油、氢化起酥油等适用于炸制食品。近年来，国际上流行使用棕榈油作为炸油，该油中饱和脂肪酸多，发烟点和热稳定性较高。

含下列成分的油脂不宜用作炸油：

① 含乳化剂的起酥油、人造奶油。

② 添加卵磷脂的烹调油。

③ 三月桂酸甘油酯型油（如椰子油、棕榈仁油）与非三月桂酸甘油酯型油的混合物。

(4) 蛋糕　奶油蛋糕含有较高的糖、牛奶、鸡蛋、水分，应选用含有高比例乳化剂的高级人造奶油或起酥油。

3. 面包用油脂

面包生产可选用猪油、氢化起酥油、面包用人造奶油、面包用液体起酥油。这些油脂在面包中能均匀地分散，润滑面筋网络，增大面包体积，增强面团持气性，对酵母菌发酵的影响很小，有利于面包保鲜。此外，还能改善面包内部组织、表皮色泽、口感柔软，易于切片等。

三、油脂的选择与预处理

1. 油脂的品质与选择

食用油脂的品质检验，多采用感官检验法，一般从气味、滋味、颜色、透明度、沉淀物等方面进行。

(1) 气味　各种动、植物油脂都有其特有的气味，这种气味可以判明原料的状况、加工方法以及油脂质量的好坏。正常的食用油脂不应有酸败味、焦煳味或其他异味。

(2) 滋味　各种油都具有其特有的滋味，但都应无酸败、焦臭和其他异味。高级精炼油无滋味。如果油脂的品质不好，会有哈喇味或苦涩味。

(3) 色泽　不同的油脂其色泽也有差异。一般品质正常的食用油溶解后应该完全透明，花生油为淡黄色，豆油为深黄色，菜籽油深黄略带绿色，芝麻油为黄棕色，棉籽油为淡黄色。精炼油的颜色越浅淡越好。

(4) 透明度　油脂的透明度说明油脂中所含杂质的情况。杂质多则透明度低、混浊不清，说明精炼程度不够或有掺假现象。如果油脂中有过多的水分、蛋白质、磷脂、蜡，或者油脂已变质,会引起油脂混浊、透明度下降。

(5) 沉淀物 是指液体油脂在常温下静置24小时后,沉淀物析出的多少。沉淀物越少,说明油的品质越好。

食用动物油脂的选择还应满足《食品安全国家标准 食用动物油脂》(GB 10146—2015)标准要求。食用油感官要求见表1-6,食用油理化指标见表1-7。

表1-6 食用油感官要求

项目	要求
色泽	具有特有的色泽,呈白色或略带黄色、无霉斑
气味、滋味	具有特有的气味、滋味,无酸败及其他异味
状态	无正常视力可见的外来异物

表1-7 食用油理化指标

项目		指标
酸价(KOH)/(mg/g)	≤	2.5
过氧化值/(g/100g)	≤	0.20
丙二醛/(mg/100g)	≤	0.25

2．油脂的处理

(1) 油脂的预处理 普通液体植物油、猪油等可以直接使用。奶油、人造奶油、氢化油、椰子油等低温时硬度较高的油脂,可以用搅拌机搅拌使其软化或加热软化。切勿用直火熔化,否则会破坏油脂的乳状结构而降低成品品质。

(2) 油脂酸败的抑制 抑制油脂酸败的措施有:

① 使用具有抗氧化作用的香料,如姜汁、豆蔻、丁香、大蒜等。但是必须指出,某些香精具有强氧化作用,如杏仁香精、柠檬香精和橘子香精,常常会缩短产品的保存期。

② 油脂和含油量高的油脂食品在储藏中,要尽量做到密封、避光、低温,防止受金属离子和微生物污染,以延缓油脂酸败。

③ 使用抗氧化剂是抑制或延缓油脂酸败的有效措施。饼干生产经常使用的抗氧化剂有合成抗氧化剂 BHA、BHT、PG、TBHQ、THBP 等,其用量均占油脂的 0.01%~0.02%。常用的天然抗氧化剂有维生素 E,还有鼠尾草、胡萝卜素等。

学习单元四 糖选择与预处理

一、糖的种类、性质和作用

1．几种常用糖的特性

糖是焙烤食品的重要原料之一,常用的有蔗糖、饴糖、淀粉糖浆、果葡糖浆等。

(1) 蔗糖 蔗糖是焙烤食品生产中最常用的糖,有白砂糖、黄砂糖、绵白糖等,其中以白砂糖使用最多。

① 白砂糖 白砂糖为白色透明的纯净蔗糖的晶体,其蔗糖含量99%以上。味甜纯正,易溶于水,其溶解度随着温度升高而增加,0℃时饱和溶液含糖量为64.13%,100℃时饱和

溶液含糖量82.92%。在食品生产中，对白砂糖的品质要求是晶粒整齐、颜色洁白、干燥、无杂质、无异味。

② 黄砂糖　在提制砂糖过程中，未经脱色或晶粒表面糖蜜未洗净，砂糖晶粒带棕黄色，称黄砂糖。黄砂糖一般用于中、低档产品，其甜度及口味较白砂糖差，易吸潮，不耐储藏，而且含有较多无机杂质，影响产品口味。

③ 绵白糖　由颗粒细小的白砂糖加入一部分转化糖浆或饴糖，干燥冷却而成。价格较砂糖高、成本高，所以一般不大采用。

(2) 饴糖　饴糖俗称米稀，由米粉、山芋淀粉、玉米淀粉等经糖化剂作用而制成。纯净的麦芽糖其甜度约等于砂糖的一半，因此通常在计算饴糖的甜度时均以1/4的砂糖甜度来衡量。饴糖是糊精和麦芽糖等的混合物，因而有较强的吸湿性，在制作糕点时可保持糕点的柔软性，也可防止砂糖析出，其主要作用是改进制品的光泽以及增加产品的滋润性和弹性。

(3) 淀粉糖浆　是用玉米淀粉经酸水解而成，主要由葡萄糖、糊精、多糖类及少部分麦芽糖所组成。淀粉糖浆在焙烤食品生产中，可代替少量蔗糖，在国外的饼干生产中应用甚为广泛。它具有改善面筋性能，使制品质地均匀柔软，改善面团结构，增大制品体积，延缓淀粉老化，提高制品滋润性，使制品易于着色等特点。此外，还具有抗蔗糖冷结晶等作用。

(4) 转化糖浆　蔗糖在酸的作用下能水解成葡萄糖与果糖，这种变化称为转化。一分子葡萄糖与一分子果糖的混合体称为转化糖。含有转化糖的水溶液称为转化糖浆。转化糖浆应随用随配，不宜长时间储藏。在缺乏淀粉糖浆和饴糖的地区，可以用转化糖浆代替。

转化糖浆可部分用于面包和饼干中，在浆皮类月饼等软皮糕点中可全部使用，也可以用于糕点、面包馅料的制作。

(5) 果葡糖浆　果葡糖浆是淀粉经酶法水解生成葡萄糖，在异构酶作用下将部分葡萄糖转化成果糖而形成的一种甜度较高的糖浆。果葡糖浆渗透压较高，耐热性差，加热时易发生褐变。

果葡糖浆在食品工业中可以代替蔗糖。它能直接被人体吸收，尤其对糖尿病、肝病、肥胖病等患者更为适用。

果葡糖浆在低糖主食面包中使用时更加有效。因为果葡糖浆的主要成分为葡萄糖和果糖，容易被酵母菌直接利用，从而使发酵速度加快。但使用量不宜过大，否则会使发酵速度降低，面包内部组织较黏，过软，口感较差。

(6) 麦芽糊精　麦芽糊精具有黏性大、增稠性强、溶解性好、速溶性佳、载体性好、发酵性小、吸潮性低、无异味、甜度低、人体易于消化吸收、低热、低脂肪等特点，是食品工业中最理想的基础原料之一。

2. 糖的一般性质

(1) 甜度　糖的相对甜度见表1-8。

表1-8　糖的相对甜度

糖类名称	相对甜度	糖类名称	相对甜度
蔗糖	100	果糖	150
葡萄糖	70	半乳糖	60
麦芽糖	50	乳糖	40
麦芽糖醇	90	山梨醇	50
木糖醇	100	淀粉糖浆(葡萄糖值42%)	50
果葡糖浆(转化率42%)	100		

（2）**溶解度**　各种糖的溶解度不同，果糖最高，其次是蔗糖、葡萄糖，并且糖的溶解度随着温度升高而增大。

（3）**结晶性质**　蔗糖极易结晶，晶体能生长很大；葡萄糖也极易结晶，但晶体很小；果糖则难结晶。

（4）**吸湿性和保潮性**　吸湿性是指在较高的空气湿度下吸收水分的性质；保潮性是指在较低湿度下失去水分的性质。这两种性质对于保持糕点的柔软及储藏具有重要意义。蔗糖和淀粉糖浆吸湿性较低，转化糖浆和果葡糖浆吸湿性高。

（5）**渗透压**　较高浓度的糖液能抑制许多微生物的生长，并且糖液的渗透压随浓度的增高而增加。单糖的渗透压是双糖的两倍，葡萄糖和果糖比蔗糖具有较高的渗透压。

（6）**黏度**　葡萄糖和果糖的黏度比蔗糖低，可利用糖的黏度提高产品的稠度和可口性。

（7）**焦糖化和褐色反应**　焦糖化作用和褐色反应是面包、糕点着色的两个重要途径。

焦糖化作用（亦称为卡拉密尔作用）：糖类在没有氨基化合物存在的情况下，加热到熔点以上的温度时，分子与分子之间相互结合成多分子的聚合物，并焦化成黑褐色的色素物质——焦糖。

焦糖化作用与糖的种类和 pH 值相关。不同的糖对热的敏感性不同，果糖的熔点为 95℃、麦芽糖为 102~103℃、葡萄糖为 146℃，这三种糖对热非常敏感，容易生成焦糖。

褐色反应（亦称美拉德反应）：氨基化合物的自由氨基与羰基化合物的羰基之间发生的反应，其最终产物是黄黑色素的褐色物质，故称褐色反应。

3. 糖在焙烤制品中的作用

（1）**增加制品的甜味**　糖使产品具有甜味，增强食欲。

（2）**提高制品的色泽和香味**　纯净的砂糖在 200℃左右发生焦糖化作用。糖的焦糖化反应不仅使制品表面产生金黄色，而且还赋予制品理想的香味。在面包烘烤中焦糖化反应不占主要地位，一般是以美拉德反应为主，同样可以提高制品的色泽与香味。

（3）**提供酵母菌生长与繁殖所需营养**　生产面包和苏打饼干时，需采用酵母菌进行发酵，酵母菌生长和繁殖需要碳源，可以由淀粉酶水解淀粉来供给，但是发酵开始阶段，淀粉酶水解淀粉产生的糖分还来不及满足酵母菌需要，此时酵母菌主要利用配料中加入的糖为营养。因此，在面包和苏打饼干面团发酵初期加入适量糖会促进酵母菌繁殖，加快发酵速度。

（4）**调节面团中面筋的润胀度**　面粉中面筋性蛋白质的吸水润胀形成大量面筋，使面团弹性增强，黏度相应降低。但如果面团中加入糖浆，降低蛋白质胶粒的吸水性，糖在面团调制过程中的反水化作用，造成调粉过程中面筋形成量降低，弹性减弱。

（5）**抗氧化作用**　糖是一种天然的抗氧化剂，这是由于还原糖的还原性，而且氧气在糖溶液中的溶解度比在水溶液中的溶解度要低得多，糖的这种抗氧化作用对于制品中易氧化物质的稳定性具有重要保护作用。

二、不同产品对糖的要求

糕饼：为了限制水进入食品，其表层涂抹糖霜粉，吸湿性要小。如添加乳糖、蔗糖等。

蜜饯、面包、糕点：为控制水分损失、保持松软，必须添加吸湿性较强的糖。如淀粉糖浆、果葡糖浆、糖醇。

白砂糖易结晶，可用于制作挂霜等菜肴，也是糕点生产中使用最广泛的食糖，常被撒在一些糕点制品的表面，增强外观美感；但也因其晶粒大会造成烘烤制品表面产生麻点或焦点，故不适于水分含量少、经烘烤的糕点制品。

绵白糖在糕点制作中多用于含水量少、经烘烤和要求滋润性较好的一些产品中。

淀粉糖浆、饴糖或果葡糖浆在国外广泛应用于饼干生产。

三、糖的选择与预处理

1. 糖的选择

(1) 食糖品质的鉴别 辨别食糖质量优劣可以通过感官方法。一般来说，色泽深说明灰分及杂质含量较高，所以应选色泽洁净鲜明的；晶粒松散、干燥、不粘手、不结块的，说明含水量较少；口感甜味纯净，不带焦苦味、酸味和异味的质量较高。白砂糖和绵白糖溶解于洁净的水中，应为清澈透明的水溶液。冰糖应无色透明，如有微黄色则较不纯净。

(2) 食品加工中选用的糖的要求 应符合《食品安全国家标准 食糖》（GB 13104—2014）标准规定。表1-9为食糖的感官要求，表1-10为食糖的理化指标。

表1-9 食糖的感官要求

项目	要求
色泽	具有产品应有的色泽
滋味、气味	味甜，无异味，无异嗅
状态	具有产品应有的状态，无潮解，无正常视力可见外来异物

表1-10 食糖的理化指标

项目		指标
不溶于水杂质①/(mg/kg)	≤	350

① 仅适用于原糖。

2. 糖的预处理

① 常用的糖为白砂糖，可直接使用，亦可调制成糖浆过滤后使用。

② 赤砂糖磨成粉后使用。

③ 转化糖浆随用随配，不宜长时间储藏。

④ 绵白糖可以直接加入使用，不需粉碎。

学习单元五　水选择与预处理

一、水的性质、作用

1. 水的性质

(1) 物理性质 纯净的水是没有颜色、没有气味、没有味道的液体。在101kPa时，水的凝固点是0℃，沸点是100℃；4℃时密度最大，为$1g/cm^3$。水结冰时体积膨胀，所以冰的密度小于水的密度，能浮在水的上面。

(2) 化学性质 水的稳定性：水在高温条件下也不容易分解，这就是难以用水作原料直接制取氢气的根本原因。常温下水的pH为7；与某些物质结合为水合物；与酸性氧化物反应生成酸；与碱性氧化物反应生成碱；通电产生氢气和氧气。

2. 水在焙烤食品中的作用

① 水化作用：使蛋白质吸水、胀润形成面筋网络，构成制品的骨架；使淀粉吸水糊化，有利于人体消化吸收。

② 溶剂作用：溶解各种干性原、辅料，使各种原、辅料充分混合，成为均匀一体的面团。

③ 调节和控制面团的黏稠度。

④ 调节和控制面团温度。

⑤ 帮助和参与生化反应的进行：一切生物活动均需在水溶液中进行，生物化学的反应，包括酵母菌发酵，都需要有一定量的水作为反应介质及运载工具，尤其是酶反应。水可促进酵母菌的生长及酶的水解作用。

⑥ 延长制品的保鲜期。

⑦ 作为烘焙中的传热介质。

二、不同产品对水的要求

1. 水的分类

水的分类：软水、硬水（永久硬水和暂时硬水）、碱性水、酸性水、咸水。

2. 硬度表示方法

$1°dH$ 是指 1 升水中含有 10mg 氧化钙。按硬度可将水分为以下类别，见表 1-11。

表 1-11　水的分类（硬度）

类别	硬度值/°dH	类别	硬度值/°dH
极软水	0～4	较硬水	12～18
软水	4～8	硬水	18～30
中硬水	8～12	极硬水	>30

3. 水质要求

达到饮用水标准，即水质透明、无色、无异味，无有害微生物。

(1) 食品的种类不同对水的硬度要求也不同　一般发酵面团要用中等硬度的水最合适，因为在中等硬度的水中含有一定数量的磷、钙、镁、钾、硫、氯等矿物质，它们可被酵母菌吸收利用，促进酵母菌的作用。另外，一定浓度的矿物质离子也能增强面筋的筋力。

(2) 在调制发酵面团时使用微酸性的水（pH 6～8）较好　如果用碱性水调制发酵面团，会中和面团的酸度，抑制酶的活性，影响面筋成熟，延缓发酵，使面团变软。

(3) 面包用水比较严格　首先应达到透明、无色、无臭、无异味，无有害微生物、无致病菌的要求。要求用中等硬度或较硬的水，这样的水可增强面筋的筋性，一般不宜超过 $18°dH$，以 $8～12°dH$ 为准。硬度过高会降低蛋白质的溶解性，使面筋硬化，推迟发酵时间，不利于面包生产，口感粗硬，易掉渣；过软的水会使面筋变得过度柔软，面团黏性过大，不起个，易塌陷。实际生产中面包用水的 pH 为 5～6。酸度过大，发酵速度过快，面筋过分软化，导致面团持气性差，影响成品体积，同时面包带酸味，口感不好。酸度小或者碱性水会中和面团的酸度，影响酵母菌活性、抑制酶的活性；影响面筋的形成，降低面团弹性，使面包组织粗糙、发黄，并产生不愉快的异味。

（4）糕点、饼干中用水量不多　对水质要求不如面包那样严格，一般情况下，没有硬度的限制，正常的饮用水即可使用。

三、水的处理

1．硬度问题

（1）**硬度偏小**　可添加微量的磷酸钙或硫酸钙来提高硬度。

（2）**硬度偏大**　若属于暂时硬水，则可通过加热煮沸或加石灰水，再经沉淀过滤的方法使其软化。若属于永久硬水，则应采用离子交换法、电渗析法、反渗透膜法等使其软化。

2．酸碱度问题

（1）**对酸性水**　可加石灰水中和后再过滤的方法处理。

（2）**对碱性水**　可加乳酸等有机酸的方法处理，或增加酵母菌量也可。需要注意的是，自来水属于微碱性水，调制面团时应先进行酸化处理。

复习思考题

1．粮油食品加工原料的种类有哪些？
2．面粉的工艺性能有哪些？
3．怎样选择大米？
4．油脂在粮油食品加工中有哪些作用？
5．糖的种类及作用有哪些？
6．水在粮油食品加工中有什么作用？

数字资源

粮油食品加工原料知识

湿面筋品质的鉴定

食用油脂

糖及糖浆

项目二
辅料选择与处理

知识目标

掌握粮油食品加工辅料的种类和性质；理解粮油食品加工辅料的作用；熟悉食品加工中辅料的选择与预处理。

能力目标

具备一定的创新能力；具有正确选择和使用粮油食品加工辅料的能力；具有正确鉴别粮油加工食品辅料质量的能力。

职业素养目标

具有强烈的事业心、社会责任感和敬业精神；热爱食品加工专业，具有良好的职业道德素质。

学习单元一　蛋与蛋制品选择与预处理

一、蛋与蛋制品的种类、性质

1. 蛋及蛋制品的种类

目前我国食品生产中常使用鲜蛋、冰蛋、蛋粉、湿蛋黄和蛋白片等。

（1）**鲜蛋**　鲜蛋包括鸡蛋、鸭蛋、鹅蛋等，在焙烤食品中应用最多的是鸡蛋。

（2）**冰蛋**　冰蛋分为冰全蛋、冰蛋黄与冰蛋白三种。

（3）**蛋粉**　我国市场上主要销售全蛋粉，蛋白粉很少生产。蛋粉是将鲜蛋去壳后，经喷雾高温干燥制成的。

（4）**湿蛋黄**　生产中使用湿蛋黄要比使用蛋黄粉好，但远不如鲜蛋和冰全蛋，因为蛋黄中蛋白质含量低，脂肪含量较高。虽然蛋黄中脂肪的乳化性很好，但这种脂肪本身是一种消泡剂，因此在生产中湿蛋黄不是理想的原料。

（5）**蛋白片**　蛋白片是焙烤食品的一种较好的原料。它能复原，重新形成蛋白胶体，具有新鲜蛋白胶体的特性，而且方便运输与保管。

2. 蛋及蛋制品的一般性质

（1）**蛋的 pH**　新鲜蛋的 pH 呈中性，储藏过程中随着 CO_2 的不断蒸发，pH 逐渐增大。

因此可根据蛋的 pH 判断蛋的新鲜程度。

（2）蛋的相对密度 蛋的相对密度为 1.07～1.09，储藏过程中随着养分的消耗和 CO_2 的不断蒸发，相对密度会逐渐减小。因此可根据蛋的相对密度判断蛋的新鲜程度。

（3）蛋的冰点 蛋的冰点主要取决于其化学成分，一般认为蛋储藏的适宜温度为 -1.5～$2℃$。

二、蛋与蛋制品在粮油食品加工中的作用

蛋与蛋制品广泛用于制作各种菜肴、面点、糕点等食品。

1．蛋白的起泡性

蛋白是一种亲水性胶体，具有良好的起泡性，在糕点生产中具有重要意义，特别是在西点的装饰方面。蛋白经过强烈搅打，蛋白薄膜将混入的空气包围起来形成泡沫，由于受表面张力制约，迫使泡沫成为球形。由于蛋白胶体具有黏度和加入的原材料附着在蛋白泡沫层四周，使泡沫层变得浓厚坚实，增强了泡沫的机械稳定性。

蛋白可以单独搅打成泡沫用于生产蛋白类糕点和西点，也可以全蛋的形式加入糕点中。欲使蛋白形成稳定的泡沫，必须有表面张力小及蒸汽压力小的成分存在，同时泡沫表面成分必须能形成固定的基质。搅打蛋白是糕点制作中的重要工序，有许多影响泡沫形成的因素。

（1）黏度 黏度对蛋白的稳定影响很大。黏度大的物质有助于泡沫的形成和稳定。因为蛋白具有一定的黏度，所以打出的蛋白泡沫比较稳定。

（2）油 油是一种消泡剂，因此搅打蛋白时千万不能碰上油。蛋黄和蛋清分开使用，就是因为蛋黄中含有油脂。油的表面张力很大，而蛋白气泡膜很薄，当油接触到蛋白气泡时，油的表面张力大于蛋白膜本身的延伸力而将蛋白膜拉断，气体从断口处冲出，气泡立即消失。

（3）pH pH 对蛋白泡沫的形成和稳定性影响很大。蛋白在 pH 为 6.5～9.5 时形成泡沫的能力很强，但不稳定，在偏酸情况下气泡较稳定。搅打蛋白时加入酸或酸性物质就是要调节蛋白的 pH，破坏它的等电点。因为在等电点时，蛋白的黏度最低，蛋白不起泡或气泡不稳定。酸性磷酸盐、酸性酒石酸钾比醋酸及柠檬酸有效。

（4）温度 温度对气泡的形成和稳定有直接关系。新鲜蛋白在 30℃ 时起泡性能最好，黏度亦最稳定，温度太高或太低均不利于蛋白的起泡。

（5）蛋的质量 蛋的质量直接影响蛋白的起泡性。

2．蛋黄的乳化性

蛋黄中含有许多磷脂，磷脂具有亲油和亲水的双重性质，是一种理想的天然乳化剂。它能使油、水和其他材料均匀地分布到一起，促进制品组织细腻、质地均匀、松软可口、色泽良好，并使乳制品保持水分。

3．蛋白的凝固性

蛋白对热敏感，受热后凝结变性。温度在 54～57℃ 时蛋白开始变性，60℃ 时变性加快，但如果在受热过程中将蛋白急速搅动可以防止变性。蛋白内加入高浓度的砂糖能提高蛋白的变性温度。当 pH 在 4.6～4.8 时变性最快，因为这正是蛋白内主要成分白蛋白的等电点。

4．改善糕点、面包的色、香、味、形和营养价值

蛋品中含有丰富的营养成分，提高了面包、糕点的营养价值。在面包、糕点表面涂上一层蛋液，经焙烤后，呈诱人的金黄色，表皮光亮，外形美观。加蛋的面包、糕点成熟后具有

悦人的蛋香味，并且结构疏松多孔，体积膨大而柔软。

三、蛋与蛋制品的选择与预处理

1. 蛋与蛋制品的选择

目前，国内外焙烤食品工业广泛使用蛋黄粉来生产面包、糕点和饼干。在使用时可将蛋黄粉和水按1:1的比例混合，搅拌成糊状，添加到面团或面糊中。生产挂面时，对筋力弱的面粉，或添加豆面的面粉，可加入适量的蛋液来强化制品的骨架结构。

(1) 蛋的品质鉴别 蛋的品质检验对烹调和蛋品加工的质量起着重要作用。鉴定蛋的质量常用感官法和灯光透视法，必要时可进一步进行理化鉴定和微生物检查。

蛋的形状：蛋形指数是蛋的长径与短径之比。一般在1.30~1.35之间。

新鲜鸡蛋的蛋壳洁净、无裂纹、有鲜亮光泽。蛋壳表面有一层角质薄膜并附着白色或粉色霜状石灰质粉粒，用手触摸有粗糙感。将几个蛋在手中轻磕时有如石子相碰的清脆的"咔""咔"声，用手摇晃无响水声。手掂有沉甸甸的感觉。打开后蛋黄呈隆起状，无异味。反之，则可能是陈次蛋或劣质蛋。

(2) 蛋与蛋制品的选择要求 应符合《食品安全国家标准 蛋与蛋制品》(GB 2749—2015)标准要求。鲜蛋的感官要求应符合表1-12的规定，蛋制品的感官要求应符合表1-13的规定。

表1-12 鲜蛋感官要求

项目	要求
色泽	灯光透视时整个蛋呈微红色；去壳后蛋黄呈橘黄色至橙色，蛋白澄清、透明，无其他异常颜色
气味	蛋液具有固有的蛋腥味，无异味
状态	蛋壳清洁完整，无裂纹，无霉斑，灯光透视时，蛋内无黑点及异物；去壳后蛋黄凸起完整并带有韧性，蛋白稀稠分明，无正常视力可见外来异物

表1-13 蛋制品感官要求

项目	要求
色泽	具有产品正常的色泽
滋味、气味	具有产品正常的滋味、气味，无异味
状态	具有产品正常的形状、形态，无酸败、霉变、生虫及其他危害食品安全的异物

2. 蛋与蛋制品的预处理

(1) 添加蛋与蛋制品时 根据具体产品的要求进行处理，在实践操作中，鲜蛋一般用打蛋器充分搅拌均匀，蛋清、蛋黄需要分离的，用分离器分开。

(2) 蛋与蛋制品的保藏 为防止蛋壳表面带有的大量微生物侵入内部，以及因蛋内水分蒸发和二氧化碳逸散而影响蛋的质量、重量，储存鲜蛋时常采用下列方法：

① 壳表面处理。通常用水或稀碱液，或用杀菌性液体洗涤蛋壳表面，洗涤后用通风干燥机干燥。

② 蛋壳密封。如用水玻璃处理、油蜡涂布、石灰水储存以及二氧化碳储藏等。用二氧化碳储存时，通常将鲜蛋装入不透气的薄膜袋，然后充入二氧化碳，在室温下能保存6周。也可在运送鲜蛋的车厢内充入30%~60%的二氧化碳保存鲜蛋。

③ 冷藏。可抑制微生物的繁殖，并避免储藏中因理化特性变化而降低营养价值。

储存温度以 0～5℃ 为宜。冷库需设缓冲间，以免冷藏蛋出库时温度逐渐升高，蛋壳表面产生水珠而发生腐败。

学习单元二 乳与乳制品选择与预处理

一、乳与乳制品的种类及性质

1. 乳与乳制品的种类

乳是哺乳动物为哺育幼儿从乳腺分泌的一种白色或稍带黄色的不透明液体，是生产食品的重要辅料之一。

(1) 鲜乳 主要是牛乳。

(2) 乳制品 乳制品的分类如下。

① 乳粉：全脂乳粉、脱脂乳粉、调制乳粉。

② 酸乳

③ 炼乳：甜炼乳、淡炼乳。

④ 奶油

⑤ 干酪

⑥ 其它乳制品

2. 乳与乳制品的一般性质

(1) 色泽与折射率 新鲜的牛乳一般呈乳白色或稍呈淡黄色，乳白色是乳的基本色调，这是酪蛋白胶粒及脂肪球对光不规则反射的结果。脂溶性的胡萝卜素和叶黄素使乳略带淡黄色，水溶性的核黄素使乳清呈萤光性黄绿色。

牛乳的折射率由于溶质的影响而大于水的折射率，在脂肪球对光不规则反射的影响下不易正确测定牛乳的折射率。

(2) 冰点 牛乳冰点为 -0.53～-0.55℃，平均值为 -0.542℃。作为溶质的乳糖与盐类是冰点下降的主要因素。由于它们的含量较稳定，所以正常新鲜牛乳的冰点是物理性质中较稳定的一项。

(3) 沸点 乳的沸点在 101kPa（1个大气压）下约为 100.5℃。

(4) 比热容 一般牛乳的比热容约为 3.89kJ/(kg·℃)

(5) 乳的 pH 与酸度 正常新鲜牛乳的 pH 为 6.4～6.8，一般酸败乳或初乳的 pH 在 6.4 以下，乳腺炎乳或低酸度乳 pH 在 6.8 以上。

乳的酸度通常用滴定酸度来表示。滴定酸度（°T，国家规定）：取 100mL 乳样，以 0.5% 的酚酞液作指示剂，用 0.1mol/L 的 NaOH 溶液滴定至微红色，并在 1min 内不褪色，以消耗的 NaOH 溶液的毫升数表示。消耗 1mL 即为 1°T。

正常乳的滴定酸度为：16～18°T。

刚挤出的新鲜乳的酸度称为固有酸度或自然酸度。这种酸度与储存过程中因微生物繁殖所产生的酸无关。固有酸度来源于乳中固有的酸性物质，非脂乳固体含量越多，固有酸度就越高。初乳的非脂乳固体越多，其固有酸度就越高，挤出后的乳在微生物作用下进行乳酸发酵，导致乳的酸度逐渐升高，这部分酸度可称为发酵酸度。固有酸度和发酵酸度的总和称为总酸度。一般情况下，乳品工业中所测定的酸度就是总酸度。原料乳的酸度越高，对热的稳定性越差。

(6) 牛乳的相对密度 乳在20℃时的质量与同容积水在4℃时的质量比。

正常的牛乳，在20℃的平均相对密度为1.032，其变动范围为1.028～1.034。如果乳的相对密度在1.028以下，乳清（主要成分为乳糖和无机盐类，其正常相对密度为1.027～1.30）的相对密度在1.026以下，而且非脂乳固体在8%以下时，此乳有掺水的可能，因牛乳的相对密度会由于加水而降低。如果乳的相对密度大于正常乳，则有脱脂现象，因为去除脂肪，乳的相对密度会增高。

(7) 乳的表面张力、黏度和起泡性 表面张力和乳及乳制品的泡沫形成有关。牛乳的表面张力随温度的升高而降低，随含脂率增大而降低。牛乳进行均质处理，脂肪球表面积增大，表面活性物质吸附于脂肪球界面处，从而增大表面张力，但均质处理前须将脂酶过热后进行钝化。

乳的黏度随温度的升高而降低。

影响乳品形成泡沫的因素主要有温度、含脂率和酸度。低温搅拌时乳的泡沫逐渐减少，在21～27℃达到最低点。在乳脂肪的熔点以上搅拌时，泡沫增加。搅拌奶油时，由于机械作用的影响，发生乳脂同空气的强烈混合，空气被打碎成无数细小的气泡，这些气泡充满在乳脂内，1L乳脂中可达60亿个。

二、乳与乳制品在粮油食品加工中的作用

牛乳及其制品具有泡沫性，并有一定的稳定性，在面包、糕点的生产中被广泛应用。

1. 改善制品的组织

乳粉提高了面筋筋力，改善了面团发酵耐力和持气性，因此，含有乳粉的制品组织均匀、柔软、疏松并富有弹性。具体分析如下：

乳粉的加入提高了面团的吸水率，因乳粉中含有大量蛋白质，每增加1%的乳粉，面团吸水率就要相应增加1%～1.25%。

乳粉的加入提高了面团筋力和搅拌耐力，乳粉中虽无面筋性蛋白质，但含有的大量乳蛋白对面筋具有一定的增强作用，能提高面团筋力和强度，使面团不会因搅拌时间延长而导致搅拌过度，特别是对于低筋力面粉更有利。加入乳粉的面团更适合于高速搅拌，高速搅拌能改善面包的组织和体积。

2. 增进焙烤制品的风味和色泽

乳粉中唯一的糖就是乳糖，大约占乳粉总量的30%。乳糖具有还原性，不能被酵母菌所利用，因此，发酵后仍全部残留在面团中。在烘焙过程中，乳糖与蛋白质中的氨基酸发生美拉德反应，产生一种特殊的香味，并使制品表面形成诱人的棕黄色。乳粉用量越多，制品的表皮颜色就越深。又因乳糖的熔点较低，在烘焙期间着色快。因此，凡是使用较多乳粉的制品，都要适当降低烘焙温度和延长烘焙时间，否则，制品着色过快，易造成外焦内生。

3. 提高制品的营养价值

乳制品中含有丰富的蛋白质、脂肪、糖、维生素等。面粉是焙烤制品的主要原料，但其在营养上的不足是赖氨酸、维生素含量很少。而乳粉中含有丰富的蛋白质和几乎所有的必需氨基酸，维生素和矿物质亦很丰富。

4．延缓制品的老化

乳粉中含有大量蛋白质，使面团吸水率增加，面筋性能得到改善，面包体积增大，这些因素都使制品老化速度减慢，还因乳酪蛋白中的巯基（—SH）化合物具有抗氧化作用，延长了保鲜期。

三、乳与乳制品的选择与预处理

1．乳与乳制品的选择

(1) 鲜乳的选择 应符合《食品安全国家标准 生乳》（GB 19301—2010）标准规定。表 1-14 为鲜乳感官要求，表 1-15 为鲜乳理化指标。

表 1-14 鲜乳感官要求

项目	要求
色泽	呈乳白色或微黄色
滋味、气味	具有乳固有的香味，无异味
组织状态	呈均匀一致液体，无凝块、无沉淀、无正常视力可见异物

表 1-15 鲜乳理化指标

项目		指标
冰点[①②]/℃		−0.500～−0.560
相对密度/(20℃/4℃)	≥	1.027
蛋白质/(g/100g)	≥	2.8
脂肪/(g/100g)	≥	3.1
杂质度/(mg/kg)	≤	4.0
非脂乳固体/(g/100g)	≥	8.1
酸度/(°T) 牛乳[②] 羊乳		 12～18 6～13

① 挤出 3h 后检测。
② 仅适用于荷斯坦奶牛。

(2) 对乳制品的质量要求 乳制品是营养丰富的食物，也是微生物生长良好的培养基，要保证产品的质量，必须注意乳品的质量及新鲜程度。对于鲜乳要求在 18°T 以下。对乳制品要求无异味，不结块发霉，不酸败，否则乳脂肪会由于霉菌污染或细菌感染而被解脂酶水解，使存放较久的产品变苦。

以乳粉为例，乳粉的选用应符合《食品安全国家标准 乳粉》（GB 19644—2010）标准要求。表 1-16 为乳粉感官要求，表 1-17 为乳粉理化指标。

表 1-16 乳粉感官要求

项目	要求	
	乳粉	调制乳粉
色泽	呈均匀一致的乳黄色	具有应有的色泽
滋味、气味	具有纯正的乳香味	具有应有的滋味、气味
组织状态	干燥均匀的粉末	

表 1-17 乳粉理化指标

项目		指标	
		乳粉	调制乳粉
蛋白质/%	≥	非脂乳固体①的 34%	16.5
脂肪②/%	≥	26.0	—
复原乳酸度/°T 牛乳 羊乳	≤	18 7~14	— —
杂质度/(mg/kg)	≤	16	—
水分/%	≤	5.0	

① 非脂乳固体（%）＝100%－脂肪（%）－水分（%）。
② 仅适用于全脂乳粉。

2．乳和乳制品的预处理

（1）乳粉　先用适量水将乳粉调制成乳状液后使用。

（2）其他　液体辅料，过滤后使用；粉质辅料不需溶解的过筛后使用。

学习单元三　肉与肉制品选择与预处理

一、肉与肉制品的种类及性质

1．肉与肉制品的种类

（1）肉的种类　肉：广义地讲，凡作为人类食物的动物体组织；狭义地讲，"肉"指动物的肌肉组织和脂肪组织以及附着于其中的结缔组织、微量的神经和血管。

肉类：泛指家畜、家禽的肉，主要指猪、牛、羊、鸡的肉；其次是兔、驴、马的肉。

（2）肉制品　根据产品特征和加工工艺分为10类：

肠类制品：中式、发酵、熏煮香肠、生鲜肠。

火腿制品：干腌、熏煮、压缩火腿。

腌腊制品：腊肉、咸肉、风干肉。

酱卤制品：白煮肉、酱卤肉、糟肉。

熏烧烤制品：熏烤肉、烧烤肉。

干制品：肉干、肉松、肉脯。

油炸制品：挂糊炸肉、清炸肉。

调理肉制品：生鲜、冷冻调理。

罐藏制品：硬罐头、软罐头。

其他制品：肉糕、肉冻。

2．肉的性质

（1）肉的颜色　肉的颜色对肉的营养价值影响不大，但在某种程度上影响食欲和商品价值。微生物引起的色泽变化则会影响肉的卫生质量。影响肉颜色的内在因素包括动物种类、年龄及肌肉部位、肌红蛋白及血红蛋白含量。影响肉颜色的外部因素包括环境中的氧含量、湿度、温度、pH 值及微生物。

(2) 肉的风味 肉的风味指生鲜肉的气味和加热后肉制品的香气和滋味，它是肉中固有成分经过复杂的生物化学变化，产生各种有机化合物所致。其特点是成分复杂多样，含量甚微，用一般方法很难测定。除少数成分外，多数无营养价值。

(3) 肉的热力学性质 肉的比热容和冻结潜热随含水量、脂肪率的不同而变化。一般含水率越高，比热容和冻结潜热越大；含脂肪越高，则比热容和冻结潜热越小。

冷冻过程中开始冻结的温度称作冰点，也叫冻结点。它随动物种类、死后所处环境条件的不同而不完全相同。另外还取决于肉中盐类的浓度。

肉的导热性弱，大块肉煮沸半小时，其中心温度只能达到 55℃，煮沸几小时亦只能达到 77～80℃。

肉的导热系数大小取决于冷却、冻结和解冻时温度升降的快慢，也取决于肉的组织结构、部位、肌肉纤维的方向和冻结状态等。它随温度的下降而增大，这是因为冰的导热系数比水大两倍多，故冻结之后的肉类更易导热。

(4) 肉的嫩度 肉的嫩度指肉在咀嚼或切割时所需的剪切力，表明肉在被咀嚼时柔软、多汁和容易嚼烂的程度。影响肉嫩度的因素很多，除与遗传因子有关外，主要取决于肌肉纤维的结构和粗细、结缔组织的含量及构成、热加工和肉的 pH 值等。

肉的柔软性取决于动物的种类、年龄、性别，以及肌肉组织中结缔组织的数量和结构形态。例如，猪肉就比牛肉柔软，嫩度高。阉畜由于性特征不发达，其肉较嫩。幼畜由于肌纤维细胞含水量多，结缔组织较少，肉质脆嫩。役畜的肌纤维粗壮，结缔组织较多，因此质韧。研究证明，牛胴体上肌肉的嫩度与肌肉中结缔组织胶原成分的羟脯氨酸有关，羟脯氨酸含量越高，肉的嫩度越小。

(5) 肉的保水性 肉的保水性即持水性、系水力，是指肉在压榨、加热、切碎搅拌时保持水分的能力，或向其中添加水分时的水合能力。这种特性对肉品加工的质量有很大影响。

肌肉的系水力取决于动物的种类、品种、年龄、宰前状况、宰后肉的变化及肌肉的不同部位。家兔肉保水性最好，其他依次为牛肉、猪肉、鸡肉、马肉。就牛肉来讲，仔牛肉好于老牛肉，去势牛好于成年牛和母牛。成年牛随体重的增加而保水性降低，不同部位的肌肉系水力也有差异。肌肉的系水力在宰后的尸僵和成熟期间会发生显著的变化。刚宰后的肌肉，系水力很高，几小时后，就会开始迅速下降，一般经过 24～28h 系水力会逐渐回升。

影响肉系水力的因素包括 pH 值及尸僵和成熟时间。

pH 值对肌肉系水力的影响实质上是蛋白质分子的静电荷效应。蛋白质分子所带有的静电荷对系水力有双重意义，一是静电荷是蛋白质分子吸引水分子的强有力的中心；二是由于静电荷增加蛋白质分子间的静电排斥力，使其网格结构松弛，系水力提高。静电荷数减少时，蛋白质分子间发生凝聚紧缩，使系水力降低。肌肉 pH 值接近等电点 pH 5.0～5.4 时，静电荷数达到最低，此时肌肉的系水力也最低。

二、肉与肉制品在粮油食品加工中的作用

肉及肉制品在粮油食品加工中能够改善制品的风味，改进组织结构，以提高制品的色、香、味、形和口感；增加营养成分，弥补原料某些营养不足，以提高制品的营养价值；速冻肉制品，速冻米面制品的馅料或者配料。

三、肉与肉制品的选择与预处理

1. 肉与肉制品的选择

(1) 家禽肉的品质检验　家禽肉的品质检验主要以禽肉的新鲜度来确定。采用感官检验的方法从其嘴部、眼部、皮肤、脂肪、肌肉、肉汤等几个方面,检验其新鲜、不新鲜、或是腐败。

① 新鲜禽肉　嘴部有光泽,干燥有弹性,无异味;眼球充满整个眼窝,角膜有光泽;皮肤呈淡白色,表面干燥,有该家禽特有的新鲜气味;脂肪白色略带有淡黄色,有光泽无异味;肌肉结实而有弹性。鸡肉呈玫瑰色,有光泽,胸肌为白色或淡玫瑰色;鸭、鹅的肌肉为红色,幼禽有光亮的玫瑰色。稍湿不黏,有特殊的香味;肉汤透明,芳香,表面有大的脂肪滴。

② 不新鲜禽肉　嘴部无光泽,部分失去弹性,稍有异味;眼球部分下陷,角膜无光;皮肤呈淡灰色或淡黄色,表面发潮,有轻度腐败气味;脂肪色泽稍淡,或有轻度异味;肌肉弹性小,指压时留有明显的指痕,带有轻度酸味及腐败气味;肉汤不太透明,脂肪滴小,有特殊气味。

③ 腐败禽肉　嘴部暗淡,角质部位软化,口角有黏液,有腐败味;眼球下陷,有黏液,角膜暗淡;皮肤灰黄,有的地方带淡绿色,表面湿润,有霉味或腐败味;脂肪呈淡灰或淡绿色,有酸臭味;肌肉为暗红色、暗绿色或灰色,有较重的腐败味;肉汤混浊,有腐败气味,几乎无脂肪滴。

(2) 家畜肉的感官要求

① 色泽　新鲜肉肌肉有光泽,色淡红均匀,脂肪洁白(新鲜牛肉脂肪呈淡黄色或黄色)。不新鲜肉的肌肉色较暗,脂肪呈灰色无光泽。

② 黏度　新鲜肉外表微干或有风干膜,微湿润,不粘手,肉液汁透明。

③ 弹性　新鲜肉刀断面肉质紧密,富有弹性,指压后的凹陷能立即恢复。

④ 气味　新鲜肉具有每种家畜肉正常的特有气味,刚宰杀后不久的有内脏气味,冷却后变为稍带腥味。

⑤ 骨髓的状况　新鲜肉的骨腔内充满骨髓,呈长条状,稍有弹性,较硬,色黄,在骨头折端处可见骨髓的光泽。

⑥ 煮沸后的肉汤　新鲜肉汤透明澄清,脂肪团聚于表面,具有香味。

2. 不同原料肉的加工预处理

(1) 热鲜肉　热鲜肉 pH 和 ATP 均较高,保水性能强,细丝和粗丝之间的间隙大,可以吸收并保存水分。对热鲜肉的处理:对其进行屠宰分割,短时间立即斩碎,加入 2%～3% 的食盐腌制。用热鲜肉加工成香肠,因 pH 高,腐败菌易于繁殖,导致香肠变质。

(2) 冷冻肉　指畜肉宰杀后,经预冷,继而在 -18℃ 以下急冻,深层肉温达 -18℃ 以下的肉品。经过冻结的肉,其色泽、香味都不如热鲜肉或冷却肉,但保存期较长,故仍被广泛采用。冷冻肉在进行冻结前未经过尸僵过程时,在斩拌之前最好不进行解冻,而应在冻结状态下直接斩拌或搅拌。

(3) 冷却肉(冷鲜肉)　它是对严格执行检疫制度屠宰后的畜胴体,在 0～4℃ 条件下,迅速进行冷却处理，使胴体温度24h内由38℃左右降为0～4℃，并在后续的加工、流通和分销过程中始终保持在0～4℃冷藏范围的冷却链中。

学习单元四　蔬菜选择与预处理

一、蔬菜与蔬菜制品的种类及性质

蔬菜是可供佐餐用的草本植物的总称。此外，有少数木本植物的嫩芽、嫩茎、嫩叶，部分低等植物也可作为蔬菜食用。

蔬菜制品：以新鲜蔬菜为原料经干制、腌制、酱制、渍制、泡制等方法加工后的加工品。

1．蔬菜与蔬菜制品的种类

(1) 蔬菜分类　按植物学分类，蔬菜分：藻类、真菌门、地衣门、蕨类植物门、种子植物门；按农业生物学分类，蔬菜分：根菜类、白菜类、绿叶蔬菜、葱蒜类、茄果类、瓜类、豆类、薯芋类、食用菌类等；按主要食用部位分类，蔬菜分：根菜类、茎菜类、叶菜类、花菜类、果菜类、食用蕨类和孢子植物类。

(2) 蔬菜制品分类　腌菜类、酱菜类、干菜类、泡菜类。

2．蔬菜与蔬菜制品的化学成分及性质

(1) 水分　蔬菜组织中含水量很高，一般在65%～96%。

(2) 营养物质　营养物质主要指糖类、有机酸、含氮物质、脂肪、维生素等。

(3) 糖类　糖类是一切生物体维持生命活动所需能量的主要来源，是光合作用的初期产物。

① 单糖和寡糖（低聚糖）　蔬菜中的两类糖，主要是葡萄糖、果糖、蔗糖和戊糖，是蔬菜可溶性有机物的主要部分，影响蔬菜营养品质与风味。

② 纤维素与半纤维素　纤维素是植物细胞壁的主要成分。蔬菜中纤维素的含量为0.3%～2.8%，其中以根菜类的辣根、芥菜等的含量较多。半纤维素一般在0.2%～3.1%之间。蔬菜过度成熟，纤维素木质化，坚硬粗糙，不宜加工。

③ 果胶　成熟的蔬菜向过熟期变化时，果胶在果胶酶的作用下转换为果胶酸，果胶酸无黏性，不溶于水，因此蔬菜呈软烂状态。了解果胶性质的变化规律，可掌握蔬菜采收成熟度，以适应加工需要。果胶与钙盐结合，生成硬明胶，因此，盐渍前用少量$CaCl_2$浸泡，可保持蔬菜脆度。

(4) 有机酸　蔬菜加工时，要了解氢离子的浓度，蔬菜中除番茄的pH值在4.1～4.8外，其他均在5.0～6.4。

提高食品的酸度（降低pH值）能减弱微生物的抗热性和抑制其生长，所以果蔬的pH值是制定蔬菜加工中杀菌条件的主要依据之一。

(5) 含氮物质　蔬菜（除豆类外）中含氮物质虽少，但对加工工艺常有重要影响。其中关系最大而影响最多的就是氨基酸。

蔬菜中所含的氨基酸与成品的色泽有关，氨基酸会与还原糖产生羰氨反应，使制品产生褐变（非酶促褐变）。

(6) 色素物质 色泽是评价蔬菜质量的一个重要指标,在一定程度上反映了蔬菜的新鲜度、成熟度和品质变化。蔬菜色素的种类很多,有时单独存在,有时几种同时存在。在加工过程中也会发生变化。因此色素是蔬菜的重要特征,也是加工的重要内容。

(7) 风味类物质

① 香味物质 有些芳香物质是在加工过程中,经酶水解生成。挥发精油有刺激食欲、帮助消化的作用,也是营养成分之一。多数精油具有抗生素或植物杀菌素,有利于加工品保藏。

② 甜味物质 糖及衍生物糖醇类物质是构成蔬菜甜味的主要物质,一些氨基酸、胺类等非糖物质也具有甜味。

③ 酸味物质 蔬菜含酸量较小,除番茄外,大都感觉不到酸味存在。

④ 苦味物质 蔬菜中的苦味物质主要来自一些糖苷类物质。蔬菜中主要的是黑芥子苷和茄碱苷。加工中由芥子酶水解生成辛辣味和香气的芥子油、葡萄糖等物质。这种变化在腌制中很重要。

⑤ 辛辣味物质 适度的辛辣味具有增进食欲、促进消化液分泌之功效。姜中的辛辣味物质主要是姜酮、姜酚和姜醇,蒜、葱等蔬菜辛辣味物质含硫,芥菜中辛辣味是芥子油。

二、蔬菜与蔬菜制品在粮油食品加工中的作用

蔬菜与蔬菜制品在粮油食品加工中有多种作用,可作为主料,用于速冻产品中;含淀粉多的蔬菜,可用于主食、小吃的制作;作为配料,与动物性原料、粮食类原料等共同制作菜点、汤品等。曲奇饼干烘焙食品添加蔬菜纤维后,其操作性能明显改善,并具有良好的脱模性能,产品松脆,不粘牙,能良好地保持奶油风味;作为面点的馅心用料,挥发油含量较多的蔬菜可以作馅心,如韭菜、白菜、胡萝卜等;作为调味料,具有去腥、除异、增香的作用;作为雕刻、装饰原料,用于菜点的美化;用于盐渍、糖渍、发酵、干制等加工,延长食用期,改善原料的口感或风味。

三、蔬菜与蔬菜制品的选择与预处理

1. 蔬菜与蔬菜制品的选择

(1) 新鲜蔬菜原料的选择 蔬菜的品质鉴别:

① 叶菜类:蔬菜鲜嫩清洁、叶片形状端正肥厚,无烂叶、烂根及泥土者为佳。

② 茎菜类蔬菜:大小均匀整齐,皮薄而光滑,质嫩、肉质细密。

③ 根菜类蔬菜:大小均匀整齐,果形周正,成熟度适宜、皮薄肉厚,无腐烂者为佳。

④ 果菜类蔬菜:大小均匀整齐,果形周正,成熟度适宜、皮薄肉厚,无病害者为佳。

⑤ 花菜类蔬菜:以花球及茎色泽新鲜清洁、坚实、肉厚、质细嫩,无损伤及病害。

⑥ 芽苗类:蔬菜色泽新鲜清洁、脆嫩多汁、肥壮、无腐烂为佳。

(2) 蔬菜干制品的选择 由于蔬菜干制品具有特殊性,大多数产品没有国家统一制定的产品标准,只有生产企业参照有关标准所制定的地方企业产品标准。

蔬菜干制品的质量标准主要有感官指标、理化指标和微生物指标。产品不同时,其质量标准尤其是感官指标差别很大。

感官指标:

① 外观 要求整齐、均匀、无碎屑。对片状干制品要求片型完整,片厚基本均匀,干

片稍有卷曲或皱缩，但不能严重弯曲，无碎片；对块状干制品要求大小均匀，形状规则；对粉状产品要求粉体细腻，粒度均匀，不黏结，无杂质。

② 色泽　应与原有蔬菜色泽相近或色泽一致。

③ 风味　具有原有蔬菜的气味和滋味，无异味。

2．蔬菜与蔬菜制品的预处理

① 使用前清洗干净，切碎，必要时过滤。

② 新鲜蔬菜替代部分或者全部水打入面团。首先需要判断浆料的酸碱值，是否适合打入面团，对面筋的形成是否有破坏作用，酸碱值过低和过高都不适合。同时浆料中的糖分会对面团有影响，如果含糖量高的浆料加入面团搅拌，原配方中的糖就需要适当调整，否则对面团的发酵、组织结构和上色都会有影响。

③ 易氧化的蔬菜也不适合用于选取其颜色。

④ 保管方法　在蔬菜的保管上，为了控制其组织呼吸现象、微生物的生长、虫类的蛀咬，一般采用低温保藏法。一般蔬菜最适宜在0～1℃保管，不能过低，防止冰冻现象发生。这样既能使其处于休眠状态降低了呼吸现象，防止发芽，又能保持水分，保证营养不大量损失，防止微生物生长及害虫发生，以保证蔬菜的储存质量。另外，控制保管的温度，防止过于潮湿而引起腐烂，或过于干燥引起水分的损失。

蔬菜制品储藏条件：温度0～2℃最好，10～14℃以下为宜；相对湿度65%以下，越干燥越好；避光，缺氧。

学习单元五　果料选择与预处理

一、果料的种类及性质

在粮油食品中常用的果料种类很多，根据其来源及加工方法等不同，大致有果仁类、蜜饯类和其他类。

1．果仁

果仁主要是指植物的果实或种子经脱皮后制得的产品。常用的果仁有花生仁、核桃仁、甜杏仁、松子仁、芝麻仁、瓜仁等，它们均含有较丰富的蛋白质、脂肪、矿物质、维生素等营养物质，而且具有特殊的气味和滋味。果仁在焙烤食品中，除用于制馅外，多用于装饰。

2．蜜饯

蜜饯由鲜果经糖渍脱水而成，一般含糖量较高（40%～90%），甜味较重。除维生素外，果料中的其他营养物质基本上保留在蜜饯中，故其营养价值也较高。在焙烤食品中，常用的有苹果脯、杏脯、瓜条、橘饼等，它们多用于制馅。

3．其他果料

在焙烤食品生产中，除了大量使用果仁、蜜饯外，还常用到水果罐头、果酱等。常用的水果罐头有糖水菠萝、糖水樱桃、糖水橘子、糖水荔枝等。常用的果酱有苹果酱、桃酱、杏酱、猕猴桃酱等。果酱多用于生产花色面包、花色蛋糕。

果料使用量以15%～20%为宜，过多会影响面团的保气能力，过少则风味不突出。

二、果料在粮油食品加工中的作用

1．提高制品的营养价值，改善制品风味

果料一般均含有较丰富的营养成分，具有特殊的风味。因此，在面包或馅料中添加适量果料，不仅可以提高制品的营养价值，还可使制品产生独特风味。此外，许多果仁还具有一定的药理功能。

2．装饰作用

果料大都具有鲜艳的色泽和一定的外形，在制品中添加，特别是在制品表面黏附一定的果料或拼成一定的花纹图案，可对制品起到装饰美化作用。这不仅能够提高制品的商品价值，而且能增进食欲、刺激消费。此外，对增加食品的花色品种有重要作用。

三、果料的选择与预处理

1．果料的选择

（1）果仁类产品要求 具有独特外形，不得有霉变、虫蛀，也不得有死活昆虫、虫卵以及石头、土地等杂质。种皮脱除干净，具特有风味，无脂肪酸败味、馊味等异味。

（2）蜜饯类产品品质鉴定 滋味与气味表示产品的风味质量（包括味道与香气），各类产品应有其独特的香味，不得有异味。产品不允许有外来杂质，如砂粒、发丝等。同时观察产品组织结构和形态，产品组织结构往往能反映产品的内在品质，通常包括肉质细腻程度、糖分分布渗透均匀程度、颗粒饱满程度；而产品形态则表示产品的外观，通常包括形状、大小、长短、厚薄是否基本一致，产品表面附着糖霜是否均匀，有无皱缩残损、破裂和其它表面缺陷，颗粒表面干湿程度是否基本一致。

（3）蜜饯的选用 应符合《食品安全国家标准　蜜饯》（GB 14884—2016）标准规定。表 1-18 为蜜饯感官要求。

表 1-18　蜜饯感官要求

项目	要求
色泽	具有产品应有的色泽
滋味、气味	具有产品应有的滋味、气味，无异味
状态	具有产品应有的状态，无霉变，无正常视力可见的外来异物

2．果料的预处理

（1）果干类 需要提前用酒浸泡，或者水浸泡；因为它们直接加入面团会吸水，和面团争夺水分；同时不浸泡口感也会比较硬。

（2）新鲜果料作为馅料使用 水分多的果料被用作馅料使用时需要特别注意，在烘烤中严重脱水，而水受热蒸发，在面包内部形成很大的空洞。这种情况下，出炉冷却后空洞的部分没有组织支撑，面包会容易出现塌陷。因此，在馅料性状和量的选择上也要注意，选择合适且干湿度适合的果料做馅料。

（3）坚果类 有些需要烘烤后去皮除去涩味，如核桃；有时候烘烤也是为了发挥坚果更好的香味，如松子之类。如果加入生的坚果一般也需要浸泡，如果不提前浸泡则需要调整提

高面团中的含水量。

(4) 五谷杂粮类的谷物 有些也需要提前至少浸泡半小时。

学习单元六 其他辅料的选择与预处理

一、食盐

食盐是制作焙烤食品的基本原料之一，虽用量不多，但不可少。例如生产面包时可以没有糖，但不可以没有盐。一般选用精盐和溶解速度最快的食盐。

1．食盐在制品中的作用

(1) 提高成品的风味 盐与其他风味物质相互协调、相互衬托，使产品的风味更加鲜美、柔和。

(2) 调节和控制发酵速度 盐的用量超过1%时，就能产生明显的渗透压，对酵母菌发酵有抑制作用，降低发酵速度。可通过增加或减少盐的用量，来调节控制面团发酵速度。

(3) 增强面筋筋力 盐可以使面筋质地细密，增强面筋的主体网状结构，使面团易于扩展延伸。

(4) 改善制品的内部颜色 实践证明，添加适量食盐的面包其瓤心比不添加的白。

(5) 增加面团调制时间 盐会降低面筋蛋白质的吸水性，因而延长搅拌时间。

2．食盐的添加方法

无论采用什么制作方法，食盐都要采用后加法，即在面团搅拌的最后阶段加入。一般在面团的面筋扩展阶段后期，即面团不再黏附调粉机缸壁时，食盐作为最后加入的原料，然后搅拌5～6min即可。

3．食盐的使用量

食盐的添加量应根据所使用面粉的筋力，配方中糖、油、蛋、乳的用量及水的硬度具体确定。

二、酵母

1．酵母的分类及特性

种类：酵母通常有鲜酵母、活性干酵母和即发活性干酵母三种。

(1) 鲜酵母 又称压榨酵母，活性和发酵力都较低，活性不稳定，不易储存，使用前需要活化。用30～35℃的温水活化10～15min，如使用高速搅拌机可不用水活化。优点是价格便宜。

(2) 活性干酵母 是由鲜酵母经低温干燥而制成的颗粒，不需低温储存，使用比鲜酵母更方便，而且活性稳定，发酵力很高，但使用前需用温水活化。缺点是成本较高。我国目前已能生产高活性干酵母，但使用不普遍。

(3) 即发活性干酵母 是近年来发展起来的一种醒发速度很快的高活性新型干酵母，主要生产国是法国、荷兰等国。发酵力高，耐储存，活性稳定，发酵速度快，使用时不需活化，方便、省时省力；缺点是价格较高。

2．酵母在面制品中的作用

酵母的主要作用：将可发酵的碳水化合物转化为二氧化碳和酒精，产生的二氧化碳使面包的体积膨大,产生疏松、柔软的结构。除产气外,酵母菌体本身对面团的流变学特性有显著的改善作用。

(1) 使制品疏松 酵母在面团发酵中产生大量的二氧化碳,并由于面筋网络组织的形成,而被留在网状组织内,使烘烤食品组织疏松多孔,体积增大。酵母还有增加面筋扩展的作用,使发酵时所产生的二氧化碳能保留在面团内,提高面团的持气能力。

(2) 改善风味作用 面团在发酵过程中,经历了一系列复杂的生物化学反应,产生了面包制品特有的发酵香味。同时,形成了面包制品所特有的芳香、浓郁、诱人食欲的烘烤香味。

(3) 增加营养价值 因为酵母的主要成分是蛋白质,含量几乎占了酵母干物质的一半,而且人体必需氨基酸含量充足。另外,酵母含有大量的维生素 B_1、维生素 B_2 及烟酸。因此,酵母能提高发酵食品的营养价值。

三、其他调味品

1. 酱油

确定馅料和食物的咸味、增味;增加食物色泽,有上色作用;增加食品香气;有除腥解腻作用。

所选用的酱油应符合《食品安全国家标准 酱油》(GB 2717—2018)标准规定。表 1-19 为酱油感官要求,酱油理化指标为氨基酸态氮≥0.4g/100mL。

表 1-19 酱油感官要求

项目	要求
色泽	具有产品应有的色泽
滋味、气味	具有产品应有的滋味和气味,无异味
状态	不混浊,无正常视力可见外来异物,无霉花浮膜

2. 食醋

在食品加工中常用的醋是粮食醋,用于调制饺子或包子馅料。

食品用食醋的选择应符合《食品安全国家标准 食醋》(GB 2719—2018)标准规定。表 1-20 为食醋感官要求,表 1-21 为食醋理化指标。

表 1-20 食醋感官要求

项目	要求
色泽	具有产品应有的色泽
滋味、气味	具有产品应有的滋味和气味,尝味不涩,无异味
状态	不混浊,可有少量沉淀,无正常视力可见外来异物

表 1-21 食醋理化指标

项目		指标
总酸(以乙酸计)/(g/100mL)		
食醋	≥	3.5
甜醋	≥	2.5

3. 味精

L-谷氨酸单钠的一水化合物，俗称味精，它有强烈的肉类鲜味，将其添加在食品中可使食品风味增强，鲜味增加，是食品的鲜味调味品。在使用时应掌握投放时的温度（70～90℃）、投放时间（适时）及投放量（最适宜的使用浓度为0.2%～0.5%）。

味精的选择应符合《食品安全国家标准　味精》（GB 2720—2015）标准规定。表1-22为味精感官要求，表1-23为味精理化指标。

表1-22　味精感官要求

项目	要求
色泽	无色至白色
滋味、气味	具有特殊的鲜味，无异味
状态	结晶状颗粒或粉末状，无正常视力可见外来异物

表1-23　味精理化指标要求

项目		指标
谷氨酸钠（以干基计）/%		
味精	≥	99.0
加盐味精	≥	80.0
增鲜味精	≥	97.0

4. 巧克力、可可脂、可可粉

(1) 可可粉、巧克力在焙烤食品中的应用

① 牛奶巧克力　牛奶巧克力是由可可粉、可可脂、乳制品、糖粉、香料、乳化剂等材料制成。一般用于表面装饰、夹心馅料、裱花挤字等。

② 白色巧克力　白色巧克力的成分与牛奶巧克力基本相同，只是不含可可制品。一般用于表面装饰、夹心馅料、裱花挤字等。

③ 黑色巧克力　黑色巧克力中可可脂成分含量高。根据可可脂的含量不同，将黑色巧克力分为三种：软质巧克力、硬质巧克力、超硬质巧克力。一般用于表面装饰、夹心馅料、裱花、挤字、脱模造型等。

④ 可可脂　可可脂是巧克力中的凝固剂，可提高巧克力的黏稠性。

⑤ 可可粉　可可粉中可可脂含量较低。可可粉添加到原料中，可增添产品颜色、口味，还可用于表面装饰（粉状、调成膏类）。

(2) 巧克力的选择及预处理

① 巧克力的品质鉴定

看外观：好的巧克力外形整齐，表面光亮、平滑、断面均匀，无气泡、无虫蛀，深色巧克力呈棕褐色，乳型巧克力呈淡棕色。

品味道：好的巧克力，香味纯正、浓郁，口感细腻滑润，口溶性好，有凉爽感。纯巧克力有较浓重的苦味和收敛性的涩味；乳型巧克力口味温和；其他巧克力具有其特有的香味。果仁夹心巧克力中的果仁不能有哈喇味。

② 巧克力的预处理

溶解：巧克力利用隔热水溶化或者用微波炉直接加热溶化。

调温：巧克力制品在33℃开始溶化，但随着温度的降低会出现凝固现象，因此，制作巧克力装饰时，一定要注意控制操作温度，尤其是室内温度不能低于24℃。巧克力操作温度控制在32℃为宜。

5. 吉士粉

吉士粉是一种香料粉，呈粉末状，浅黄色或浅橙黄色，具有浓郁的奶香味和果香味，系由疏松剂、稳定剂、食用香精、食用色素、乳粉、淀粉和填充剂组合而成。吉士粉易溶化，适用于软、香、滑的冷热甜点之中（如蛋糕、面包、蛋挞等糕点中），主要取其特殊的香气和味道，是一种较理想的食品香料粉。

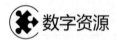

复习思考题

1. 常用的粮油食品加工辅料包括哪些种类？
2. 简述蛋制品与乳制品在粮油食品加工中的作用。
3. 在粮油食品加工中，需要对果料进行哪些预处理？
4. 食盐的作用有哪些？

数字资源

辅料基础知识

项目三
食品添加剂选择与处理

知识目标

熟悉食品添加剂在粮油食品加工中的意义；掌握疏松剂、氧化剂、还原剂、乳化剂等食品添加剂的选择与预处理；了解疏松剂、氧化剂、还原剂、乳化剂等食品添加剂的作用机制。

能力目标

具有学习新知识并充分运用知识的能力；具有正确选择和使用食品添加剂的能力；具有正确鉴别食品添加剂质量的能力。

职业素养目标

树立正确的世界观、人生观和价值观；具有一定的专业基础知识和技能，在专业技能领域贡献自己的力量。

学习单元一　疏松剂选择与预处理

一、疏松剂介绍

1. 疏松剂概念

疏松剂又称为膨松剂、膨胀剂或起发粉，是在食品加工过程中加入的，能使产品形成致密多孔组织，从而使制品具有膨松、柔软或酥脆特点的物质。

2. 疏松剂种类

疏松剂一般可分为碱性疏松剂、酸性疏松剂、复合疏松剂和生物疏松剂。前三者为化学疏松剂，主要是碳酸盐、磷酸盐、铵盐和矾类及其化合物。

（1）**碱性疏松剂**　又称为膨松盐，主要是碳酸氢钠、碳酸氢铵和碳酸钙等碳酸盐。它们受热后产生气体，是使食品产生多孔海绵状组织的原动力。

（2）**酸性疏松剂**　酸性疏松剂是酸性盐，用于中和碱性疏松剂以产生气体，并调节产气速度。主要包括钾明矾、铵明矾、酒石酸氢钾和磷酸氢钙。

（3）**复合疏松剂**　复合疏松剂是由多种成分配合而成的，一般是用碳酸氢盐（如钠盐、铵盐）、酸（如酒石酸、柠檬酸、乳酸等）、酸性盐（如酒石酸氢钾、富马酸一钠、磷酸二氢钙、磷酸氢钙、焦磷酸二氢钙、磷酸铝钠等）、明矾（如钾明矾、铵明矾、烧铵明矾等）及淀粉（阻酸、碱作用和防潮作用等）配制而成。复合疏松剂又称泡打粉、发泡剂、发酵粉，广泛应用于面食蛋糕、饼干等食品的生产制造。

（4）生物疏松剂 生物疏松剂中最重要的是酵母，主要用于面制品。酵母在发酵过程中由于酶的作用，使糖类发酵生成酒精和二氧化碳，使面坯起发，体积增大，经焙烤后使食品形成膨松体，并具有一定的弹性。同时，在食品中还产生醛类、酮类和酸类等特殊风味物质。此外，酵母体也含有蛋白质、糖类、脂肪和维生素，使食品的营养价值明显提高。常用的酵母有以下几种形式：液体酵母、鲜酵母、干酵母。

二、疏松剂在粮油食品加工中的作用

疏松剂是糕点饼干等烘焙食品及膨化食品生产用的添加剂，通常在和面过程中加入疏松剂，在烘焙或油炸过程中它受热分解，产生气体使面坯起发。因此疏松剂的作用有以下几点：

1. 增加食品体积

能使食品产生松软的海绵状多孔组织，使之口感柔松、体积膨大。

2. 产生多孔结构

咀嚼时能使唾液很快渗入制品的组织中，以透出制品内可溶性物质，刺激味觉神经，使之迅速反映该食品的风味。

3. 促进消化

当食品进入胃之后，各种消化酶能快速进入食品组织中，使食品能容易、快速地被消化、吸收，避免营养损失。

学习单元二 氧化剂、还原剂选择与预处理

面粉品质改良剂的研究和应用在国内外已有近百年历史，人们对小麦蛋白、淀粉的性质及品质改良剂的作用机制曾做过大量的工作。粮油食品中，焙烤食品的种类甚多，它们需要不同规格的面粉。例如，制作优质面包需要用湿面筋量高达32%～38%的面筋筋力强的小麦面粉，而我国出产的小麦磨成的面粉，湿面筋含量偏低，一般在24%～28%之间，筋力较弱，适宜于制作馒头和面条等。因此，我国面粉加工厂使用国外进口的蛋白含量高、筋力强的硬质小麦，与我国的小麦进行搭配制成各种用途的专用面粉。根据面粉处理作用的性质，品质改良剂分为：氧化剂和还原剂。

一、氧化剂、还原剂的种类

1. 氧化剂种类

氧化剂是指能够增强面团筋力，提高面团弹性、韧性和持气性，增大产品体积的一类化学合成物质。常用的氧化剂有抗坏血酸、偶氮甲酰胺等。

2. 还原剂种类

还原剂是指能够调节面筋润胀度，使面团具有良好可塑性和延伸性的一类化学合成物质。生产中常用的还原剂有L-半胱氨酸、亚硫酸氢钠、山梨酸、抗坏血酸。

二、氧化剂、还原剂在粮油食品加工中的作用

增筋剂是最主要的面粉品质改良剂，主要用于提高制作面包、部分面条的面粉筋力。

降筋剂主要有还原剂和蛋白酶，用于降低或减弱面粉筋力。还原剂是通过将面筋蛋白质中的二硫键还原为巯基；蛋白酶是通过切断面筋蛋白质的肽链，二者都是使互相交联在一起的大分子面筋网络转变为小分子的面筋，从而减弱面团的筋力。主要用于糕点和饼干面粉的品质改良。已开发应用的有 L-盐酸半胱氨酸、山梨酸、焦亚硫酸钠、亚硫酸氢钠、抗坏血酸、蛋白酶（木瓜蛋白酶、细菌蛋白酶、霉菌蛋白酶、胃蛋白酶、胰蛋白酶）。

蛋白酶主要应用于韧性饼干和发酵饼干中。通过水解蛋白质切断肽链，将面筋蛋白质分子切断成较小的蛋白质分子，达到减弱面筋筋力、降低面团弹性和韧性、提高面团的伸展性和延伸性的目的，以利于饼干的生产和加工。同时，改善饼干的食用品质，使饼干口感酥松，入口即化，风味佳，不黏牙，不糊口。目前市售的"饼干松化剂"，就是用木瓜蛋白酶，再加入活化剂、淀粉充填剂一起混合复配而成。它一般与焦亚硫酸钠或亚硫酸氢钠同时使用，可以减少焦亚硫酸钠或亚硫酸氢钠的使用量，也可以单独使用。

三、氧化剂、还原剂的选择与预处理

1. 氧化剂

（1）氧化剂在面团中的作用机制

① 抑制蛋白酶活力。

② 氧化巯基基团形成二硫键。

③ 面粉漂白。

④ 提高蛋白质的黏结作用。

（2）氧化剂的使用方法

① 氧化剂的添加方法　氧化剂一般很少单独添加使用，因为用量极少无法与面粉混合均匀。抗坏血酸在烘焙行业正在被广泛地使用，在许多欧洲国家这是唯一使用的氧化剂。英国用于制作面包的氧化剂 70% 是抗坏血酸，另外 30% 是溴酸钾。抗坏血酸与溴酸钾复合使用效果更加突出，复合比例是（2~4）:1。

② 氧化剂的添加量　氧化剂的添加量可根据不同情况来调整，高筋面粉需要较少的氧化剂，低筋面粉则需要较多的氧化剂。保管不好的酵母或死酵母细胞中含有谷胱甘肽，未经高温处理的乳制品中含有巯基基团，它们都具有还原性，故需较多的氧化剂来消除。

2. 还原剂

还原剂的作用机制主要是使蛋白质分子中的二硫键断裂，转变为硫氢键，蛋白质由大分子变为小分子，降低了面团的筋力、弹性和韧性。

学习单元三　乳化剂、稳定剂选择与预处理

一、乳化剂、稳定剂的种类

1. 乳化剂种类

乳化剂是一种多功能的表面活性剂，可在许多食品中使用。由于它具有多种功能，因此

也称为面团改良剂、保鲜剂、抗老化剂、柔软剂、发泡剂等。

乳化剂的种类有：

(1) 单硬脂酸甘油酯　单硬脂酸甘油酯为微黄色蜡状固体，不溶于水，与热水强烈振荡混合时可分散在水中。用量一般为0.2%～0.5%。

(2) 大豆磷脂　半透明的黏稠物质，在空气中或光线照射下迅速变成黄色及褐色。在水中润胀成胶体溶液。用量一般为0.2%～0.7%。

(3) 山梨糖醇酐脂肪酸酯　黄褐色的液状和蜡状物，液体溶液中最大使用量为6g/kg。

(4) 蔗糖脂肪酸酯　亲水性最大，用于糕点的乳化、发泡、保持泡沫并防止老化。与单甘油酯并用，用作冰淇淋中稀奶油的乳化剂，用量为油脂的1%～10%。

(5) 硬脂酰乳酸钙　黄白色或白色粉末，强烈搅拌混合可完全分散于水中，是一种疏水性的乳化剂，可与面粉面筋胶体结合，增加面筋的弹性和稳定性，添加量一般为小麦粉的0.5%。

(6) 木糖醇酐硬脂酸酯　具有奶油光泽的棕黄色蜡状固体，在热水中呈乳状液。

(7) 聚氧乙烯木糖醇酐单硬脂酸酯　半胶状琥珀色油状液体，溶于大多数有机溶剂。

2. 稳定剂种类

稳定剂是改善或稳定食品的物理性质或组织状态的添加剂。它可以增加食品黏度、增大产品体积、增加蛋白膏的光泽、防止砂糖再结晶、提高蛋白点心的保鲜期等。生产中常用的增稠稳定剂有以下几种。

(1) 琼脂　琼脂又称洋菜、冻粉。不溶于冷水，微溶于温水，极易溶解于热水。

(2) 明胶　明胶不溶于冷水，在热水中溶解，溶液冷却后即凝结成胶块。

(3) 海藻酸钠　海藻酸钠又称褐藻酸钠，不溶于乙醇，溶于水呈黏稠胶状液体。

(4) 果胶　果胶溶于20倍水则成黏稠状液体，不溶于乙醇。

稳定剂可以改善面条的品质，保持产品风味，延长货架期。它的凝胶作用可以保持面条的光滑和柔软性，增强面团的弹性，不易使淀粉老化。它的强吸水作用促进面筋网络形成和提高面粉的糊化度。

一般来说食用胶对面条的硬度、拉伸性能的改善作用比乳化剂好，而乳化剂对面条的黏着性、固形物溶出率和面汤的透光率的作用比食用胶强。单纯的一种品质改良剂对面条的品质改善具有一定的局限性，其添加量也不宜过大，所以应尽可能通过食用胶、乳化剂和复合碱复配来全面提高面条的品质。

二、乳化剂、稳定剂在粮油食品加工中的作用

1. 乳化剂在粮油食品加工中的作用

食品乳化剂是重要的一类食品添加剂，除具有典型的表面活性作用外，还能与食品中的蛋白质、淀粉、脂类发生特殊的作用而显示多种功效。常用于面制品中的乳化剂有单甘酯（单硬脂酸甘油酯）、硬脂酰乳酸钙/钠、大豆磷脂、蔗糖脂肪酸酯等。

乳化剂被广泛应用于面制品中，对保持面制品的品质起到了良好的作用。例如制作面包、馒头时添加甘油硬脂酸酯等可以使馒头体积增大，改善组织结构和柔软度，防止硬化。何承云等研究了在4℃下，3种乳化剂（硬脂酰乳酸钙、蔗糖脂肪酸酯、单甘酯）对储存馒

头的抗老化效果。试验结果表明，3种乳化剂对馒头均有一定的抗老化效果。通过正交试验，得到3种乳化剂抗馒头老化效果较好的复配比例：硬脂酰乳酸钙0.15%、单甘酯0.10%、蔗糖酯0.08%。

乳化剂对面条的蒸煮特性有显著的改善作用。添加乳化剂可以显著降低面汤的混浊度和淀粉固形物的煮出率，增加了面条的爽滑感。乳化剂的加入还可以提高面团的持水能力，有利于面筋网络的形成和淀粉的糊化，缩短调粉时间；可使面条表面光洁发亮，防止相互粘连。油炸方便面中含油量高的可达18%，乳化剂的存在，不仅可改善吸水复水性能，而且十分有利于消化吸收，也减少固形物溶出，面汤不易混浊。陈建伟研究了蒸馏单甘酯（DMG）、硬脂酰乳酸钙-硬脂酰乳酸钠（CSL-SSL）、卵磷脂对面条品质的影响，结果表明这3种乳化剂，普遍降低了面条的酸度，外观都有明显的改善，熟断条率、烹调损失都有降低，烹调性评分都有提高，保鲜性能改善。卵磷脂烹调性评分最高，但烹调损失较大；DMG烹调损失小，但烹调性评分不高。综合评价，CSL-SSL无论在酸度、烹调损失还是烹调性评分方面，都比较均衡，效果最佳。

乳化剂还广泛应用在糕点、饼干、面包、人造奶油等食品生产中。

2．稳定剂在粮油食品加工中的作用

稳定剂在粮油食品加工中能够使食品结构稳定或使食品组织结构不变，增强黏性固形物。稳定剂一般可以使食品中胶体（果胶、蛋白质等）凝固为不溶性的凝胶状态，从而达到组织硬化。

稳定剂应用于各种食品的加工中，如在生产果蔬制品时，利用各种钙盐（如氯化钙、乳酸钙、柠檬酸钙等）使可溶性果胶酸成为凝胶状不溶性果胶酸钙的特性，以保持果蔬加工制品的脆度和硬度；在豆腐生产中，用盐卤、葡萄糖酸-δ-内脂作稳定剂，方便豆腐机械化和连续化的生产；在泡菜生产中，加入酸性铝盐（如硫酸铝钠、硫酸铝钾），可使酸黄瓜更脆、更坚硬。

三、乳化剂的选择与预处理

乳化剂使用正确与否，直接影响到其作用效果。在使用时应注意下面几点：

1．乳浊液的类型

在食品的生产过程中，经常碰到两种乳浊液，即水/油型和油/水型。乳化剂是一种两性化合物，使用时要与其亲水-亲油平衡值（即HLB值）相适应。通常情况下，HLB<7的用于水/油型；HLB>7的用于油/水型。

2．添加乳化剂的目的

乳化剂一般都具有多功能性，但都具有一种主要作用。如添加乳化剂的主要目的是增强面筋特性，增大制品体积，就要选用与面筋蛋白质复合率高的乳化剂，如硬脂酰乳酸钠SSL、硬脂酰乳酸钙CSL、双乙酰酒石酸单双甘油酯（DATEM）等。若添加目的主要是防止食品老化，就要选择与直链淀粉复合率高的乳化剂，如各种饱和的蒸馏单甘油酯等。当酥性面团产生黏辊、黏帆布、印模等问题时，可以添加卵磷脂、大豆磷脂等天然乳化剂，以降低面团黏性、增加饼干疏松度、改善制品色泽、延长产品保存期。

3．乳化剂的添加量

乳化剂在食品中的添加量一般不超过面粉的1%，通常为0.3%~0.5%。如果添加目的主要是乳化，则应以配方中的油脂总量为添加基准，一般为油脂的2%~4%。

四、稳定剂的选择与预处理

1. 氯化钙

性状与性能：氯化钙是白色、硬质的碎块或颗粒，微苦，无臭，易吸水潮解，其存在形式有无水物、一水物、二水物、四水物等，一般商品以二水物为主。

毒性：大鼠经口 LD_{50} 为 1g/kg。ADI 不作特殊规定（FAO/WHO，1994）。GRAS（FDA-21CFR 184.1193）。

使用：按照我国《食品安全国家标准　食品添加剂使用标准》（GB 2760—2024）规定，氯化钙可用于稀奶油、豆类制品，最大使用量按生产需要适量使用；用于其他类饮用水（自然来源饮用水除外），最大使用量为 0.1g/L（以钙计 36mg/L）。用氯化钙作组织稳定剂，可保持果蔬的脆性，并有护色效果，如用于苹果、整装番茄、什锦罐头蔬菜、冬瓜等罐头食品。

2. 硫酸钙

性状与性能：硫酸钙为白色结晶性粉末，无臭，具涩味。相对密度 2.96。难溶于水，微溶于甘油。

毒性：钙与硫酸根是人体正常成分，并且硫酸钙溶解度小，很难在消化道吸收。所以，几乎无毒。ADI 不作特殊规定（FAO/WHO，994）。

使用：按照我国《食品安全国家标准　食品添加剂使用标准》（GB 2760—2024）规定，硫酸钙可用于豆类制品，最大使用量按生产需要适量使用；用于小麦粉制品，最大使用量为 1.5g/kg（作为过氧化苯甲酰稀释剂）。硫酸钙在豆腐加工中作稳定剂，使豆浆能充分凝固，并且分散均匀，做出的豆腐较细嫩。

3. 葡萄糖酸-δ-内酯

性状与性能：葡萄糖酸-δ-内酯为白色晶体或结晶性粉末，无臭，口感先甜后酸，易溶于水，微溶于乙醇。葡萄糖酸-δ-内酯在水中发生解离生成葡萄糖酸，能使蛋白质溶胶形成凝胶，并且还具有一定的防腐性。

毒性：ADI 不作特殊规定（FAO/WHO，1994）。

使用：按照我国《食品安全国家标准　食品添加剂使用标准》（GB 2760—2024）规定，葡萄糖酸-δ-内酯属于可在各类食品中按生产需要适量使用的添加剂。葡萄糖酸-δ-内酯制作的豆腐产品洁白细嫩，使用方便。葡萄糖酸-δ-内酯可用于鱼虾保鲜，使用量为 0.1g/kg，残留量小于 0.01mg/kg；用于香肠（肉肠）、鱼糜制品、葡萄汁、豆制品（豆腐、豆花），使用量 3.0g/kg；用于发酵粉，可按生产需要适量使用。FAO/WHO（1984）规定，葡萄糖酸-δ-内酯可用于午餐肉、肉糜，最大使用量 3g/kg。在午餐肉、香肠等肉制品中加入 0.3% 的葡萄糖酸-δ-内酯，可使制品色泽鲜艳，持水性好，富有弹性，且具有防腐作用，还能降低产品中亚硝胺的生成。

4. 氯化镁

性状与性能：氯化镁是无色、无臭的小片、颗粒、块状式单斜晶系晶体，味苦，极易受潮，极易溶于水，溶于乙醇。相对密度为 1.569。

毒性：大鼠经口 LD_{50} 为 2800mg/kg。人经口服 4～5g 能引起腹泻，属低毒物质。ADI 不作特殊规定（FAO/WHO，1994）。GRAS（FDA-21CFR 182.5446，182.1426）。

使用：按照我国《食品安全国家标准　食品添加剂使用标准》（GB 2760—2024）规定，氯化镁可用作豆类制品的稳定剂，最大使用量按生产需要适量使用。

5．乙二胺四乙酸钠

性状与性能：乙二胺四乙酸二钠为白色结晶颗粒至近白色结晶性粉末。无臭。易溶于水，几乎不溶于乙醇。5％的水溶液的 pH 为 4～6。

毒性：大鼠经口 LD_{50} 为 2g/kg。ADI 为 0～0.25mg/kg。

使用：按照我国《食品安全国家标准　食品添加剂使用标准》（GB 2760—2024）规定，乙二胺四乙酸二钠可作为稳定剂、凝固剂、抗氧化剂、防腐剂使用，用于果酱、蔬菜泥（酱），最大使用量为 0.07g/kg；复合调味料，0.075g/kg；果脯类（仅限地瓜果脯）、蔬菜罐头、腌渍的蔬菜、坚果及籽类罐头，0.25g/kg。

学习单元四　香料香精、色素选择与预处理

一、香料香精、色素种类及性质

1．香料香精

大部分焙烤食品都可以使用香料或香精，用以改善或增强香气和香味，这些香料和香精被称为赋香剂或加香剂。

香料按不同来源可分为天然香料和人造香料。天然香料又包括动物性和植物性香料，食品生产中所用的主要是植物性香料。人造香料是以石油化工产品、煤焦油产品等为原料经合成反应而得到的化合物。香精是由数种或数十种香料经稀释剂调和而成的复合香料。

（1）香精　食品中使用的香精主要是水溶性和油溶性两大类。在香型方面，使用最广的是橘子、柠檬、香蕉、菠萝、杨梅等五大类果香型香精。

（2）香料　常用的天然香料：在食品中直接使用的天然香料主要有柑橘油类和柠檬油类，其中有甜橙油、酸橙油、橘子油、红橘油、柚子油、柠檬油、香柠檬油、白柠檬油等品种。最常用的是甜橙油、橘子油和柠檬油。

我国一些食品厂还直接利用桂花、玫瑰、椰子、莲子、巧克力、可可粉、蜂蜜、各种蔬菜汁等作为天然调香物质。

常用的合成香料：合成香料一般不单独用于食品加香，多数配制成香精后使用。直接使用的合成香料有香兰素等少数品种。香兰素是食品中使用最多的香料之一，为白色或微黄色结晶，熔点 81～83℃，易溶于乙醇及热挥发油中，在冷水及冷植物油中不易溶解，而溶解于热水中。食品中使用香兰素，应在和面过程中加入，使用前先用温水溶解，以防赋香不匀或结块而影响口味。使用量为 0.1～0.4g/kg。

2．色素

焙烤制品中添加合适的色素，可以增进产品的外观质量指标，使之色泽和谐，增加食欲，尤其是糕点类经美化装饰后更加吸引消费者。有些天然食品具有鲜艳的色泽，但经过加

工处理后则发生变色现象。为了改善食品的色泽，有时需要使用食用色素来进行着色。

食用色素按其来源和性质，可分为天然色素和合成色素两大类。

(1) 天然色素　我国利用天然色素对食品着色已有悠久历史。天然色素来源于动物、植物、微生物，但多取自动、植物组织，一般对人体无害，有的还兼有营养作用，如核黄素和 β-胡萝卜素等。天然色素着色时色调比较自然，安全性较好，但不易溶解，不易着色均匀，稳定性差，不易调配色调，价格较高。

(2) 合成色素　合成色素一般较天然色素色彩鲜艳，色泽稳定，着色力强，调色容易，成本低廉，使用方便。但合成色素大部分属于煤焦油染料，无营养价值，而且大多数对人体有害。因此使用量应严格执行《食品安全国家标准　食品添加剂使用标准》（GB 2760—2024）。

二、香精、色素在粮油食品加工中的作用

1. 香精在粮油食品加工中的作用

(1) 赋予食品各种各样香味的作用　一些食品基料本身没有香味，加入食用香精后即可获得各种各样人们想要的宜人香味，如糖果、冰淇淋、汽水、各种果冻等。

(2) 稳定产品品质的作用　添加食用香精对稳定产品的香气是很有帮助的，虽然它并不能提供真正意义上的香味，但因为香精是按照同一配方进行调制，所以能使每批产品的香气都比较稳定，特别是在生产各种饮料时，如果汁饮料、果味饮料等。

(3) 改善和补充加工食品的香味　一些加工食品由于加工工艺和时间等的限制，往往香味不足或不够纯正，或香味特征不强，即缺乏头香，加入食用香精后，往往能够使其香味得到改善和补充，如果酱、罐头、香肠、调味料、面包、蛋糕和饼干等。

(4) 食用香精　其香味除了满足人们对美食美味的要求外，它的某些功能还与消化和新陈代谢有关，食品的香味能刺激唾液分泌，有助于促进人的食欲和帮助人体消化。

2. 色素在粮油食品加工中的作用

许多天然食品本身具有色泽，能促进人的食欲，增加消化液的分泌，因而有利于消化和吸收，是食品的重要感官指标。但是，天然食品在加工保存过程中容易褪色或变色，为了改善食品的色泽，人们常常在加工食品的过程中添加食用色素，以改善感官性质。

在食品中添加色素并不是现代人的专利，其实，在古代，人们就知道利用红曲色素来制作红酒。自从1856年英国人帕金合成第一种人工色素——苯胺紫之后，合成色素也登台上场，扮演着改善食品色泽的角色。

食用合成色素一般色泽鲜艳，着色力强，稳定性好，无臭无味，品质均一，易于溶解和拼色，并且成本低廉，广泛用于糖果、糕点上彩装和软饮料等的着色。色淀广泛用于制造糖果、脂基食品和食品包装材料等。食用天然色素虽可广泛用于多种食品着色，但一般着色力和稳定性等均不如食用合成色素，而且成本较高。无机色素应用很少，多限于食品表面着色。

食用色素最初来自天然物，以后一度被食用合成色素所取代，又向食用天然色素的方向发展。世界各国许可使用的主要食用色素基本一致。目前我国允许使用的天然食用色素有四十余种，其中十余种已经有国家标准，包括：紫胶红（虫胶红）、红花黄、越橘红、萝卜红、甜菜红、焦糖色、可可壳色、β-胡萝卜素、菊花黄浸膏、黑豆红、高粱红、辣椒红、红曲红等。我国批准使用的合成食用色素只有6种，苋菜红、胭脂红、柠檬黄、日落黄、亮蓝、

靛蓝。

三、香精、色素的选择与预处理

1. 香精的选择与预处理

烘焙制品包括饼干、面包、糕点、夹馅饼干和膨松食品等，其中饼干是使用香精最广泛的品种，虽然其使用香精的范围并不像糖果、饮料那样广泛，但食用香精在饼干中也是一种重要的添加剂和赋香剂，它不仅可以掩盖某些原料带来的不良气味，还可烘托饼干的香味，增进人的食欲。

饼干是一种焙烤制品，产品在焙烤过程中要经受 180～200℃ 的表面高温，因此要求选择耐高温的、油溶性的香精，一般添加量为 0.1%～0.3%。

2. 色素的使用方法

（1）色素溶液的配制 色素在使用时不宜直接使用粉末，因为很难均匀分布，而且易形成色素斑点。因此一般先配成溶液后再使用。色素溶液浓度为 1%～10%。

（2）色调选择与拼色 产品中常使用合成色素，可将几种合成色素按不同比例混合拼成不同色泽的色谱。

复习思考题

1. 简述常见膨松剂的种类和特性。
2. 简述常见面粉品质改良剂的种类和特性。
3. 简述乳化剂作用。
4. 香精在粮油食品加工中的作用有哪些？
5. 未来在粮油食品加工中，食品添加剂的选择会发生怎样的变化？

数字资源

常用食品添加剂

模块二
焙烤食品加工技术

项目一
蛋糕加工技术

◉ 知识目标

掌握海绵蛋糕、重油蛋糕、戚风蛋糕、裱花蛋糕的面团调制原理;掌握海绵蛋糕、重油蛋糕、戚风蛋糕、裱花蛋糕的加工和制作方法。

◉ 能力目标

会制作海绵蛋糕、重油蛋糕、戚风蛋糕和裱花蛋糕。

◉ 职业素养目标

培养竞争意识,营造团队精神;能够在专业技能领域为满足人们对美好生活的向往贡献力量。

蛋糕类产品是粮油加工制品的重要组成部分,它是由鸡蛋、面粉、糖、油脂等原料,经打蛋、调制面糊、成型、烘烤或蒸烤等工艺制成的组织松软的一类制品。蛋糕组织膨松、口感细腻、蛋香浓郁、滋味香甜、形式多样,从外观简单的海绵蛋糕、戚风蛋糕到精致华美如艺术品的各种庆典蛋糕,用途广泛,深受广大消费者喜爱。

蛋糕的种类很多,按产品区域特色可以分为中式蛋糕和西式蛋糕。西式蛋糕根据使用的原料、搅拌方法和面糊性质的不同一般分为以下三类:
① 面糊类蛋糕,如黄蛋糕、白蛋糕、布丁蛋糕等;
② 乳沫类蛋糕,又可以分为蛋白类(如天使蛋糕等)和海绵类(如海绵蛋糕等);
③ 戚风类蛋糕,常见的有戚风蛋糕。

学习单元一 海绵蛋糕加工技术

海绵蛋糕是乳沫类蛋糕的一种,是人们最早制作的一种蛋糕。它主要通过搅打蛋液,再加入砂糖和过筛的小麦粉调制而成,其中不含油脂或含有少量油脂。

搅打是形成海绵蛋糕膨大的体积和疏松多孔的组织结构的关键工艺。鸡蛋中的蛋白含有大量蛋白质,蛋白质具有起泡性,与空气的接触界面会凝固形成皮膜。搅打操作将大量空气混入蛋液中,被蛋白质包裹住形成稳定的泡沫。随着搅打的进行,气体越来越多,泡沫体积逐渐增大。

一、蛋白质起泡的四个阶段

1. 粗泡阶段

蛋白经过搅打后呈液体状态,表面有许多不规则形状的气泡(图 2-1)。

图 2-1 蛋白质起泡过程

从左到右依次为：粗泡阶段、湿性发泡阶段、干性发泡阶段、棉絮状阶段

2. 湿性发泡阶段

蛋白渐渐凝固，表面不规则气泡消失，形成均匀的细小气泡，蛋白洁白有光泽，打蛋器勾起时形成细长尖峰，峰尖弯曲，黏在打蛋器上不下坠（图 2-1）。

3. 干性发泡阶段

继续搅打，蛋白颜色雪白无光泽，打蛋器勾起呈坚硬尖峰，倒置此尖峰也不弯曲或仅轻微弯曲（图 2-1）。

4. 棉絮状阶段

蛋白泡沫已经完全形成球状凝固体，泡沫总体积缩小，用打蛋器勾起泡沫无法形成尖峰，状态似棉花。该阶段的蛋白搅拌过度，无法制作海绵蛋糕（图 2-1）。

二、影响蛋白质起泡的主要因素

1. 鸡蛋新鲜程度

新鲜鸡蛋中蛋白按形态可分为浓蛋白和稀蛋白两种。浓蛋白主要由卵黏蛋白、卵类黏蛋白和溶菌酶组成，为纤维状结构；稀蛋白是水状液体。新鲜鸡蛋中稀蛋白占蛋白总量的 40% 左右，浓蛋白占蛋白总量的 60% 左右。由于稀蛋白比浓蛋白黏度小、表面张力小，所以稀蛋白起泡性较强，而浓蛋白的泡沫稳定性更好。陈旧的鸡蛋中稀蛋白多，十分容易起泡，但泡沫稳定性较差。因此在蛋糕烘焙中，应当选择新鲜鸡蛋。

2. 温度

温度较低时，泡沫产生慢，而且不能达到终体积要求。温度升高，蛋白的表面张力降低，起泡性变好，但稳定性下降。加热会降低蛋白质起泡性。50℃ 以上短时间加热或 50℃ 以下长时间加热都会显著降低起泡性。因此应当选择合适的温度区间。一般 25℃ 左右蛋白质的起泡性和稳定性都较好。

3. pH 值

由于蛋白质是两性解离物质，pH 值会直接影响蛋白质表面电荷数，从而对起泡性和泡沫稳定性影响很大。偏酸性环境有利于起泡和泡沫稳定。pH 值在 5 左右时起泡性最好，pH 值在 6.5 左右时蛋白质的起泡性受温度影响最小。因此在搅打过程中，常常加入一些酸，如柠檬酸、醋酸，或加入酸性物质，如酒石酸氢钾（塔塔粉），通过调节 pH 值获得更稳定的组织结构。

4. 搅打速度和时间

手动搅打由于空气混入慢，需要较长时间；高速搅打可以在短时间内混入大量空气，极大缩短搅打时间。搅打时间短，空气混入量不足，不能形成足够膨大的体积；搅打时间过长，蛋白会进入棉絮状阶段，会造成蛋糕塌陷。

5. 糖

糖能够增加蛋液的黏稠度，有利于泡沫稳定，因此海绵蛋糕常将糖加入蛋液一起搅打。糖颗粒越细，泡沫稳定性越强。因此绵白糖、糖粉的效果好于白砂糖。

6. 油脂

油脂有消泡作用，因此制作海绵蛋糕时，不加油脂或者加入量较少。

7. 乳化剂

乳化剂有助于泡沫的稳定性，使得在搅打之后的定型、霜饰等环节气泡能够长时间稳定存在，保证海绵蛋糕的品质。

因为海绵蛋糕要求组织膨松，因此需要用低筋粉或者蛋糕专用粉，筋度高的面粉会使蛋糕质地僵硬、体积不膨大。

三、海绵蛋糕加工要点

根据蛋液搅打方式不同，海绵蛋糕制作分为全蛋搅打、分开搅打法以及乳化搅拌法三种方法。

1. 全蛋搅打法

海绵蛋糕基础配方见表 2-1。

表 2-1 海绵蛋糕基础配方

配料	低筋粉	鸡蛋	糖	牛乳	黄油	香兰素	水
实际质量/g	500	750	450	125	125	2.5	适量或不加
烘焙百分比/%	100	150	90	25	25	0.5	

（1）**准备** 将所有设备用热水清洗干净，擦干；烤炉预热至 200℃。

（2）**称料** 按配方将原料备好，面粉过筛；黄油隔热水溶化，加入牛乳。

（3）**搅打蛋液** 全蛋与糖混合，搅打至形成一定稠度、光洁细腻的白色泡沫，以打蛋器提起蛋糊后蛋液不易滴下为准；因全蛋效率最高的温度在 40℃左右，也可以一边水浴加热一边打发，温度至 40℃时除去水浴，继续搅打。

（4）**制成面糊** 慢慢搅拌加入添加剂（如香精等）；拌入过筛面粉，先慢速搅拌，再快速搅拌均匀；加入牛乳黄油液，继续搅拌，至蛋糊中没有面粉粒存在。

（5）**定型** 将面糊缓缓倒入已经铺上油纸的蛋糕模具中，尽快入炉。

（6）**烘烤** 180～200℃，焙烤 30～40min，上火小，下火大。烤炉中的蛋糕体积会膨大一倍以上，烤至表面金黄。如果发现表面上色很快，可以放一张锡纸在上面以免烤焦。当发现蛋糕从最高状态开始有少许回落的时候，基本再烤 5min 就差不多熟了。用手指按压蛋糕表面有弹性，用牙签扎孔不会带出里面的组织即说明烤熟了。

(7) **冷却、成型** 蛋糕出炉后立刻倒扣,待冷却后脱模,根据需要进行切割。

(8) **注意事项**

① 蛋液打发要快,中途不能停止。因为全蛋液容易消泡,因此后续加料都要迅速;

② 加入面粉后,搅拌需适当,否则会起筋,影响产品膨松质地;也不要怕消泡而不敢搅拌,一般搅拌均匀的面糊高度是蛋液刚刚搅打后的70%~80%;

③ 黄油加入时一定要先溶化,以液态加入,否则无法与面糊搅拌均匀;

④ 搅拌时所有盛蛋液的器具不能含有油脂,以免影响蛋白质起泡;

⑤ 蛋糕糊倒入模具时应当缓慢,避免在这一过程中带入气体,影响产品蜂窝组织;

⑥ 烘烤温度应当尽量使用高温,可保存产品中较多水分;炉温过低蛋糕不起发,而且长时间烘烤失水过多,口感会变得干硬粗糙;

⑦ 烘烤中的蛋糕不可从烤炉中取出或使其受到震动,以免影响蛋糕外观;

⑧ 海绵蛋糕出炉后趁热立刻倒扣,利用自身重力可以防止蛋糕回缩,有利于保持表面平整。

2. 分开搅打法

(1) **准备** 将所有设备用热水清洗干净,擦干;烤炉预热至200℃。

(2) **称料** 按表2-1配方将原料备好,面粉过筛;黄油隔热水溶化,加入牛乳。

(3) **分离蛋黄蛋白** 注意不要弄破蛋黄。

(4) **搅打蛋白** 将一部分糖分数次混入蛋白中,搅打至干性发泡阶段。

(5) **搅打蛋黄** 将剩下的糖与蛋黄混匀,搅打起泡。将搅打好的蛋白膏分多次拌入蛋黄液中。

(6) **制成面糊** 向打发好的蛋液中慢慢搅拌加入添加剂(如香精等);拌入过筛面粉,先慢速搅拌,再快速搅拌均匀;加入牛乳黄油液,继续搅拌,至蛋糊中没有面粉粒存在。

(7) **定型** 将面糊缓缓倒入已经铺上油纸的蛋糕模具中,尽快入炉。

(8) **烘烤** 180~200℃,焙烤30~40min,上火小,下火大。焙烤是否充分参见全蛋搅打法中的(6)。

(9) **冷却、成型** 蛋糕出炉后立刻倒扣,待冷却后脱模,根据需要进行切割。

因蛋白较全蛋更易打发,不易消泡,该法有助于初学者掌握搅打程度。

3. 乳化搅拌法

乳化搅拌法也称一步法,所有原料基本是同时混合搅拌,搅拌所得的面糊均匀细腻,烘烤得到的海绵蛋糕组织结构良好。

添加乳化剂能促进泡沫及油水分散体系的稳定,适用于大批量生产。使用乳化剂有如下优点:蛋液容易打发,缩短了打发时间;可适当减少蛋和糖的用量,并可补充较多的水,产品冷却后不易发干,延长了保鲜期;产品内部组织细腻,气孔均匀,弹性好。但如果乳化剂用量过多,蛋的用量过少,会使海绵蛋糕失去应有的特色和风味。

乳化搅拌法制作海绵蛋糕配方见表2-2。

表2-2 乳化搅拌法制作海绵蛋糕配方

配料	低筋粉	鸡蛋	糖	牛乳	黄油	香兰素	乳化剂	水
实际质量/g	500	750	450	125	125	2.5	22.5	50
烘焙百分比/%	100	150	90	25	25	0.5	4.5	10

乳化法制作海绵蛋糕步骤如下：

(1) 准备 将所有设备用热水清洗干净，擦干；烤炉预热至 200℃。

(2) 称料 按配方将原料备好，面粉过筛，黄油隔热水溶化。

(3) 制成面糊

① 混合牛乳、水、糖和乳化剂，使糖和乳化剂充分溶解，加入鸡蛋快速搅打至呈乳白色细腻的膏状，缓慢加入黄油，混匀，再加入过筛面粉，搅打均匀至浓稠软滑。

② 加入香草精和溶化的黄油，中速搅拌均匀。

(4) 定型 将面糊缓缓倒入已经铺上油纸的蛋糕模具中，尽快入炉。

(5) 烘烤 180~200℃，焙烤 30~40min，上火小，下火大。焙烤是否充分参见全蛋搅打法中的（6）。

(6) 冷却、成型 蛋糕出炉后立刻倒扣，待冷却后脱模，根据需要进行切割。

四、海绵蛋糕质量要求

1. 感官要求

(1) **色泽** 表面金黄，无裂缝。

(2) **形态** 形状丰满周正，厚薄均匀。

(3) **质地** 组织柔软有弹性，切面呈细密的蜂窝状，无大空洞，无硬块。

(4) **滋味** 蛋香纯正，口感膨松细腻，甜度适中，具有海绵蛋糕的特有风味。

(5) 无外来异物

2. 理化要求

理化要求见表 2-3。

表 2-3 海绵蛋糕的理化指标

项目	干燥失重/%	蛋白质/%	粗脂肪/%	总糖/%	酸价(以脂肪计)(KOH)/(mg/g)	过氧化值(以脂肪计)/(g/100g)
要求	≤42.0	≥4.0	—	≤42.0	≤5	≤0.25

3. 卫生指标

应符合 GB 2762 的规定。

4. 食品添加剂和食品营养强化剂

食品添加剂的使用应符合 GB 2760 的规定；营养强化剂使用标准应符合 GB 14880 的规定。

5. 微生物限量

应符合 GB 7099 的规定。

五、海绵蛋糕可能出现的缺点及其原因

1. 体积膨胀不够，组织太密

海绵蛋糕体积膨胀不够，组织太密，造成此类的原因是：全蛋打发时间不够；面粉量太多；烘烤温度太低或太高。

2. 蛋糕组织太多孔

海绵蛋糕组织内多孔，造成的原因可能是：蛋液搅打过度，空气太多；烘烤温度太高，蛋糕膨胀太快。

3. 蛋糕组织中出现大气孔

造成的原因可能是：蛋液搅打不够，没有将大气泡全部打碎；倒入模具时速度过快，带入空气。

4. 表面裂开

造成的原因可能是：烘烤温度太高。

5. 蛋糕塌陷

造成的原因可能是：烘烤过程中移动蛋糕；蛋液搅打过度，打至棉絮状阶段；面粉量太少，不够承托空气；烘烤过程中常开炉门，使冷空气进入破坏组织。

6. 蛋糕表面有亮点

造成的原因可能是：蛋液打发时间不够；糖未充分溶解。

学习单元二　重油蛋糕加工技术

重油蛋糕又叫油脂蛋糕，是通过调制油脂面糊烘烤制成的面糊类蛋糕产品。它与海绵蛋糕的主要不同在于使用了较多的油脂和化学疏松剂，质地酥散、滋润，口感油润松软。适合做翻糖蛋糕、杯子蛋糕和造型比较立体的鲜奶油蛋糕。

与蛋白质具有起泡性类似，油脂具有搅打充气性，在高速搅打过程中，油脂能够包裹混入的空气，在与空气接触的界面形成油膜，产生大量气泡。当配方中油脂用量高于面粉用量的60%时，随着搅打的进行，油脂融合空气能够使面糊体积逐渐膨大，并和水、糖互相分散，形成乳化状泡沫体系。当油脂含量低于面粉用量的60%时，需要添加疏松剂来帮助蛋糕膨胀。

一、影响油脂搅打充气性的主要因素

1. 油脂种类

油脂良好的搅打充气性包括融合性和可塑性。融合性好指油脂容易吸入空气，可塑性好代表形成的气泡较为稳定。室温下，植物油为液态，动物油为固态。固体脂含量越高，颗粒越细，油脂硬度越高，可塑性越弱；固体脂含量越低，颗粒越粗，油脂硬度越低，可塑性越强。因此固体脂和液体油的比例必须恰当才能得到需要的可塑性和融合性。

油脂的饱和程度越高，结合空气的能力越强，即融合性越好；反之则融合性越差。

油脂的熔点越高，则温度变化对油脂的影响越小，形成的气泡越稳定。熔点较高的天然油脂有奶油，人工合成油脂有氢化油、起酥油和人造奶油。

2. 温度

温度高，油脂变软，可塑性变强，搅打快。但当温度高于固体油脂熔点时，熔化后搅打不起来；温度降低，液体油固化，油脂变硬，可塑性变弱，需要搅打的时间长。调制油脂面糊的最佳温度为22℃，此时的油脂面糊流动性和软硬都较合适，烘烤出的产品膨胀性好，组织细腻。

3. 搅打速度和时间

搅打速度越快，时间越长，油脂吸入空气量越多。

4. 水、糖

水和糖的存在有助于和油脂形成的气泡分散形成乳化体系。

糖的颗粒大小影响油脂吸入空气的量和搅打时间，颗粒越小，油脂吸入的空气量越多；颗粒越大，油脂搅打所需时间越长。

二、重油蛋糕配方

重油蛋糕基础配方见表 2-4 和表 2-5，除了这些基础原料以外，还可以加入坚果、葡萄干、桂花等辅料。

表 2-4 重油蛋糕基础配方 1

配料	低筋粉	鸡蛋	糖	油脂	其他			
					发酵粉	玉米淀粉	朗姆酒	柠檬汁和皮
实际质量/g	500	550	400	360	4	160	40	适量
烘焙百分比/%	100	110	80	72	0.8	32	8	

表 2-5 重油蛋糕基础配方 2

配料	低筋粉	鸡蛋	糖	油脂	其他		
					蛋黄	盐	柠檬汁和皮
实际质量/g	500	500	835	835	165	适量	适量
烘焙百分比/%	100	100	167	167	33	32	

三、重油蛋糕加工要点

根据油脂面糊调制方法不同，重油蛋糕的制作分为冷油法和热油法。

1. 冷油法

冷油法适合搅打发泡性较好的油脂，如奶油、人造奶油等。冷油法加工重油蛋糕步骤如下：

(1) 准备 将所有设备用热水清洗干净，擦干；烤炉预热至 180℃。

(2) 称料 按表 2-4 配方将原料备好，面粉过筛，如用玉米淀粉、发酵粉和疏松剂，则混入面粉中一起过筛备用。

(3) 调制面糊 将油脂、糖和水放入搅拌机中高速搅打 15～20min，至颜色变为奶白色，呈羽毛状的倒三角边缘即可，将蛋液分多次加入，边加边搅打至油、蛋完全融合，继续搅打至体积膨大，加入过筛的面粉或面粉混合物，迅速搅拌均匀。

(4) 加辅料 加入坚果、葡萄干等料，搅拌均匀。

(5) 定型 将面糊倒入已经铺上油纸的蛋糕模具中，或用挤花袋挤进杯中，尽快入炉。

(6) 烘烤 入炉温度 180℃，10min 以后升至 200℃，出炉温度 220℃，焙烤 10～15min。待表面略开花或呈金黄色即可。可以用竹签插入蛋糕中，取出看看是否有面糊粘在上面，如果没有则表示已经烘烤完成。

（7）冷却、定型　蛋糕出炉后，留置烤盘内约10min，待温度下降后可将蛋糕倒扣取出，根据需要进行切割。

2. 热油法

热油法主要用于搅打发泡性较差的油脂，如猪油、起酥油等。除了调制面糊这一环节，热油法加工重油蛋糕的其他步骤与冷油法相同。

采用热油法调制面糊时，先将糖、蛋在搅拌机内充分搅打15~20min，呈乳白色时，一边缓慢搅拌一边加入事先加热至90℃左右的油水混合物，再加入一半过筛的面粉或面粉混合物，稍加搅拌后，加入剩下的面粉或面粉混合物，继续搅拌均匀得到油蛋糕糊。

四、重油蛋糕加工注意事项

1. 根据产品需要选择油脂

低档产品可选用猪油，高档产品油脂通常采用奶油或黄油。

2. 黄油

如果使用的是黄油，需要隔水加热软化黄油，用手指能够在表面不费力地压出痕迹，而且无溶化迹象即可。如果黄油软化不到位，容易导致搅打不充分，糖和蛋液都不能很好地与黄油融合；而如果黄油软化过头甚至溶化了，则无法打发至体积膨松，影响产品外观。

3. 糖

糖应当充分溶解，避免不溶解的糖经烘烤后影响产品品质。

4. 选用新鲜鸡蛋

鸡蛋的保存温度应在17~22℃，保证不同季节制作出来的蛋糕品质一致。

5. 糖、油不要搅打过度

否则会使蛋糕酥松，失去重油蛋糕的组织结构。

6. 蛋液一定要分多次加入

油脂中的磷脂、蛋黄中的卵磷脂都是乳化剂，能促进油水充分乳化。但如果一次加蛋液太多，或者蛋加得过早或过急，可能会出现油水分离的现象（油脂膏状物呈松散颗粒状，析出水状液体）。这种情况下，可以立刻加入少量面粉并混匀，直至恢复柔滑的膏状质地，虽然仍旧可以使用，但可能会影响最终产品的膨松效果。

五、重油蛋糕质量要求

1. 感官要求

色泽：表面金黄；形态：外形完整，顶端略凸有裂纹；质地：蜂窝组织均匀，柔软有弹性；滋味：蛋香纯正，口感油润细腻，甜度适中，具有重油蛋糕的特有风味；无外来异物。

2. 理化要求

同海绵蛋糕。

3. 卫生指标

同海绵蛋糕。

4. 食品添加剂和食品营养强化剂

同海绵蛋糕。

5. 微生物限量

同海绵蛋糕。

学习单元三 戚风蛋糕加工技术

戚风蛋糕是充分利用蛋清的发泡性而单独打发制成的一类蛋糕产品。其加工过程是将蛋白和蛋黄分别搅打形成面糊，然后再混合到一起烘烤。搅打蛋白得到的浆液能够赋予戚风蛋糕像海绵蛋糕一样膨松的体积和柔软的口感；蛋黄中的卵磷酸可以帮助油脂和水形成稳定的乳化泡沫，因此，戚风蛋糕中可以添加较海绵蛋糕更多的油脂，制成油脂面糊，烘烤得到的产品口感更润滑细腻，正如戚风蛋糕的英文音译"chiffon 薄绸"一样。由于油脂含量的增加，使戚风蛋糕中的水分更易留存，因此在储存过程中不易发干，蛋糕风味突出，适合作为卷筒蛋糕、鲜奶油蛋糕和冰淇淋蛋糕的蛋糕坯。

一、戚风蛋糕配方

戚风蛋糕的种类很多，表2-6是戚风蛋糕基础配方。除去表中的基础配料外，可以通过加入鲜果汁（如柠檬汁、橘子汁）、新鲜水果、香精等制成不同种类的戚风蛋糕，如柠檬戚风、香草戚风、草莓戚风、香蕉戚风等。

表2-6 戚风蛋糕基础配方

配料	低筋粉	鸡蛋	糖	植物油	牛乳或水	盐	发酵粉	酒石酸氢钾（塔塔粉）
实际质量/g	500	750	500	325	325	10	20	2.5
烘焙百分比/%	100	150	100	65	65	2	4	0.5

二、戚风蛋糕加工要点

1. 准备

将所有设备用热水清洗干净，擦干；烤炉预热至165～175℃。

2. 称料

按配方将原料备好，盐、发酵粉和面粉混合，一起过筛。

3. 分开蛋黄和蛋白

将鸡蛋的蛋黄和蛋白分开，盛蛋白的容器需无油无水。

4. 搅打蛋黄

将蛋黄和一半糖混合后，高速搅打至体积膨大，状态黏稠，颜色光滑变浅。分多次加入植物油，边加边搅打，每次加入都要混匀后再加下一次。加入牛乳或水（包括鲜果汁或香精），轻轻搅拌均匀。

5. 制成蛋黄面糊

加入过筛的面粉混合物，搅拌成均匀光滑且有光泽的面糊，静置备用。

6. 搅打蛋白

将蛋白与酒石酸氢钾、剩下糖的 1/3 混合，搅打至粗泡阶段。分两次加入剩下的糖，继续搅打，如制作蛋糕卷或纸杯蛋糕搅打至湿性发泡阶段即可；如制作大的蛋糕，应搅打至干性发泡阶段。

7. 混合

倒 1/3 蛋白到蛋黄面糊中，从底部往上翻拌均匀。将拌好的面糊倒入剩余的蛋白中，从底部往上翻拌均匀，制成戚风蛋糕面糊。

8. 定型

将面糊缓缓倒入已经铺上油纸的蛋糕模具中，尽快入炉。

9. 烘烤

165～175℃，焙烤 35～50min，上火小，下火大。烤至表面金黄，用牙签扎孔不会带出里面的组织即说明烤熟了。

10. 冷却、成型

蛋糕出炉后，倒扣至完全冷却后，脱模。

三、戚风蛋糕加工注意事项

1. 油的选择

植物油可以用玉米油、菜籽油、葵花油，不能用花生油，因为它的香味太浓了，会盖住蛋糕的味道。除了植物油，也可以使用黄油，但是黄油容易受温度影响，常温下状态较黏稠，技术不熟练容易导致失败。

2. 调制蛋黄面糊

筛入低筋面粉时需适当翻拌，过度搅拌容易起筋，会导致冷却后蛋糕回缩，影响体积膨大。混合均匀的蛋黄糊比较浓稠，没有明显的面粉颗粒。

3. 搅打蛋白

搅打蛋白时，湿性发泡转变到干性发泡的时间很短，打几秒停下来检查，避免打发过度。如果出现块状就是打发过度，很难与蛋黄面糊混合。

4. 混合翻拌

混合翻拌时要从下往上翻，动作轻且快，不要画圈翻拌，容易消泡。

5. 立即进烤箱

面糊搅拌完成后，应马上放进烤箱，不可长时间放置，容易导致消泡，影响蛋糕膨大。

6. 模具内壁不能有油

蛋糕模具内壁不能有油，否则会影响面糊黏附力，造成蛋糕回缩。

7. 摔盘

蛋糕糊倒入模具后，不必刮平，可在桌上轻轻摔几下，摔平表面，也可以将气泡赶出。

8. 烘烤过程

短时间内不可过多调温，也不能开炉门时间过长，次数过多、温度变化过快会导致蛋糕体积回缩。与海绵蛋糕和重油蛋糕相比，戚风蛋糕烘烤温度较低，烘烤时间较长，但也不可过长，否则会导致水分流失，蛋糕回缩；出炉后应尽快倒扣。

四、戚风蛋糕产品质量要求

1．感官要求

（1）色泽　戚风蛋糕颜色比海绵蛋糕颜色浅，黄中微微发白。

（2）形态　外形完整饱满，表面无裂纹。

（3）质地　蜂窝组织均匀，柔软有弹性。

（4）滋味　口感滋润嫩爽，甜度适中，具有戚风蛋糕的特有风味。

（5）无外来异物

2．理化要求

同海绵蛋糕。

3．卫生指标

同海绵蛋糕。

4．食品添加剂和食品营养强化剂

同海绵蛋糕。

5．微生物限量

同海绵蛋糕。

五、戚风蛋糕可能出现的缺点及其原因

1．蛋糕回缩

戚风蛋糕刚出炉时体积很大，短时间内缩成饼状，从外向内塌陷压实，这就是回缩现象。造成的原因可能是：蛋黄搅打不够，油没有充分乳化，有颗粒感；蛋黄面糊搅拌时间过长或者用力过大，导致出筋；蛋白搅打不够，未达到干性发泡阶段；蛋糕模具中有油；烘烤时间短，未完全烤熟，导致蛋糕中有湿润的"布丁"层。

2．底部凹陷

戚风蛋糕倒扣脱模后，底部凹陷。造成的原因可能是：下火温度太高；面糊放置离下管太近，导致底部烘烤过度。

3．塌腰现象

戚风蛋糕脱模后，蛋糕腰部向内回缩的现象。造成的原因可能是：蛋黄面糊搅拌出筋；没有彻底冷却就脱模。

4．外观有裂缝

造成的原因可能是：蛋黄面糊中水量偏少，烘烤时面糊太干；蛋黄面糊搅拌出筋；烘烤温度过高或时间过长。

5．有大气孔

造成的原因可能是：蛋白搅打不够；蛋糕糊倒入模具时带入了空气。

6. 体积膨大不够

造成的原因可能是：蛋黄和蛋白分离不彻底；蛋白液搅打不够，或严重消泡；蛋黄面糊中水量过多；蛋糕模具内壁有油。

学习单元四　裱花蛋糕加工技术

现代的蛋糕已经不仅仅是食品，更是一种为生活增添美和乐趣的艺术品，人们不但要求蛋糕具有高品质和丰富营养，更希望其外观造型优美、色彩搭配和谐、做工精细、构思巧妙。一款美不胜收的蛋糕不仅令人垂涎，更是一场视觉盛宴。因此，装饰是蛋糕加工很重要的一个工艺步骤，利用制作者扎实的基本功、熟练精湛的技术、高超的审美能力和艺术想象力，可以增加其品种和风味，提高营养，延长保鲜期，使蛋糕更加美观，甚至使其精致如艺术品，提高其经济价值。

一、蛋糕装饰方法

裱花是装饰蛋糕的一种常用方法。裱花用装饰材料有蛋白、奶油、植物脂奶油、人造奶油、巧克力、水果装饰料等。现在常用的三种装饰材料是植物脂奶油、动物脂奶油和奶油霜。

植物脂奶油是在植物油（主要是棕榈油、棕榈仁油或者椰子油）中加入水、糖、乳化剂、香精、色素等制成的。植物脂奶油稳定性强，可塑性好，口感干硬粗糙，由于氢化过程，其中含有反式脂肪酸，营养价值较差，价格低廉。

动物脂奶油也叫淡奶油或稀奶油，是从牛乳中分离乳脂肪加入乳化剂、增稠剂和稳定剂后得到的。动物脂奶油口感轻盈润滑，可塑性不如植物脂奶油，高温对其影响大，必须低温冷藏。但因不含有反式脂肪酸，营养价值高，价格更高。

奶油霜使用黄油打发制成，口感厚实，易储存，裱花清晰，坚持时间长，不适合装饰海绵蛋糕和戚风蛋糕，适合口感浓郁的重油蛋糕。

蛋糕装饰方法有：

1. 裱花装饰

用膏类装饰料在蛋糕坯上挤注装饰不同的花纹和图案。

2. 夹心装饰

在蛋糕中间加入装饰材料进行装饰。例如，将蛋糕切成片状，每层中间夹入蛋白膏、奶油膏、果酱、新鲜水果。

3. 表面装饰

表面装饰是对蛋糕表面涂抹装饰材料的方法，又分为涂抹法、包裹法、拼摆法、模型法、撒粉法、穿衣法等。

4. 模具装饰

指依靠模具中带有的花纹、图案或文字对蛋糕进行装饰。

蛋糕装饰的原则是质地硬的蛋糕通常用硬性的装饰材料，如重油蛋糕的装饰可以在表面点缀蜜饯或坚果核仁。质地软的蛋糕通常采用软性的装饰材料，如海绵蛋糕、天使蛋糕可以选用奶油膏、鲜奶油膏、果酱或者鲜果，戚风蛋糕常用奶油膏、鲜奶油膏、冰淇淋或慕斯。

二、裱花材料打发

不同的装饰材料有不同的打发技巧。

1. 植物脂奶油

植物脂鲜奶油提前解冻,解冻至鲜奶油有大半退冰后直接倒入搅拌机中。先中速后高速搅打,打至干性起泡阶段,即搅拌球顶部的鲜奶油尖峰呈直立状。如果打发过度,气泡会过多,抹面时会显得粗糙。

2. 动物脂奶油

将动物脂奶油摇匀后倒入搅拌机,如果室温高,需要冰冻一下桶,保持低温才能搅打成功。中速搅打至奶油有明显的浪花状花纹,且奶油与桶边的距离越来越大时则打发到位。搅打至干性发泡阶段的奶油适合挤卡通动物、抹面、挤花。动物脂奶油要求低温贮藏,高温很容易破坏其造型。

3. 奶油霜

(1) 意式奶油霜

① 配方见表 2-7。

表 2-7 意式奶油霜配方

配料	无盐黄油	水	蛋白	细砂糖
实际质量/g	500	60	210	200
百分比/%	100	12	42	40

② 制作过程

a. 无盐黄油室温软化,放入搅拌机中,搅打至顺滑;
b. 蛋白和一半糖混合搅打至不可流动;
c. 剩下的糖加入水中,大火加热煮到121℃,目测糖水质地变黏稠,布满小气泡;
d. 将糖水立即倒入蛋白液中,高速搅打,使之降温;
e. 将打过的黄油全部放入蛋白中,继续搅打至颜色较浅,非常顺滑,即得到奶油霜;
f. 如果要加色素或香精,最后添加,搅打均匀即可。

(2) 淡奶油霜

① 配方见表 2-8。

表 2-8 淡奶油霜配方

配料	无盐黄油	淡奶油	细砂糖
实际质量/g	500	750	150
百分比/%	100	150	30

② 制作过程

a. 无盐黄油室温软化,放入搅拌机中,搅打至顺滑,加入糖粉,慢慢搅拌均匀;
b. 淡奶油放至室温,分多次加入黄油中,边加入边搅打,打至非常顺滑即可;
c. 如果要加色素或香精,最后添加,搅打均匀即可。

（3）奶酪奶油霜

① 配方见表2-9。

表2-9 奶酪奶油霜配方

配料	黄油	奶油奶酪	砂糖或糖粉	柠檬汁
实际质量/g	500	700	150	适量
百分比/%	100	140	30	

② 制作过程

a. 黄油室温软化，加入糖，搅打至糖溶化；

b. 加入奶油奶酪，用打蛋器继续搅打至顺滑；

c. 挤入新鲜的柠檬汁，继续搅打至顺滑即可；

d. 如果要加色素或香精，最后添加，搅打均匀即可。

（4）豆沙霜 随着人们对营养健康的需求，近年出现了一些低油脂低糖配方作为裱花装饰材料，典型代表如豆沙霜。

① 配方见表2-10。

表2-10 豆沙霜配方

配料	干白芸豆	白黄油	淡奶油	砂糖或糖粉	糯米粉	玉米淀粉
实际质量/g	500	50	50	112.5	12.5	5
百分比/%	100	10	10	22.5	2.5	1

② 制作过程

a. 用清水浸泡白芸豆12h左右，泡发脱皮；

b. 泡发后的白芸豆中加水煮烂，煮好后放入破碎机打成豆浆糊，过筛使其更加细腻；

c. 豆浆糊中加入糖、糯米粉、玉米淀粉，搅拌均匀，放入炒锅中炒熟；

d. 白黄油室温软化，放入淡奶油，搅打至顺滑，加入炒熟的豆沙中；

e. 如果要加色素或香精，最后添加，搅打均匀即可。

三、裱花操作要点

挤注袋尖端出口处装上裱花嘴，或将袋尖端剪成一定形状，将装饰料装入挤注袋，裱花嘴形状不同、挤压的手法不同可以形成不同的图案和花纹。

裱花操作中应当注意：

1. 制作或选择合适的裱花工具

裱花嘴种类很多，应当根据不同需求进行选择。圆形花嘴可以用来写字；齿形花嘴用途广泛，可以挤压线条、花朵等；特殊型花嘴可以同时挤出若干个同样花型；平口花嘴、排花嘴和半排花嘴可以用来裱花篮纹；扁口花嘴可以挤出花瓣；叶型花嘴可以挤出不同形状的叶子；不规则的半圆扁口花嘴和齿形花嘴能挤出多种样式的花型，如菊花、玫瑰花等。装入装饰料后，挤注袋上端捏拢，防止装饰料溢出，即可开始裱花。

2. 掌握好裱花嘴的位置

裱花嘴高低、倾斜角度关系到挤出图案的胖、瘦、圆、扁。倾斜度小，挤出的花边显得瘦小；倾斜度大，挤出的花边易脱落。

3．控制好挤注速度和轻重

挤注的快慢轻重关系到图案是否生动美观，要求快慢适宜，轻重得当。

4．图案色彩

图案色彩搭配深浅得当，协调自然。

5．裱花图案布局合理，饱满匀称

裱花图案要分清主次，疏密合理。设计图案时要考虑图文协调，消费者的心理和需求等。

6．文字

使用正确，排版美观，要有艺术和立体感。为了增加文字立体感，可先用浅色装饰材料涂写，再用深色材料描重。

裱花装饰要求技术性较强，需要琢磨研究、勤加练习、提高美学素养、反复实践，才能获得熟练精湛的技艺。

复习思考题

1. 蛋白打发有哪几个阶段？每个阶段的特点是什么？
2. 简述不同类型蛋糕面团的调制技术要求。
3. 几种蛋糕用的分别是哪种面粉？为什么？

数字资源

戚风蛋糕加工

蛋糕质量问题分析

蛋糕加工技术

戚风蛋糕制作（动画）

清蛋糕加工

油蛋糕加工

蛋糕注模机（动画）

瑞士卷的制作

项目二
面包加工技术

知识目标

掌握一次发酵法、二次发酵法和快速发酵法加工面包的原理；掌握一次发酵法、二次发酵法和快速发酵法面包的加工方法。

能力目标

会用一次发酵法、二次发酵法和快速发酵法加工面包。

职业素养目标

培养专注、钻研、精益求精、创新的工匠精神；能够在专业技能领域为满足人们对美好生活的向往贡献力量。

学习单元一　一次发酵法面包加工

面包是以小麦粉、酵母、水等为主要原料，添加或不添加其他辅料，经过面团调制、发酵、整型、醒发、烘烤等工艺制成的一类粮油加工食品。面包按物理性质和食用口感分为软式面包、硬式面包、起酥面包、调理面包和其他种类的面包等。软式面包指组织松软、气孔均匀的面包，如热狗、汉堡包等；硬式面包指表皮硬脆、有裂纹，内部组织松软的面包，如法棍、维也纳面包、德国面包等；起酥面包指层次清晰、口感酥松的面包，如可颂面包；调理面包指在面包坯表面或内部添加奶油、人造黄油、蛋白、可可、果酱等但不包括添加新鲜果蔬和肉制品的面包，它又分为热加工和冷加工两种。其他种类的面包如甜甜圈、速制面包等。虽然面包种类繁多，但除了发酵外，它们的加工工艺大体相同。因此根据发酵方法不同，将面包加工方法分为一次发酵法、二次发酵法和快速发酵法。

一、一次发酵法生产面包工艺流程

一次发酵法也叫作直接发酵法，是将小麦粉和其他配料一次混合制成面团，发酵成型后烘烤而成。其工艺流程如图 2-2 所示。

二、一次发酵法面包加工原理

1. 原料选择

小麦粉是面包加工的基础原料。与加工蛋糕用低筋粉不同，面包的组织结构主要依靠蛋

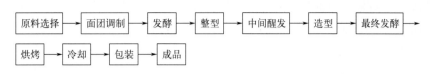

图 2-2　一次发酵法加工面包工艺流程

白质结合水、盐等辅料形成网络结构支撑，因此要求面筋量多、质好，一般采用高筋粉，硬式面包可用粉心粉或中筋粉，高级面包要用特制粉。

2．面团调制

面团调制是将面粉、水和其他辅料混合的操作。它是面包加工中非常重要的一个工艺环节，面包加工的成功与否与面团调制密切相关。

(1) **面筋的形成**　面粉与水混合时，其含有的淀粉和蛋白质会吸水润胀，这个过程叫作水化作用。淀粉吸水较快，但吸水量少；蛋白质水化作用较慢，吸水量可达自身重量的 2 倍以上。

小麦粉的蛋白质具有其他谷物没有的性质，即加水搅拌能够形成面筋蛋白质。其本质是小麦粉中的麦醇溶蛋白和麦谷蛋白发生水化作用形成面筋网络结构，并将吸水膨胀的淀粉颗粒包裹其中。麦谷蛋白分子量大，分子呈纤维状，表面积很大，含有二硫键（—S—S—），吸水搅拌后，位于麦谷蛋白分子外部的二硫键将两个分子进行末端连接形成网络主干结构。分子与分子之间的聚合，形成强有力的交联，赋予了面团弹性。交联越牢固，面团弹性越好。麦醇溶蛋白分子量小，呈球状，表面积较小，它通过非共价键（氢键和疏水键）嵌入麦谷蛋白形成的网络结构中，形成不太牢固的交联，使面团具有良好的延展性和流动性。两种蛋白质共同形成的网络结构赋予了面团黏弹性。

对面筋网络结构的形成起到重要作用的是二硫键（—S—S—，氧化型）和蛋白质中胱氨酸或半胱氨酸中的硫氢键（—SH，还原型）。搅拌过程随着氧气的混入发生氧化作用，—SH 被氧化为—S—S—。—SH 中的 H 容易移动，使得—SH 和—S—S—的位置容易移动，调制面团时的搅拌能够帮助实现这种移位，使面筋蛋白质连成的网络结构变大，淀粉、脂质被包裹在面筋结构中，共同形成网膜，赋予面团保持气体的能力和抗张强度。

(2) **面团搅拌过程**　根据搅拌过程中面团的物理性质变化，分为以下六个阶段：

① 抬起阶段。在这个阶段，配方中的原料混合均匀后，形成粗糙又湿润的面团。此时的面团较硬，没有弹性和延展性，表面易散落。此时面筋还未形成。

② 卷起阶段。此时水已经全部被面粉吸收，面筋开始形成，使面团结合在一起，搅拌缸缸壁和缸底不再有黏附的面团。面团表面湿润，用手触摸面团时会粘手，面团无良好的延展性，容易断裂，面团较硬，缺少弹性。

③ 面筋扩展阶段。此时面筋结合已达一定程度。面团表面逐渐干燥松弛，变得光滑且有光泽。用手拉取面团，面团较先前柔软，已具有弹性，虽有延展性，但仍易断裂。

④ 完成阶段。此时面筋已经充分扩展。面团表面干燥有光泽，非常柔软且不粘手，可被拉展成薄薄的膜，而且薄膜表面分布很均匀，光滑不粗糙，用手触摸有黏性但又不粘手，说明面团有良好的延展性和弹性。该阶段是面团调制的最佳状态，适于进行下一步发酵。

⑤ 搅拌过度阶段。此时面筋开始断裂，水从面筋蛋白网络结构内漏出。面团变得粘手而柔软，黏性和延展性过大，失去弹性，开始黏附在缸壁和缸底，不再随搅拌钩的转动而剥

离。这个阶段的面团将会严重影响成品面包的质量。

⑥ 面筋断裂阶段。此时面筋完全被破坏。面团表面很湿，非常粘手，完全丧失弹性，拉取面团时，手中有丝状半透明胶质，搅拌停止后，面团流动，搅拌钩已经无法卷起面团。这时的面团不能用于面包制作。

(3) 影响面团调制的因素

① 小麦粉质量。其中面筋蛋白质含量越高，水化作用越慢，面团形成时间越长。小麦粉的成熟度也有影响。如果放置时间不够，面筋形成困难，面团始终发软。如果小麦粉成熟过度，即陈粉，面筋形成也困难。此时需要向面粉中加入半胱氨酸之类的还原剂，并强烈搅拌，破坏过度氧化生产的二硫键。因此应当选用新鲜的小麦粉。

② 加水量　加水量过少，蛋白质分子扩展不够，面筋形成不充分，面筋蛋白不能充分水合，形成的面团黏性小、硬度大，弹性和延展性都不好。加水量过多，面筋蛋白被稀释，面团发软不成型，失去良好的加工性能。在无乳粉使用的情况下，加水率在 $50\%\sim60\%$（含液体原料）。

③ 温度　加水的温度会影响面团性能。温度低，蛋白质吸水润胀过程缓慢，卷起阶段时间较短，但扩展阶段时间长。温度过高，虽然很快完成扩展阶段，但不够稳定，稍微搅拌过度时，就会进入断裂阶段。温度低形成的面团稳定性好，温度过高会使面团脆而发黏，失去良好的弹性和延展性。同时，调节水温也是为了发酵过程中酵母更好地繁殖生长。调制好的面团温度，冬季一般在 $25\sim27℃$，夏季 $28\sim30℃$。冬季应当提前将小麦粉搬入车间暖房中，提高粉温，并用温水调粉，夏季可用凉水调粉。

④ 搅拌速度和时间　一般快速搅拌得到的面团性质好。但对面筋稍差的面粉，搅拌时应用低速，防止搅断面筋。

通常把面团黏稠度达到峰值的时间作为最佳搅拌时间的参考值，短于该时间被认为混合不足，长于该时间被认为混合过度。混合不足，面粉与水刚接触，接触面形成胶质的面筋膜，其阻止水向其它面粉浸透和接触，继续混合能破坏胶质膜，扩大水与新的面粉接触，使面粉充分水化。搅拌后熟化 $15\sim20min$，面团中水分分布均匀，蛋白质充分吸水，有利于形成较好的面筋网络结构。

⑤ 辅料　油、糖等会抑制面筋的形成，使揉面时间变长。盐也会影响面筋形成，但是它能使面筋结构更加紧密，能拉出更加强韧的膜，所以做面包可以不放糖，但是不能不放盐。

面筋蛋白在水合过程中，离子强度会影响蛋白质的构象及其相互作用。当盐的质量分数小于 2% 时，Na^+ 和 Cl^- 被蛋白质分子中电离的基团吸引，屏蔽面筋蛋白的电荷，减少蛋白质间的静电排斥，使蛋白质分子更紧密相连。高于此浓度时，阳离子会和蛋白质竞争结合水，使麦谷蛋白分子间氢键作用增强，表现为面筋网络具有更多的纤维和延伸结构，增加了面团的形成时间和延展性。

糖会使面团吸水减少。为得到相同硬度的面团，每加入 5% 的糖，就要减少 1% 的水。添加乳粉会使吸水率提高，一般加入 1% 脱脂乳粉，对于含 2% 盐的面团，吸水率会增加 1%。但加乳粉后，水化时间延长，所以搅拌中会感到水加多了，其实延长搅拌时间后会得到相同面团。硬油脂会吸附在小麦粉颗粒表面形成一层油膜，阻碍水分子向蛋白质内部渗透。故油脂用量增加，在小麦粉中加入全蛋可以增加面团形成时间、面团强度和面团稳定性。蛋黄可使油和水乳化均匀。鸡蛋的含水量应当算入总水量中。

3. 面团发酵

(1) 面团发酵的作用 面团作为酵母菌等微生物生长的"培养基",给酵母菌的生长繁殖提供充足的营养物质和适宜的环境,如足够的水分、适宜的温度、pH 值和氧气。酵母中含有转化酶、麦芽糖酶和酿酶,发酵过程中,面粉中的其他微生物所含的酶也参与其中,在各种酶的作用下,双糖和多糖转化成单糖,再将单糖继续分解为二氧化碳。在发酵初期,面团内氧气含量充足,酵母的生命活动也非常旺盛,此时酵母进行有氧呼吸,将单糖分解为水和二氧化碳,使面团膨松柔软,形成疏松多孔的海绵状组织。随着发酵的进行,二氧化碳含量增加,氧气被消耗掉,有氧呼吸慢慢转化为无氧呼吸,即酒精发酵。酵母的酒精发酵是面团发酵的主要形式,此时酵母分解单糖产生酒精和二氧化碳,同时还伴随着乳酸发酵、醋酸发酵、酪酸发酵等过程,使面团中酸越来越多。发酵过程中产生的酒精、有机酸、酯类和羰基化合物是面包风味的主要来源。

(2) 成熟作用 面团在发酵的同时也进行着一个成熟过程。面团的成熟是指经发酵过程的一系列变化,面团的性质对于制作面包来说达到最佳状态,即不仅产生了大量二氧化碳气体和各类风味物质,而且经过一系列的生物化学变化,使面团的物理性质如延展性、持气性等均达到最良好的状态。

(3) 影响面团发酵的因素

① 面粉 面粉中蛋白质的含量和品质是发酵过程中面团持气能力的决定因素。太新或太陈的面粉都会使持气能力下降。对于成熟时间不够的新粉,可以通过延长发酵时间或添加氧化剂进行调整。陈粉则比较困难。

② 酵母 不同种类的酵母发酵糖产气的能力不同,发酵曲线也不同,有的酵母发酵很快达到峰值,又很快衰减;有的以一定的速度、长时间稳定发酵;有的酵母开始发酵慢,后期速度快。鲜酵母和干酵母的发酵能力差别也很大,一般鲜酵母:即发活性干酵母=1:0.3。因此应根据发酵时间和工艺,选择酵母的种类。

酵母用量 酵母量越多,产生的二氧化碳量越多,发酵时间越短,同时糖的消耗也越大,持续性小、减退快。酵母量少,二氧化碳生成量少,发酵时间长,但可持续性长。酵母使用量多时对短时间发酵有利,长时间发酵,酵母的使用量应该少一些。应当根据实际情况灵活掌握用量。一般用面包专用粉加工面包时,即发干酵母的用量为面粉质量的 1%～1.5%。

酵母预处理 在使用压榨酵母或干酵母时,需要经过一个活化期,产气量才会增加。为了缩短这个活化期,可用 30℃ 的稀糖水将酵母化开,培养 10～40min,有时还可以加入少量面粉 (5%～30%),以提高发酵能力。稀糖水中如果加入铵盐、氨基酸、少量的面粉,效果会更好。一般配方为糖 3%,氯化铵或氨基酸 0.1%,小麦粉 5%（对水的百分比)。

③ 加水量 加水量越大,面团越软,面筋水化作用和结合作用越容易发生,持气能力也会更好。软面团较硬面团持气能力差,但发酵速度快。加水过多,会稀释面筋蛋白,破坏网络结构,持气能力下降。应根据面包种类调节加水量,控制好面团软硬程度。

④ 温度 温度直接影响酵母的发酵作用和各类酶的活性,进而影响产气量和产气速度,同时温度高不利于气体保持。实际生产过程中,面团发酵温度应该控制在 26～28℃,最高不超过 30℃。

⑤ pH 如前所述,pH 在 5.0～5.5 之间面团持气能力最好。pH 过高或过低会影响酵母的发酵活动和酶活性,也会使面团持气能力降低。

⑥ 翻面　翻面也称揿粉，即当面团发酵到一定程度时，将发酵槽四周的面团向上面翻压。翻面能够使各部分互相掺和，温度均匀、发酵均匀；混入新鲜空气，放走一部分二氧化碳，二氧化碳浓度太高时会抑制发酵；翻面还能够促进面筋的结合和扩展，增强持气能力。一般二次发酵法不用翻面，直到第二次调粉时进行。但一次发酵法当面团发酵到一定程度时需要翻面，否则面团变得易脆裂，持气性差。

（4）**面团成熟**　面团成熟时，面筋已经充分扩展，薄膜状组织的延展性也达到一定程度，氧化也进行到适当地步，使面团具有最大的持气力和最佳的风味。未达到这一目标的状态称为不熟，超过了这一时期称为过熟。面团的成熟对成品品质至关重要。

成熟的面团具有适当的弹性和柔软的延展性，筋膜薄而洁白，表面比较干燥，总体胀发大。内部有很多均匀分布的小气泡，略带酸味的酒香，如果酸味过大则可能过熟。如果气泡分布很粗，网络组织也粗糙，表面发黏，则是不熟状态。不熟的面团延长醒发时间，仍可得到胀发大的成品，但面包组织粗、膜厚，很难达到成熟面团细腻、松软的状态。过熟的面团很难补救。

（5）**一次发酵法特点**　一次发酵法的优点是操作简单，无论是大规模的工厂生产还是家庭式的面包作坊都可使用，发酵时间短，生产周期一般为 5～6h，口感、风味较好，节约设备、人力和空间。缺点是一旦搅拌和发酵出现失误，没有纠正机会，成品品质受原材料、操作误差影响较大，由于发酵时间短，面团机械耐性差，面包容易老化。

4．面团整型

（1）**分割**　分割是将大面团切块、称量，分成小面团的过程。分割期间，由于发酵作用仍在进行，应迅速操作，在尽量短的时间内完成，避免前后切割的面团差距过大。

分割分为人工分割和机器分割。人工分割对面筋伤害小，但机器分割迅速，它一般是按照体积而非质量对面团进行分割，因此应当经常称重面团，及时调整活塞缸的空间，保证均一性。

（2）**滚圆（搓圆）**　分割好的面团用机器或者手工滚成圆形。其目的有：①使分割的面团表面再形成一层皮膜，盖住切面孔洞，防止发酵气体继续散失；②方便下一步造型。

滚圆时必须注意撒粉适当。如果撒粉不均匀，会使面包内产生直洞；如果撒粉太多，将使滚圆时面团不易黏成团，在最后发酵时易散开，使面包外形不整，所以撒粉尽可能少一些。

5．中间醒发

中间醒发也称静置，指滚圆之后到造型之间的发酵，以及造型之后到进烤炉之前的发酵，前者时间短，也称短发酵、中间发酵或工作台静置，后者称为最终发酵或醒发、末次发酵、成型等。

中间发酵有三个目的：

① 面团经分割、滚圆等加工后，不仅仅失去了内部气体，而且产生了加工硬化现象，即内部组织处于紧张状态，面团变得结实，失去原有的柔软性。通过一段时间的静置，可以使面团的紧张状态松弛，利于下一步造型操作。

② 使酵母产气，弥补散失的气体，使面筋组织重新形成规整的造型。

③ 使面团形成表面光滑的状态。中间发酵时，面团放在发酵箱内发酵，这种发酵箱称为中间发酵箱。大规模工厂生产时，滚圆的面团随连续传动带经过机器内的中间发酵室进行

发酵。理想中的中间发酵箱湿度应为70%～75%，温度26～29℃，时间10～20min。中间发酵后的面包坯体积相当于中间发酵前体积的0.7～1倍时适合。

6. 造型

造型一般用机器操作。注意事项：

(1) 控制面团性质 要求面团柔软、有延展性，表面不能发黏，影响面团性质的因素有所用材料、面团搅拌和发酵情况等，如新小麦磨成的新鲜面粉、面团配方使用麦芽粉过多或中间发酵箱内湿度太大，都会使面团发黏。

(2) 尽量减少撒粉 撒粉太多会使内部组织产生深洞，表皮颜色不均匀。一般撒粉多用高筋面粉或淀粉，以面团的1%为准。

7. 最终发酵

最终发酵也叫醒发、末次发酵、成型等，是入炉前很重要的一个工艺。

(1) 最终发酵的目的 面团经过造型期间的辊轧、卷压等，已经丧失了大部分气体，经过最终发酵可以使酵母产生气体，保持面团的膨胀，有利于烘烤后的组织形态；使经过造型处于紧张状态的面团得到松弛，恢复柔软性，增强面团延展性和成熟度，有利于体积膨胀。

(2) 最终发酵程度的判断 以成品体积为标准，面团体积膨胀到成品体积的80%，剩余20%留在烤炉内胀发。但实际中对于在烤炉内胀发大的面团，醒发时可以体积小一些（60%～75%），对于在烤炉内胀发小的面团，醒发结束时体积要大一些（85%～90%）。对于方包，由于烤模带盖，所以好掌握，一般醒发到80%就行。但对于山型面包和非听型面包就要凭经验判断。一般听型面包都以面团顶部离听子上缘的距离来判断。以造型时的体积为标准，面团胀发后的体积是其3～4倍，即可结束。根据外形、透明度和触感判断。面团随着醒发体积增大，膨胀到有"半透明"的感觉。用手触摸表面，有膨胀起来的轻柔感，手指轻轻按压，被压扁的表面保持压痕，指印不回弹、不下落，即可终止。如果手指按压后，面包坯破裂、塌陷，即为醒发过度；如果按压后指印很快弹回，表明醒发不足。

(3) 影响最终发酵程度的因素

① 面包种类 不同种类的面包对醒发程度要求不同。一般体积大的面包要求在最终发酵时胀发得大一些。对于欧式面包，希望在炉内胀发大些，得到特有的缝隙，所以在最终发酵时不可胀发过大；反之，对于液种法、连续发酵法做的面团，一般要求在最后发酵时多醒发一些。像葡萄干面包，面团中含有较重的葡萄干，胀发过大，会使气泡在葡萄干的重压下变得太多，需要发酵程度轻些。

② 面粉的筋度 筋力强的面粉如果醒发不充分，在炉内膨胀不起来，所以要醒发时间长一点。筋力弱的面粉如果醒发久，面筋无法保持住气泡，入炉后容易塌陷或破裂。

③ 面团成熟度 面团在发酵中如果达到最佳成熟状态，可以采用最短的最终发酵时间；如果未成熟，需要延长最终发酵时间来完成成熟。最终发酵无法补救发酵过度的面团。

④ 炉温和烤炉结构 炉温低，面团在炉中胀发大；炉温高，面团胀发小。因此前者最终醒发时间可以短一些，后者需长一些。

顶部、两侧辐射热很强的烤炉，面包在炉内胀发小，最终发酵时间要长些；对于炉内没有特别高温区，或者对流充分的烤炉，面包胀发大，最终发酵时间可以短些。

8. 面团冷冻

面团发酵整型后可以在-10℃下冷冻一定时间，在0~5℃自然解冻后继续进行醒发和烘烤。低温抑低了酵母的发酵活动和酶活性，可以延缓醒发，能够将面包加工的多个工序分开，实现分段操作，使加工时间更为灵活。而且冷冻面团便于保藏和运输，扩大了零售范围，保证了产品质量，能够随时为消费者提供新鲜的面包。冷冻形成的冰晶对面筋网络结构有破坏作用，减弱筋力，形成的冰晶颗粒越小，对面筋结构的影响越小，因此一般采用速冻方法，冷冻时间控制在12~24h之间。还可以通过添加抗冻剂，如冰结构蛋白（ISP或AFP）和冰核蛋白等，保护酵母和面团结构，从而改善冷冻面团的品质。

三、面包生产配方

面包生产配方见表2-11。

表2-11 一次发酵法白吐司面包参考配方

原料	高筋粉	新鲜压缩酵母或即发干酵母	水（适量变化）	盐	糖	油脂	乳粉	鸡蛋	改良剂	乳化剂
实际质量/g	500	10~20 或 3~6	250~325	7.5~10	10~60	0~25	0~40	0~20	0~3.75	0~2.5
烘焙比/%	100	2~4 或 0.6~1.2	50~65	1.5~2.0	2.0~12.0	0~5	0~8	0~4	0~0.75	0~0.5

四、一次发酵法面包加工要点

1. 原料选择

按照配方称好原料。

2. 调制面团

将糖、盐、改良剂、乳化剂放进搅拌缸中，倒入适温的水，依次加入高筋粉、乳粉和酵母。先慢速搅拌，使所有原料全部搅匀成一个表面粗糙的面团。改为中速搅拌，直至搅至面团表面光滑，加入油脂（猪油、氢化油、起酥油或黄油，提前在室温软化，也可以用植物油）继续中速搅拌至面筋形成的完成阶段。如果用的是干酵母，一般要先用酵母质量4~5倍的温水（35~40℃）活化15min，再加入面粉中，并要从配方用水中扣去酵母活化用的水量。搅拌后面团温度应当控制在26℃左右。

3. 发酵

搅拌后的面团放入基本发酵箱或发酵室进行发酵。基本发酵箱（室）温度28℃，相对湿度75%~80%。

发酵时间应该根据酵母的使用量来调节。在上述发酵条件下，使用2%~3%新鲜酵母的主食面包，其面团发酵时间共约3h，基本发酵2h，经翻面后再延续发酵1h。如果要调整发酵时间，在配方其他材料不变的前提下以调整酵母和盐的使用量合适（表2-12）。

表 2-12　一次发酵法利用酵母和盐的使用量控制面团发酵时间

发酵时间/h	新鲜酵母用量/%	面团温度/℃	盐量/%
1	3.5	29	1.8
2	3	28	1.8
3	2	26	2
4	1.5	26	2
5	1.2	26	2
6	1	26	2

4．翻面

面团的体积较开始时增加一倍左右翻面，或用手指按压面团，指印会留在原处，面团既不会很快弹起周围面团也不会随之凹陷，即可翻面。如果按压后面团很快恢复原状，则需要发酵一段时间再翻面。如果周围面团随之凹陷，表示已经超过翻面时间，应立刻翻面。

翻面时，双手在面团的中央从一端开始向下压，并向着另一端压去，待中央部分完全压下后，整个面团分为两部分，用双手把面团从槽边抓起向中央部分覆盖下去，然后再把四周的面压向中央即可。翻面后继续发酵一段时间。

5．分割

用切割器自上向下按压，为使面团不致黏到切口上，切割之后要迅速将面团拿开。最好切割成较大的方形，这样进行面团滚圆时也更简便些。切割的时候一定注意不要将切割器来回移动，这样容易使面团黏在切割器上，破坏面团形状。将切割好的面团放到秤上称重。为使切割的面团达到同一重量，可以对面团进行适当切割和补充。

6．滚圆

滚圆是指将发酵过程中变得松弛的面团团在一起，将分割好的面团揉成小团且较易成型的步骤。根据面团大小的不同，面团的滚圆方法也会有很大差异。此外，面团种类不同，揉时施加的力度也有很大差异。

7．中间醒发

滚圆后的面包放置于温度 25～30℃，相对湿度 75%～85% 的发酵箱（室）里，醒发 5～10min。

8．整型

装入内壁刷了油的模具中。

9．最终发酵

温度 38～40℃，相对湿度 85%～90%，30～60min，直至面团发酵到模具的八分满。

10．烘烤

在面团表面轻刷一层全蛋液，放入预热到 185℃ 的烤炉中，185℃ 烘烤 30～40min。烤炉中旋转烤盘上放一小盘清水，以调节炉内湿度。

11．出炉与包装

出炉后的面包在室温下冷却 1h。

五、面包加工注意事项

酵母不能早于面粉与盐、糖混合，否则盐、糖形成的高渗透压可能会导致酵母死亡；油脂也不能早加，否则油在面粉与水未充分混合均匀的情况下会首先包住面粉，造成面粉水化作用不充分。如果用的是乳化油或高速搅拌机，则不必后加，全部原料可以一起投入后开启搅拌。

六、面包质量要求

1. 感官要求

（1）**外观** 表皮金黄色，色泽均匀，形状方正，边缘稍圆但不过于尖锐，两头及中央一般齐整。

（2）**质地** 有弹性，表皮薄而柔软，内部颗粒细小，蜂窝状组织均匀，纹理清晰，切片时不易碎落。

（3）**滋味** 口感柔软细腻，易嚼碎，不黏牙，有发酵和烘烤后的面包香味，酸味恰当柔和，不可有霉味和其他怪味。

（4）**无外来异物**

2. 理化指标

见表 2-13。

表 2-13 面包的理化指标

项目		指标
酸价（以脂肪计）(KOH)/(mg/g)	≤	5
过氧化值（以脂肪计）/(g/100g)	≤	0.25

注：酸价和过氧化值指标仅适用于配料中添加油脂的产品。

3. 卫生指标

应符合 GB 2762 的规定。

4. 食品添加剂和食品营养强化剂

食品添加剂的使用应符合 GB 2760 的规定；食品营养强化剂应符合 GB 14880 的规定。

5. 微生物限量

应符合 GB 7099 的规定。

学习单元二 二次发酵法面包加工

二次发酵法也叫中种发酵法，是19世纪20年代开发成功的面包加工工艺。先将部分小麦粉（60%～80%）、水及全部酵母、改良剂揉混调制成中种面团（也叫酵头、接种面团），经过较长时间发酵，再与剩余的小麦粉、水及其他配料揉混调制成主面团，经短时间延续发酵，进行分割揉圆、中间醒发和成型，再经过最后醒发，入炉烘烤。

一、二次发酵法面包加工工艺流程

二次发酵法加工面包的工艺流程如图 2-3。

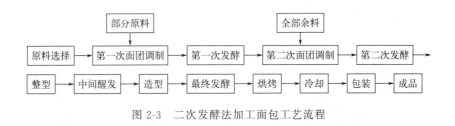

图 2-3 二次发酵法加工面包工艺流程

二、二次发酵法的特点

① 发酵时间长，面团发酵充分，一般比一次发酵法得到的面团体积大，得到的终产品表面更有光泽，内部组织更细密柔软，更有发酵香味，不易老化，储存时间更长。

② 因中种面团在发酵过程中酵母有充足的时间进行繁殖，所以较一次发酵法酵母的用量可节约20%左右。

③ 发酵时间弹性大，若第一次发酵不理想或发酵后的面团如不能立即操作时可以通过第二轮发酵进行补救。

④ 使用机械、劳力、时间、空间较多，投资大。

三、二次发酵工艺原理

除了发酵工艺，二次发酵法与一次发酵法的其他工序基本相同。二次发酵法的发酵工序分为基本发酵和延续发酵两个阶段。

1. 基本发酵

基本发酵指的是中种面团的发酵。将部分小麦粉、水和全部酵母放入搅拌缸中，先慢速搅拌混匀，再中速搅拌至面筋形成即可。中种面团的搅拌时间不必太长，也不需要面筋充分形成，该阶段的主要目的是扩大酵母的生长繁殖，增加下一阶段主面团的发酵能力。

调制好的中种面团的温度为26℃±1℃，放入发酵箱（室）的发酵条件为温度30℃±1℃、相对湿度85%、发酵时间3～6h。基本发酵完成时，面团体积变为原来的4～5倍，表面干爽，内部有规则的网络结构，并有浓郁的酒香。发酵完成后的面团顶部与缸侧齐平，甚至中央部分稍微下陷，此下陷的现象称为"面团下陷"，表示面团已经发酵好。用手拉取面团，如果在轻拉时很容易断裂，表示面团完全软化，发酵已完成；如果拉扯时仍有伸展的弹性，则表示面筋尚未完全成熟，需继续发酵。

2. 延续发酵

延续发酵指主面团的发酵过程。刚调制好的主面团的面筋还比较紧张，需要时间得到充分松弛，便于下一步整型。这是延续发酵的作用。

调制好的主面团温度为27℃±1℃，发酵条件为温度30℃±1℃、相对湿度85%。一般主面团延续发酵的时间要根据中种面团和主面团面粉的使用比例来决定，原则上85/15（中种面团85%，主面团15%）需要延续发酵15min，75/25的则需25min，60/40的需30～40min。

延续发酵完成时面团的表面干燥，具有适当的弹性和柔软的延展性，能形成薄而均匀的筋膜，内部有很多均匀分布的小气泡，略带酸味的酒香。

四、二次发酵法生产面包配方

二次发酵法白吐司面包参考配方见表 2-14。

表 2-14 二次发酵法白吐司面包参考配方

原料	中种面团		主面团		总量	
	实际质量/g	烘焙比/%	实际质量/g	烘焙比/%	实际质量/g	烘焙比/%
高筋粉	300~400	60~80	100~200	20~40	500	100
新鲜压缩酵母或即发干酵母	5~15 或 2~3.5	1~3 或 0.4~0.7	0	0	5~15 或 2~3.5	1~3 或 0.4~0.7
水（适量变化）	180~240	36~48	60~120	12~24	300	60
改良剂	0~3.75	0~0.75	0~1	0~0.2	4.75	0~0.95
盐	0	0	7.5~10	1.5~2.0	7.5~10	1.5~2.0
糖	0	0	10~60	2~12	10~60	2~12
油脂	0	0	0~25	0~5	0~25	0~5
乳粉	0	0	0~40	0~8	0~40	0~8
乳化剂	0	0	0~2.5	0~0.5	0~2.5	0~0.5

五、二次发酵法面包加工要点

1. 调制面团

将 60%~80% 的面粉、全部酵母、改良剂和适量水放入搅拌机，先慢速搅拌，后中速搅拌，直至面团揉混达到光洁柔和状态。搅拌后的中种面团温度应当控制在 26℃±1℃，面团温度可以通过改变水温和室温来控制。

2. 中种面团发酵

将中种面团捏圆光整，放入发酵箱或发酵室进行发酵。发酵箱（室）温度 30℃±1℃，相对湿度 85%，发酵 3~6h。

3. 主面团调制

将盐、糖、乳粉、乳化剂倒入搅拌机，加入剩下的水，搅拌使其溶化。加入主面团部分的高筋粉和油脂，搅拌 15min 后将中种面分成约两等份在 10min 内分两次加入搅拌缸中，继续揉混至面团面筋充分伸展。揉混好的面团表面光洁柔和，用手能拉成均匀的薄膜。揉混好的主面团温度应为 27℃±1℃。

4. 主面团延续发酵

将主面团捏圆光整，放入发酵箱或发酵室进行发酵。发酵箱（室）温度 30℃±1℃，相对湿度 85%，发酵时间 30~40min。

5. 中间醒发

放置于温度 25~30℃，相对湿度 75%~85%，醒发箱（室）醒发 12~15min。

6. 整型

装入内壁刷了油的模具中。

7. 最终发酵

面团成型装听后，送入醒发箱（室）进行最后醒发，醒发箱（室）温度39℃±1℃，相对湿度92%，醒发时间65min左右，直至面团醒发到高出面包听上边缘2cm。

8. 烘烤

醒发结束，立即在面团表面轻刷一层全蛋液，放入预热到215℃的烤炉中，烘烤时间18～22min。烤炉中旋转烤盘上放一小盘清水，以调节炉内湿度。

9. 出炉

室温下冷却1h。

六、二次发酵法生产面包注意事项

（1）**该法对小麦粉筋力要求较高，所以要求使用冬小麦粉** 如果筋力不够，在长时间的发酵中面筋会过度软化。如果使用筋力较弱的小麦粉，则中种面团面粉的比例应该小些，筋力高和筋力质好的面粉，中种面团的面粉比例可大些。

（2）**原则上筋力高的面粉发酵时间可长些，筋力低的面粉可短些** 这可以通过调制中种面团酵母的用量和水量来调节。酵母多则发酵时间短，水量多则发酵时间短。一般情况下水量多的中种面团虽然发酵较快，但膨胀体积不及水量少的。

七、产品质量要求

同一次发酵法。

学习单元三　快速发酵法面包加工

快速发酵法是指加大酵母、酵母营养物、改良剂的用量或面团发酵温度，缩短发酵时间生产面包的一种方法。通常在应急情况下使用。

一、快速发酵法特点

生产出的面包发酵风味差，香气不足，易老化，储存时间短；生产周期短，节约时间，节省设备、劳力和场地，产量高；不适宜生产主食面包，适合生产高档的点心面包。

二、快速发酵法原理

通过加大酵母、改良剂用量，增加酵母营养物，提高酵母发酵速度，缩短发酵时间。酵母用量可较正常法增加一倍，改良剂的用量不能超过正常的一倍。

适当提高面团调制后的温度和发酵温度，增加20%～25%的面团搅拌时间，搅拌至稍微过度但不能打断面筋。使用还原剂、氧化剂和蛋白酶。降低盐的用量，加快面筋水化和面团形成。但盐的用量不能过低，否则起不到改善风味的作用。

降低1%～2%的糖和乳粉用量以控制表皮颜色。减少大约1%用水量，缩短面团水化时间，加酸或酸式盐，以软化面筋，调节面团pH，加快面团形成和发酵速度。常用的有醋酸和乳酸，用量为1%～2%，磷酸氢钙的用量为0.45%。

一次发酵法和二次发酵法均可改变为快速发酵。

三、快速发酵法加工要点

1. 快速一次发酵法加工要点

(1) 按上述原理调整配方 将原料按配方称好。

(2) 调制面团 将所有原料倒入搅拌缸,搅拌至面团达到充分扩展稍稍过头,但面筋没有断裂。此时的面团表面光洁,无断裂痕迹,手感柔和,可拉成均匀的薄膜,面团的温度为30~32℃,搅拌时间较一次发酵法延长20%~25%。

(3) 发酵 发酵箱(室)温度31℃±1℃,相对湿度85%±5%,发酵时间20~40min。

(4) 分割、滚圆、整型 装入内壁刷了油的模具中。

(5) 最后发酵 发酵箱(室)温度31℃±1℃,相对湿度85%±5%,时间比正常的一次发酵法最后醒发时间缩短1/4,为30~40min。

(6) 烘烤 醒发结束,立即放入预热到215℃的烤炉中,烘烤时间约为20min。面包入炉前,应先往炉内喷蒸汽,或放一小盒清水,增加炉内湿度,以增加面包的烘焙急胀。

2. 快速二次发酵法加工要点

(1) 按上述原理调整配方 将原料按配方称好。

(2) 调制中种面团 中种面团与主面团的面粉比例为80:20,90%的水用来调制中种面团,搅拌至面团达到充分扩展稍稍过头,但面筋没有断裂。此时的面团表面光洁,无断裂痕迹,手感柔和,可拉成均匀的薄膜,面团的温度为30~32℃,搅拌时间较一次发酵法延长20%~25%。

(3) 基本发酵 发酵箱(室)温度31℃±1℃,相对湿度85%±5%,发酵时间至少30min。

(4) 调制主面团 按照二次发酵法中的方法用10%的水调制主面团,得到的面团温度为30~32℃。

(5) 延续发酵 发酵箱(室)温度31℃±1℃,相对湿度85%±5%,时间约为10min。

(6) 分割、滚圆、整型 装入内壁刷了油的模具中。

(7) 最后发酵 发酵箱(室)温度31℃±1℃,相对湿度85%±5%,时间比正常的二次发酵法最后醒发时间缩短1/4,为30~45min。

(8) 烘烤 醒发结束,立即放入预热到215℃的烤炉中,烘烤时间约为20min。面包入炉前,应先往炉内喷蒸汽,或放一小盒清水,增加炉内湿度,以增加面包的烘焙急胀。

四、产品质量要求

同一次发酵法。

复习思考题

1. 面包的加工方法有哪些?列出各种方法的工艺流程。
2. 简述面包发酵原理?有哪些影响因素?
3. 面筋形成原理是什么?有哪些影响因素?
4. 如何判断面团是否发酵成熟?

5. 面包不同加工技术用的分别是哪种面粉？为什么？

数字资源

 面包的基础知识

 面包制作原辅料要求

 面包调制

 面包发酵

 面包的烘烤

 面包和面机（动画）

 白吐司面包制作

 全麦吐司面包制作

 肉松面包制作

 牛奶核桃面包制作

 台式菠萝包制作

 红豆面包制作

 南瓜面包制作（1）

 南瓜面包制作（2）

 毛毛虫面包制作

 火腿芝士面包制作

 胡萝卜面包制作

项目三
饼干加工技术

知识目标

掌握酥性饼干、韧性饼干、苏打饼干、曲奇饼干的面团调制原理、面团辊轧和成型原理；掌握酥性饼干、韧性饼干、苏打饼干、曲奇饼干的加工方法。

能力目标

会加工酥性饼干、韧性饼干、苏打饼干、曲奇饼干。

职业素养目标

培养责任心、事业心，从小事做起，注重细节，感受责任，细节决定成败，责任铸就辉煌。

饼干指以小麦粉（可添加糯米粉、淀粉等）为主要原料，添加或不添加糖、油脂及其他原料，经调粉（或调浆）、成型、烘烤（或煎烤）等工艺制成的口感酥松或松脆的食品。按加工工艺不同分为酥性饼干、韧性饼干、发酵饼干、压缩饼干、曲奇饼干、夹心（或注心）饼干、威化饼干、蛋圆饼干、蛋卷、煎饼、装饰饼干、水泡饼干和其他种类。

学习单元一　酥性饼干加工技术

酥性饼干指以谷类粉（和/或豆类、薯类粉）等为主要原料，添加油脂，添加或不添加糖及其他配料，经冷粉工艺调粉、成型、烘烤制成的，断面结构呈多孔状组织，口感酥松或松脆的饼干。

一、面团调制

加工饼干用的面粉是低筋粉，酥性饼干面团的温度接近或者略低于室温，俗称冷粉。

由于酥性饼干外形是用印模冲印或辊压成浮雕状斑纹，要求成品浮雕图案清晰，因此面团应当具有较大程度的可塑性和有限的黏弹性，在轧制成面带时有一定的结合力，以便机器连续操作和不粘辊筒、模型。面筋会使面团弹性和强度增大，可塑性降低，引起饼坯韧缩变硬，而且在焙烤过程中面筋形成的膜会在饼干表面胀发起泡。因此在酥性面团调制时主要是减少水化作用，控制面筋的形成。调制酥性面团技术要点如下。

（1）投料顺序　先将除了面粉以外的原料进行充分混合，乳化成均匀的乳浊液，这个过程叫作辅料预混。然后再加入提前过筛的面粉调制成面团。糖的吸水能力大于面筋蛋白的吸水能力，因此糖先与水混合会使面筋蛋白质的水分渗出，使面筋形成量降低，这叫作反水化作用。有实验证明，大约每增加1%的糖量，面粉吸水率降低0.6%。油脂包裹在面粉颗粒表面，形成一层油膜，阻碍水分进入蛋白质胶粒内部，影响面筋蛋白水合作用，面筋形成量也会降低，同时也缩短了面团调制时间。因此，在酥性面团调制中，糖、油的用量都比较高，一般糖用量可达面粉的32%~50%，油脂用量可达40%~50%甚至更高。

（2）加水量和面团的软硬度 由于面筋的形成是蛋白质水合作用的结果，因此减少用水量可以控制面筋的形成。但加水量少，形成的面团较硬，因此需要适当延长调粉时间来调节面团的软硬度。在油、糖较多的面团中，由于油、糖的抑制作用，即使多加水面筋的形成也不易过度。在油、糖较少的面团中，应通过减少水量来抑制面筋的形成。加水量一般在3%~5%，最终面团的含水量在16%~18%为最佳。

（3）水温 调制面团时水的温度决定面团的温度。一般酥性面团的调粉温度控制在22~28℃。油脂含量少的面团温度过低，面团表面黏性大，易造成粘辊筒或印模。温度高会增加面筋的形成。温度过高会使含油量高的面团油脂外溢，造成走油现象，降低面皮的结合力，影响后续操作。油脂含量少的面团温度控制在30℃以下为宜，油脂含量高的面团温度一般控制在20~25℃。

（4）调粉时间 调粉时间对酥性饼干面团调制十分重要。调粉时间不足，面筋形成不足，面团松散不能形成面皮，影响后续操作和产品质量；调粉时间过长，面筋形成过多，会使面团在加工成型时发生面皮韧缩、花纹模糊、表面粗糙、起泡、凹底、体积小、成品不酥松等问题。调制面团的过程中，要不断用手感来鉴别面团的成熟度，如果用手搓捏面团不粘手，软硬适度，面团上有清晰的手纹痕迹，当用手拉面团时感觉稍有联结力和延伸力，面团没有缩弹，这说明面团已经调制好。

（5）静置时间 是否需要静置应根据具体情况而定。如果面团调制完后面筋形成不足，可通过静置一段时间使水化作用继续进行，增加面团的结合力和弹性，降低黏性。如果面筋合适，无需静置。如果静置时间过长，或面团已达正常再过分静置，反而会使面团变硬，黏性和结合力下降，组织松散，影响后续操作。

（6）添加淀粉 当面粉筋力过强时，可以通过添加淀粉抑制面筋形成。但淀粉添加量不宜过多，过多会影响饼干的胀发力和成品率，一般只能使用面粉量的5%~8%。

（7）头子量 在冲印及辊切成型时，切下饼坯必然会余下部分边料，在生产线上还会出现一些无法加工成饼坯的面团和不合格的饼坯，这些统称为头子。为了将这些头子再利用，通常将它们掺进下次制作的面团中。头子由于经过了辊轧和长时间的润胀，面筋形成量比新面团要高得多，因此头子掺入量要严格控制，一般加入量以新鲜面团的1/8~1/10为宜。

二、面团成型

由于酥性饼干面团中糖和油脂的含量高，面筋形成少，弹性低，面团柔软，可塑性强，一般不经过辊轧直接成型。酥性饼干最常用的成型方法是辊印成型。

辊印成型机操作时（图2-4），将适量调制好的

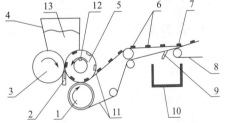

图2-4 辊印成型机结构示意图

1—橡胶辊；2—刮刀；3—喂料槽辊；4—加料斗；5—印模；6—饼干坯；7—传送带支承；8—生坯传送带；9—帆布脱模带；10—接盘；11—帆布带；12—花纹辊；13—面团

面团加入加料斗，面团会从加料斗底部落到喂料槽辊和花纹辊中间，两辊作相对运动，面团在重力和两辊相对运动的压力下不断充填到花纹辊的印模中，形成饼坯，饼坯向下运动时被紧贴在花纹辊下的刮刀刮去多余面屑，形成光滑平整的饼坯底部。在花纹辊出的饼干坯继续向下转动时，与下方包着帆布的橡胶辊接触，在重力和帆布带黏合力的作用下从花纹辊的印模中脱出，然后饼坯由帆布带送入烤炉钢带上，进入烤炉。

三、酥性饼干配方

酥性饼干基础配方与常见酥性饼干配方见表2-15。

表2-15 酥性饼干基础配方与常见酥性饼干配方　　　烘焙百分比/%

品种		基础配方	奶油饼干	蛋酥饼干	蜂蜜饼干	葱香饼干	芝麻饼干
低筋粉		100	100	100	100	100	100
淀粉		不加或少量	4	5	4	5	4
白砂糖		30	38	3	4	6	10
油脂	起酥油				4	6	10
	精炼油	25	8	10	12	12	6
	人造奶油		18	8	4		4
食盐		1					
水		不加或适量	不加或适量	不加或适量	不加或适量	不加或适量	不加或适量
乳粉			5	1.5	2	1	1
鸡蛋			3	4	2	2	2
磷脂		1	0	0.5	0.5	1	0
碳酸氢钠		0.75	0.3	0.4	0.4	0.4	0.4
碳酸氢铵		0.5	0.2	0.2	0.3	0.2	0.3
色素和香精		不加或适量	0.035	0.004	0.5	0.02	0.6
蜂蜜					8		
葱汁						3	
白芝麻							4

四、酥性饼干加工要点

1. 原料准备

按配方称取原料，面粉、淀粉过筛。白砂糖粉碎成糖粉过筛。如油脂用的是黄油，放到室温下软化。

2. 调制面团

将糖、油脂、乳粉、鸡蛋、疏松剂、适量水，与除面粉、淀粉外的其他辅料放入搅拌机内搅拌均匀形成乳浊液，然后将过筛后的面粉和淀粉倒入，搅拌均匀成面团，不可过度搅拌，防止起筋。

3. 烘烤

烤炉提前预热至240～260℃，烘烤3.5～5min。成品含水量为2%～4%。

五、酥性饼干加工注意事项

1．香精
要在调制成乳浊液的后期加入，或在投入面粉时加入，以避免香味过量挥发。

2．水温
面团调制时，夏季气温高，可用冰水调粉，搅拌时间应缩短 2～3min。

3．烘烤温度
不同种类的酥性饼干烘烤温度不同。一般来说，糖、油脂及蛋、乳制品用量较多的酥性饼干，一入炉就需加大上火和下火，使其底部迅速凝固，避免由于油脂多出现"油摊"现象。由于此类饼干含油量较高保证了饼干的酥脆，即使其发胀力小饼干也不会僵硬，膨发过大反而会引起破碎增加。在烘烤的后几个阶段当饼坯进入脱水上色阶段后，温度可以逐步降低。糖、油脂含量较少的酥性饼干，需要依靠烘烤来胀发体积。因此表面温度需要逐渐上升，前半部要有较低的下火和上火，促使气体膨胀来膨发组织。由于参与上色的辅料少，上色较慢，后期一直到上色为止温度需要高些。

4．冷却过程
需要缓慢冷却，冷却过快会使饼干表面产生裂缝。一般冷却时间是烘烤时间的 150%。春夏秋季可自然冷却，冬季为防止骤然冷却，可在冷却传送带上方加上保温罩。

六、酥性饼干质量要求

1．感官要求
（1）**形态** 外形完整，花纹清晰，厚薄均匀，不收缩，不变形，不起泡，无裂痕，不应有较大或较多的凹底。
（2）**色泽** 金黄色或棕黄色，没有过焦、过白的地方。
（3）**组织** 断面结构呈多孔状，细密，无大孔洞。
（4）**滋味** 口感酥松或松脆，不黏牙，有饼干特有的香味。
（5）**无外来异物**

2．理化要求
见表 2-16。

表 2-16 酥性饼干的理化要求

项目	水分/%	碱度(以 Na_2CO_3 计)/%	酸价(以脂肪计)(KOH)/(mg/g)	过氧化值(以脂肪计)/(g/100g)
要求	≤4.0	≤0.4	≤5	≤0.25

注：酸价和过氧化值指标仅适用于配料中添加油脂的产品。

3．污染物限量
应符合 GB 2762 的规定。

4．微生物限量
应符合 GB 7100 和 GB 29921 中的规定。

5. 食品添加剂和食品营养强化剂

食品添加剂的使用应符合 GB 2760 的规定，食品营养强化剂的使用应符合 GB 14880 的规定。

学习单元二　韧性饼干加工技术

韧性饼干是指以谷类粉（和/或豆类、薯类粉）等为主要原料，添加或不添加糖、油脂及其他配料，经热粉工艺调粉、辊压、成型、烘烤制成的，一般有针眼，断面有层次，口感松脆的饼干。

一、面团调制

韧性面团中糖、油含量不如酥性面团中那么高，因此面筋更容易形成。韧性饼干容重较轻，口感松脆，组织呈层状结构，因此要求面团胀发率高。根据产品特点，要求韧性饼干面团的面筋应当形成充分，具有良好的延展性、可塑性，以及适度的结合力及柔软、光滑的性质，同时面筋的强度和弹性不能太大。调制韧性饼干面团技术要点如下。

（1）**投料顺序**　韧性面团在调粉时一般先将小麦粉、水、糖等原料投到搅拌缸中，混合均匀后，再放入油脂。也有按照酥性面团的方法，混合油、糖、乳、蛋等辅料，加热水或热糖浆搅匀，再加入面粉。如使用改良剂，应在面团初步形成时（约 10min）加入。在调制过程中由于温度高，为了防止疏松剂的分解和香料的挥发损失，可以在调制的过程中加入。

（2）**面团调制**　面团经搅拌首先形成面筋，随着搅拌的进行，面筋充分扩展，此时面团具有最佳的弹性和延展性，如果制作面包此时应结束搅拌。继续搅拌下去，面筋结构会受到破坏，吸收的水部分析出，面团弹性降低，变得柔软松弛，可塑性增强，从而达到韧性面团的要求。面团调制结束时，用手拉取面团，感到面团有良好的延展性，可以比较容易地撕断，而且拉断的面团有适度缩短的弹性现象，用手揉捏感觉黏、有弹性，但不黏手，即可。

（3）**面团温度**　与酥性饼干的冷粉工艺不同，调制韧性饼干面团采用的是热粉工艺。温度提高有利于面筋形成，缩短搅拌时间。但温度不能过高，否则容易出现面团走油，疏松剂提前分解，影响烘烤时的胀发率，使成品韧缩，保质期变短。夏季用温水调粉，冬季气温低，可以用 85～95℃ 的糖水直接冲入面粉中，或将面粉预热来提高面团温度。韧性面团调制后的温度一般在 35～38℃，最高不要超过 40℃。

（4）**加水量和面团软硬度**　韧性面团通常要求比较柔软，柔软的面团延展性好，弹性低，辊轧不易断裂，提高成品疏松度。加水量要根据辅料及面粉的量来确定，加水量一般为面粉量的 22%～28%。

（5）**静置时间**　韧性面团需要在调制完成后静置 10～20min，使经过长时间搅拌处于紧张状态的面筋松弛，从而保持面团性质的稳定。静置期间各种酶的作用也可以使面团柔软。

（6）**淀粉添加量**　调制韧性面团，通常需要添加一定量的淀粉。一方面可以稀释面筋浓度，增加面团的可塑性，缩短调粉时间；另一方面，如（2）所述，面团调制后期由于面筋被破坏，会有水析出，增加表面黏性，添加淀粉可以吸收这些水，降低黏性，使面团光滑。一般添加量为面粉量的 5%～10%。

（7）**辅料的影响**　韧性面团温度高，使糖、油等辅料对面团的影响明显。温度较高时，糖的黏着性增大，使面团黏性增大。油脂随着温度升高，流动性增强，从面团中析出，造成面团的走油现象。如果面团发生黏辊、脱模不顺利，说明糖的影响大于油脂的影响，这时可以适当降低调粉温度。但温度不能过低，否则影响面筋形成。

二、面团辊轧

饼干面团调制完成后进入辊轧操作。辊轧是将面团内杂乱无章的面筋组织通过相向、等速旋转的一对或几对轧辊的反复辊轧，使之变为层状的均整化组织，并使面团在接近饼干坯厚薄的辊轧过程中消除内应力的过程。

1．辊轧的目的

韧性面团一般都要经过辊轧工艺，其目的是：

（1）改善面团的黏弹性　辊轧相当于面团调制时的机械揉搓，能够使一部分游离水进入面筋蛋白网络，促进水化作用，使面筋水化粒子与已经形成的面筋结合，组成整齐的网络结构，降低面团黏性，增加可塑性。

（2）使面团形成结构均整、表面光洁的层状组织　排除面团中多余的气体，使面带内气泡分布均匀，有利于烘烤时的胀发，是韧性饼干形成松脆口感的基础。

（3）为成型操作做好准备　实现饼坯形态完整、花纹清晰、终产品色泽一致。

2．辊轧的技术要求

（1）方向　辊轧时，如果始终朝一个方向辊轧，面团在该方向上的张力会超过其他方向，成型后的饼坯会在该方向收缩变形。因此辊轧过程中，需将面带多次转90°，在各个方向上均进行多次辊轧。一般经过9～14次辊轧的面团才符合工艺要求。

（2）压延比　面带经过一次辊轧不能使厚度减到原来的1/3以下，即压延比不宜超过1∶3。该比例过大不利于面筋组织的规律化排列，影响饼干膨松。比例小，降低辊轧效率，还有可能使掺入的头子与新鲜面带掺和不均匀，使产品疏松度和色泽出现差异，以及饼干烘烤后出现花斑等。

（3）头子加入量　一般要小于1/3，弹性差的新鲜面条应适当多加。

（4）撒面粉　为了防止黏辊，可以在辊轧时均匀地撒少许面粉，切不可多，避免引起面带变硬，造成产品不疏松及烘烤时起泡的问题。

三、饼干成型

韧性饼干常用的成型方法有冲印成型和辊切成型，其中冲印成型也可用于部分酥性饼干的成型。

1．冲印成型

冲印成型历史比较悠久，现在依然被广泛使用。它是将辊轧成型的面带用印模直接冲切成饼坯和头子的方法。

冲印饼干坯的成型和分切是靠印模进行的。印模主要分两大类，一种是凹花有针孔印模，适用于韧性饼干和苏打饼干；另一种是无孔凸花印模，适用于酥性饼干。韧性饼干和苏打饼干的饼坯面团面筋弹性强，持气力强，烘烤时表面胀发变形较大，凸出的花纹不能很好地保持。扎出孔方便烘烤时气体排出，防止表面胀大起泡。

印模的构造分为冲头、刀口、针柱和压板（或推板）。冲头能在饼坯印上花纹；刀口将印有花纹部分的面带与其他部分切断得到饼坯；针柱随刀口上下运动，给饼坯穿孔；压板在刀口外面，其作用是在刀口上升时，将头子推出。

在冲印成型机上，面团首先通过三对轧辊的辊轧形成面带，冲头向下接触面带，将面带印出花纹，随即印模中的刀口和针柱向下，将冲印有花纹的面带穿孔并切断分成饼坯和头子，然后刀口和针柱上升，冲头上升，冲头依靠弹簧把饼坯弹出，最后冲头上升，压板将头子推出，从而完成一次冲印。冲印成型被切下来的头子需要与饼坯分离，头子分离是通过饼坯传送带上方的另一条与饼坯传送带成20°左右夹角、向上倾斜的传送帆布带运走，再被另一条传送带送回第一对轧辊前的帆布带上进行下一次辊轧。

2．辊切成型

辊切成型机是在冲印成型机的基础上改良得到的。机身前半部分与冲印成型机相同，是多道轧辊。成型部分不同，由一个扎孔针、压花纹的花纹芯子辊和一个分切饼坯的刀口辊组成。

辊轧得到的面带先经花纹芯子辊压出花纹，同时扎孔，再在前进中经刀口辊切出饼坯，然后由斜帆布传送带分离头子。在芯子辊和刀口辊的下方有一个直径较大的与两辊对转的橡胶辊，它的作用是压花和作为切断时的垫模。

这种机械占地小，效率高，对面团的适应性强，既适用于韧性饼干，也适用于酥性饼干、苏打饼干。

四、韧性饼干配方

韧性饼干基础配方和常见韧性饼干配方见表2-17。

表2-17 韧性饼干基础配方和常见韧性饼干配方　　烘烤百分比/％

品种		基础配方	蛋奶饼干	白脱饼干	动物饼干	字母饼干
低筋粉		100	100	100	100	100
淀粉		不加或少量	不加或少量	不加或少量	不加或少量	不加或少量
白砂糖		30	30	22	25	26
油脂	起酥油			5	8	
	精炼油	20	18			10
	人造奶油			10		
食盐		1	0.5	0.4	1	0.25
水		15	不加或适量	不加或适量	不加或适量	不加或适量
乳粉		20	3		4	
鸡蛋		16	6	2	2	
碳酸氢钠		0.6	0.8	1	1	1
碳酸氢铵		0.4	0.4	0.4	0.8	0.6
卵磷脂			2		2	2
泡打粉					1	
香兰素			0.025			
白脱香油				100mL		
柠檬香油					80mL	
香蕉香油						100mL

五、韧性饼干加工要点

1. 配料

按配方称好原料，面粉、淀粉过筛。白砂糖粉碎成糖粉过筛。如油脂用的是黄油，放到室温下软化。

2. 调制面团

将过筛面粉与其他辅料放入搅拌机内搅拌均匀，至面筋形成，搅拌适当时间至面筋断裂。

3. 烘烤

烤炉提前预热至200~240℃，烘烤4~6min。成品含水量在3%~4%。

六、韧性饼干加工注意事项

韧性饼干烘烤时采取较低的温度和较长的时间。在烘烤的最初阶段下火温度升高快一些，待下火上升至200~240℃以后，上火才开始渐渐升到这个温度区间。在此之后，进入定型和上色阶段，下火温度应该比上火低一些。

七、韧性饼干质量要求

1. 感官要求

(1) **形态** 外形完整，花纹清晰，一般有针孔，厚薄基本均匀，不收缩，不变形，可以有均匀泡点，无裂痕，不应有较大或较多的凹底。

(2) **色泽** 金黄色或棕黄色，没有过焦、过白的地方。

(3) **组织** 断面结构有层次或呈多孔状。

(4) **口感** 口感酥松或松脆，不黏牙，有饼干特有的香味。

(5) **冲调性** 在温开水中可以充分吸水，搅拌后呈糊状。

(6) **无外来异物**

2. 理化要求

见表2-18。

表2-18 韧性饼干的理化指标

项目		普通型	冲泡型	可可型
水分/%	≤	4.0	6.5	4.0
碱度(以Na_2CO_3计)/%	≤	0.4	0.4	—
pH值	≤	—	—	8.8
酸价(以脂肪计)(KOH)/(mg/g)	≤	5		
过氧化值(以脂肪计)/(g/100g)	≤	0.25		

3. 污染物含量

同酥性饼干。

4. 微生物限量

同酥性饼干。

5. 食品添加剂和食品营养强化剂

同酥性饼干。

学习单元三　苏打饼干加工技术

苏打饼干又叫发酵饼干，是以谷类粉、油脂等为主要原料，添加或不添加其他配料，经调粉、发酵、辊压、成型、烘烤制成的酥松或松脆，具有发酵制品特有香味的饼干。

一、面团调制与发酵

苏打饼干面团经过发酵过程，含有二氧化碳气体。烘烤时二氧化碳受热膨胀，加上油酥的起酥效果，形成发酵饼干特有的疏松组织和断面清晰的层次结构。因此要求苏打饼干面团中的面筋应当充分形成，具有良好的持气能力，有良好的延展性和可塑性。

类似于二次发酵法加工面包，苏打饼干面团也要经过两次发酵。

1. 第一次面团调制与发酵

与二次加工法加工面包中的第一次发酵目的相同，第一次发酵也是为了给酵母提供良好的环境，供其大量生长繁殖，为第二次发酵奠定基础。第一次发酵使用的小麦粉是高筋粉，先将一部分面粉、水和全部酵母混合均匀，搅拌5min左右即可，制成中种面团。面团的温度夏季应保持在25~28℃，冬季保持在28~32℃。

和好的中种面团送入发酵箱（室）。发酵温度27℃，相对湿度75%，发酵时间6~10h。发酵完毕后，pH值在4.5~5。

2. 第二次面团调制与发酵

中种面团第一次发酵完成后，向其中加入面粉、油脂、糖、盐、乳粉、鸡蛋等除发酵粉以外的其他辅料，开始搅拌。此时加入的面粉是低筋粉，可以帮助形成终产品酥松的口感。搅拌开始后慢慢加入发酵粉，使面团的pH达中性或略显碱性，混合均匀。要求第二次调制的主面团柔软，便于辊轧操作，不需要面团具有较大的延展性，因此搅拌时间不宜过长，5min左右即可。最终主面团温度夏季应在28~30℃，冬季应在30~33℃。

第二次发酵又称为延续发酵，发酵温度29℃，相对湿度75%，发酵3~4h。

3. 影响发酵的因素

(1) 面团温度　酵母菌的最佳发酵温度为27~28℃。控制面团温度时，需考虑到环境温度和发酵本身释放的热量，因此夏天面团温度适当低些，防止温度过高引起过多的乳酸发酵、醋酸发酵，使面团变酸。冬季适当调高温度，以免发酵不足。

(2) 加水量　第一次调粉和发酵时，由于用的是高筋粉，应适当多加些水，也有利于酵母菌生长繁殖；但水量不能太多，以防面团过软，面筋溶解。第二次调粉和发酵时用的水量与第一次发酵有关，第一次发酵越充分，第二次调制面团时加水量越少。由于主面团中含有糖、油脂和盐，加水过多会使面团变软和发黏，不利于后面的辊轧和成型，因此主面团应稍硬些。

(3) 糖　糖作为酵母菌的碳源，在第一次发酵时由面粉中的淀粉酶水解面粉得到，但如果面粉本身淀粉酶活力低，需加入1%～1.5%的饴糖或葡萄糖，加快酵母菌的生长繁殖和发酵速度。有时也可以加入淀粉酶。第二次发酵时，酵母菌已经有较高的发酵程度，此时加糖主要根据产品的口味和工艺考虑。

(4) 盐 苏打饼干的食盐加入量一般是面粉量的1.8%～2%。食盐一方面能够增强面筋的弹性和韧性，改善产品口味，另一方面会抑制酵母菌发酵。因此，中种面团中不加盐，在主面团调制过程中加食盐的一部分（30%），剩下的在油酥中拌入或在成型后撒在表面。

(5) 油脂 苏打饼干中油脂使用量很高（5%～20%），一方面油脂能使产品酥脆，另一方面油脂会抑制酵母菌的发酵。这是因为油脂会在酵母细胞周围形成一层薄膜，阻碍酵母对营养物质的吸收。液体油对酵母发酵的抑制作用更加明显，所以苏打饼干都用固体油脂。在第二次调粉时，加入少部分油脂，大部分油脂在辊轧面团时采用加油酥的方法添加。

二、面团辊轧

苏打饼干面团的辊轧目的和操作技术要求与韧性面团辊轧大致相同，唯一的区别在苏打饼干夹油酥后面带的压延比由3∶1变为2∶1～2.5∶1，压延比过大，油酥和面团变形过大，容易引起面带局部破裂，油酥外露，影响饼干组织的层次和外观，降低胀发率。

三、饼干成型

苏打饼干采用的成型方法有冲印成型、辊切成型。原理同韧性饼干的成型方法。

四、苏打饼干配方

苏打饼干基础配方和常见苏打饼干配方见表2-19。

表2-19 苏打饼干基础配方和常见苏打饼干配方　　　　烘烤百分比/%

阶段	品种		基础配方	咸奶苏打饼干	芝麻苏打饼干	葱油苏打饼干
第一次调粉	高筋粉		40～50	40	35	40
	鲜酵母或干酵母		1.5～2.1或0.5～0.7	1.5或0.3	1.2或0.4	2或0.6
	水		42～45	45	40	45
	白砂糖		不加或少量	2.5	1.5	1.5
第二次调粉	低筋粉		40～50	50	55	50
	油脂	起酥油	11～15	4	5	4
		精炼油		8	8	10
		人造奶油		6	5	
	白砂糖或麦芽糖		0.65	3	2	1.5
	食盐		1.36			
	乳粉			3	2	1
	鸡蛋			2	2.5	2
	碳酸氢钠		0.54	0.4	0.3	0.25
	碳酸氢铵			2		0.2
	白芝麻				4	

续表

阶段	品种		基础配方	咸奶苏打饼干	芝麻苏打饼干	葱油苏打饼干
第二次调粉	葱汁					5
	改良剂			0.002	0.0025	0.002
	抗氧化剂			0.003	0.0035	0.003
擦油酥	低筋粉		10	10	10	10
	油脂	起酥油	5	1	5	5
		人造奶油		4		
	食盐		0.3~0.5	0.35	0.3	0.5

五、苏打饼干加工要点

1. 原料准备

按配方称好原料，面粉、淀粉过筛。白砂糖粉碎成糖粉过筛。如油脂用的是黄油，放到室温下软化。

2. 第一次调制面团

将过筛高筋粉、水和全部酵母放入搅拌机内搅拌均匀，约搅拌 5min。面团调制后温度在 26~30℃。

3. 第一次发酵

发酵温度 27℃，相对湿度 75%，发酵 6~10h。

4. 第二次调制面团

将过筛低筋粉、糖、油脂、乳粉、鸡蛋和其他辅料放入搅拌机中搅拌，搅拌开始后慢慢撒入碳酸氢钠和碳酸氢铵。搅拌约 5min。面团温度在 28~32℃。

5. 第二次发酵

发酵温度 29℃，相对湿度 75%，发酵 3~4h。

6. 面团辊轧包油酥

将油酥混合搅拌好，和主面团一起辊轧，使主面团包埋油酥，经辊轧分成饼坯。

7. 饼干成型

将辊轧后的面带折叠成片状或划成块放入冲印成型机。

8. 烘烤

烤炉提前预热至 200~250℃，烘烤 4.5~5.5min。

9. 冷却、包装

六、苏打饼干加工注意事项

烘烤时，第一阶段应当使下火温度高于上火，下火温度可以在 250℃ 以上，上火温度 200~250℃，这样的炉火可以使饼干坯中的二氧化碳急速逸出，饼坯短时间内胀发。之后下火温度降至200～250℃，上火温度升高至250～280℃，使饼坯胀发到最大限度表面凝固定型。最后上色阶段炉温通常要低于200℃，在180～200℃为宜，避免因炉温过高使饼干色泽过深。含糖量高的饼干出口温度要更低，因为糖含量高更易于上色。

七、苏打饼干质量要求

1. 感官要求

（1）形态　外形完整，厚薄大致均匀，表面一般有较均匀的泡点，不收缩，不变形，无裂缝，不应有较大或较多的凹底。

（2）色泽　浅黄色或谷黄色，饼边及泡点允许褐黄色，不应有过焦的现象。

（3）组织　断面结构有层次或呈多孔状。

（4）口感　口感酥松或松脆，不黏牙，咸味或甜味适中，有发酵特有的香味。

（5）无外来异物

2. 理化要求

苏打饼干的理化指标见表2-20。

表2-20　苏打饼干的理化指标

项目	水分/%	酸度(以乳酸计)/%	酸价(以脂肪计)(KOH)/(mg/g)	过氧化值(以脂肪计)/(g/100g)
要求	≤5.0	≤0.4	≤5	≤0.25

3. 污染物限量

同酥性饼干。

4. 微生物限量

同酥性饼干。

5. 食品添加剂和食品营养强化剂

同酥性饼干。

学习单元四　曲奇饼干加工技术

曲奇饼干属于一种酥性饼干，也称甜酥饼干。与一般的酥性饼干相比，曲奇饼干的特点是一点水都不加，用的油脂更多，面粉颗粒被油脂和糖包裹，相互连接，曲奇饼干面团弹性极小，光润柔软，可塑性极好，使成品的结构非常松散，口感更为酥松，有入口即化的感觉。而因为油和糖含量高，曲奇饼干比普通酥性饼干更加香甜，价格更高。

一、曲奇饼干配方

曲奇饼干基础配方和常见曲奇饼干配方见表2-21。

表2-21　曲奇饼干基础配方和常见曲奇饼干配方　　　烘烤百分比/%

品种		基础配方	黄油曲奇	巧克力曲奇	抹茶曲奇
低筋粉		100	100	100	100
固体油脂	黄油	30～100	77	100	65
	起酥油				

续表

品种	基础配方	黄油曲奇	巧克力曲奇	抹茶曲奇
白砂糖或糖粉	40~50	35	48	50
乳粉	6~10			
鸡蛋	4~6	39	50	50
碳酸氢钠	0.1~0.2		0.2	
碳酸氢铵	0.5~1			
卵磷脂				
香草精/粉		0.5		
食盐		1		
可可粉			25~37.5	
抹茶粉				10

由表2-21中可以看出，不同口味的曲奇饼干原料种类和比例大体接近，只需添加调节口味的配料即可。

二、曲奇饼干加工要点

1．称量

根据配方称取所有原料，低筋粉、碳酸氢钠和其他粉状原料过筛混合，黄油在室温下软化。

2．打发油脂

将糖倒入固体油脂中，搅拌打发至体积膨大，颜色变浅即可。

3．调制曲奇面团

将打发好的固体油脂分数次加入鸡蛋液中，搅打均匀。每次都要等混合均匀后再加下一次。向油脂糊中加入香精。将面粉混合物加入黄油糊，拌匀，成为均匀的曲奇面团。

4．烘烤

烤炉提前预热到250℃，烘烤5~6min。表面金黄即可出炉。

三、曲奇饼干加工注意事项

① 打发好的固体油脂呈轻盈、膨松的质地。不用太稀，否则烘烤时不易成型。

② 曲奇面团用的糖和油脂都是固体，即糖用白砂糖或糖粉，一般不使用糖浆，油脂用动物油脂，不能使用液态油，以防液态油流散度过大造成面团走油。除此以外，还要求调制好的面团温度保持在19~20℃，以保证面团中的油脂呈凝固状态。因此，夏天可以将面粉和各种原料冷藏，调粉时加入的水可以用部分冰水或冰块控制面团的温度。

③ 黄油必须与鸡蛋完全混合，不出现分离的现象。

④ 做巧克力曲奇，把可可粉和低筋面粉混合后一起过筛；如果是抹茶曲奇，则将抹茶粉和低筋面粉混合后一起过筛。

⑤ 如果室温比较低，固体油脂很可能会因为低温凝固而使面糊变得干硬，难以挤注成型。遇到这种情况，可以多添加一些鸡蛋液，使面糊比较容易挤出。

⑥ 面团调制完成后不需静置和辊轧，直接进入成型工艺。

⑦ 曲奇饼干一般不采用冲印成型的方法。因为冲印成型工艺会产生头子，头子返回新鲜面团中会造成面团温度升高。

⑧ 曲奇饼干在烘烤中易产生表面积摊得过大的变形现象，可以采用将烤炉的中区温热空气输送到前区的装置，或将中区温热空气直接排出。

四、曲奇饼干质量要求

1. 感官要求

（1）形态　外形完整，花纹或图案清晰，大小基本一致，饼体摊散适度，无连边。

（2）色泽　金黄色或棕黄色，花纹与饼体边缘允许有较深颜色，没有过焦、过白的地方。

（3）组织　断面结构呈细密的多孔状，无较大孔洞。

（4）口感　口感酥松或松软，有明显的奶香。

（5）无外来异物

2. 理化要求

见表 2-22。

表 2-22　曲奇饼干的理化指标

项目		普通型、花色型	软型	可可型
水分/%	≤	4.0	9.0	4.0
碱度（以 $NaCO_3$ 计）/%	≤	0.3	—	—
脂肪/%	≥	16.0	16.0	16.0
pH 值	≤	—	8.8	8.8
酸价（以脂肪计）(KOH)/(mg/g)	≤	5		
过氧化值（以脂肪计）/(g/100g)	≤	0.25		

3. 污染物限量

同酥性饼干。

4. 微生物限量

同酥性饼干。

5. 食品添加剂和食品营养强化剂

同酥性饼干。

复习思考题

1. 饼干包括哪些种类？
2. 简述酥性饼干、韧性饼干和苏打饼干生产的工艺流程。
3. 不同饼干面团的投料顺序是什么？为什么？
4. 饼干成型的方法有哪些？成型原理是什么？

5. 蛋糕、面包、饼干用的分别是哪种面粉？为什么？

 数字资源

皇家曲奇制作　　　　巧克力曲奇制作　　　　层式烤箱（动画）

项目四
月饼加工技术

知识目标

掌握广式月饼、苏式月饼饼皮调制原理；掌握广式月饼、苏式月饼的加工和制作方式。

能力目标

能够掌握广式月饼、苏式月饼中的核心工艺，能够对加工中出现的问题进行分析和解决。

职业素养目标

培养学生树立正确的人生目标，创新的工作精神；鼓励学生在专业技能领域为满足人们对美好生活的向往贡献力量。

学习单元一　广式月饼加工技术

一、月饼的分类

1. 按加工工艺分类

烘烤类月饼，以烘烤为最终熟制工序的月饼；熟粉成型类月饼，将米粉或面粉等预先熟制，然后经制皮、包馅、成型的月饼；其他类月饼，应用其他冷加工工艺为最终加工工序的月饼。

2. 按月饼饼皮分类

（1）**糖浆皮月饼**　以小麦粉、转化糖浆、油脂为主要原料制成饼皮，经包馅、成型、烘烤而制成的饼皮紧密、口感柔软的一类月饼。

（2）**浆酥皮月饼**　以小麦粉、转化糖浆、油脂为主要原料调制成糖浆面团，再包入油酥制成酥皮，经包馅、成型、烘烤而制成的饼皮有层次、口感酥松的一类月饼。

（3）**油酥皮月饼**　使用较多的油脂、较少的糖与小麦粉调制成饼皮，经包馅、成型、烘烤而制成的口感酥松柔软的一类月饼。

（4）**水油酥皮月饼**　用水油面团包入油酥制成酥皮，经包馅、成型、烘烤而制成的饼皮层次分明、口感酥松绵软的一类月饼。

（5）**奶油皮月饼**　以小麦粉、奶油和其他油脂、糖为主要原料制成饼皮，经包馅、成型、烘烤而制成的饼皮呈乳白色，具有浓郁奶香味的一类月饼。

(6) **熟粉皮月饼** 以熟制的小麦粉、油脂和糖为主要原料制成饼皮，经包馅、成型、烘烤而制成的口感酥松、爽口的一类月饼。

(7) **水调皮月饼** 以小麦粉、油脂、糖为主要原料，加入较多的水调制成饼皮，经包馅、成型、烘烤而制成的一类月饼。

(8) **蛋调皮月饼** 以小麦粉、糖、鸡蛋、油脂为主要原料调制成饼皮，经包馅、成型、烘烤而制成的口感酥软，具有浓郁蛋香味的一类月饼。

(9) **油糖皮月饼** 使用较多的油和糖（一般约40%）与小麦粉调制成饼皮，经包馅、成型、烘烤而制成的造型规整、花纹清晰的一类月饼。

3. 按地方风味特色分类

(1) **广式月饼** 以广东地区制作工艺和风味特色为代表的，使用小麦粉、转化糖浆、植物油、碱水等制成饼皮，经包馅、成型、刷蛋、烘烤等工艺加工而成的口感柔软的月饼。

(2) **京式月饼** 以北京地区制作工艺和风味特色为代表的，配料重油、轻糖，使用提浆工艺制作糖浆皮面团，或糖、水、油、小麦粉制成松酥皮面团，经包馅、成型、烘烤等工艺加工而成的口味纯甜、纯咸，口感松酥或绵软，香味浓郁的月饼。

(3) **苏式月饼** 以苏州地区制作工艺和风味特色为代表的，以小麦粉、饴糖、油等制成饼皮，小麦粉、油等制酥，经制酥皮、包馅、成型、烘烤等工艺加工制成具有酥层且口感松酥的月饼。

(4) **其他类月饼** 以其他地区制作工艺和风味特色为代表的月饼。

京津月饼以素字见长，油与馅都是素的，做法如同烧饼，外皮香脆可口；广式月饼则轻油而偏重糖，外皮和西点类似，以内馅讲究著名；苏式的则取浓郁口味，油糖皆注重，而且偏爱于松酥，外皮吃起来层次多且薄，酥软白净、香甜可口，外皮越松越白越好；潮式月饼饼身较扁，饼皮洁白，以酥糖为馅，入口香酥；传统台湾月饼又称月光饼，以番薯为材料，口味甜而不腻，松软可口；清真月饼，是信仰伊斯兰教的回民所特有之月饼，不含猪的成分，以清真牛肉月饼最为出名。

4. 按馅料分类

(1) **蓉沙类** 莲蓉类：包裹以莲子为主要原料加工成馅的月饼。除油、糖外的馅料中，莲籽含量应不低于60%；豆蓉（沙）类：包裹以各种豆类为主要原料加工成馅的月饼；栗蓉类：包裹以板栗为主要原料加工成馅的月饼，除油、糖外的馅料中，板栗含量应不低于60%；杂蓉类：包裹以其他含淀粉的原料加工成馅的月饼。

(2) **果仁类** 包裹以核桃仁、杏仁、橄榄仁、瓜子仁等果仁和糖等为主要原料加工成馅的月饼。馅料中果仁含量应不低于20%。

(3) **果蔬类** 枣蓉（泥）类：包裹以枣为主要原料加工成馅的月饼；水果类：包裹以水果及其制品为主要原料加工成馅的月饼。馅料中水果及其制品的用量应不低于25%。

(4) **蔬菜类** 包裹以蔬菜及其制品为主要原料加工成馅的月饼。

(5) **肉与肉制品类** 包裹馅料中添加了火腿、叉烧、香肠等肉或肉制品的月饼。

(6) **水产制品类** 包裹馅料中添加了虾米、鲍鱼等水产制品的月饼。

(7) **蛋黄类** 包裹馅料中添加了咸蛋黄的月饼。

(8) **其他类** 包裹馅料中添加了其他产品的月饼。

二、广式月饼的特点与生产原理

广式月饼特点是皮薄馅多,外形美观,口感松软,香甜滋润,并且还有易于运输、储存的特点。广式月饼和其它月饼的主要区别:饼皮是由糖浆面团制成的。

广式月饼生产原理:糖浆面团含油量少,主要是用面粉和特制的糖浆调和而成。调制面团时不加水,主要借助高浓度的糖浆揉成团,限制面筋生成量,从而使面团既有一定的韧性,又具有良好的可塑性。调制面团时,除了通过用糖浆限制面粉蛋白水化生成面筋外,还需借助饴糖或转化糖的防干保潮、吸湿回润的特点,使月饼饼皮松软滋润,并且还能阻止馅心的水分和油脂大量向外渗透。

三、广式月饼的生产工艺流程

原辅料处理→面团调制→开酥→分摘→包馅→成型→烘烤→冷却。

四、广式月饼的生产操作要点

1. 熬糖浆

(1) 用料 白砂糖 50kg,清水 22.5kg,葡萄糖 41.5kg,柠檬酸 25g。

(2) 糖浆的制法

① 柠檬酸用少许清水稀释,待用。

② 将白砂糖投入沸水中,略搅拌至溶化。煮沸约 20min,加葡萄糖和柠檬酸,再改用慢火(保持微沸),煮沸约 50min,沸糖液表面气泡逐渐增多,泡沫不断分裂变小,而且密度增大,糖液逐渐显得黏稠,注意慢火保持稳定状态。

a. 表面如有污浊泡沫及杂质,要除去,以不减少糖液为原则,但忌多搅动。

b. 注意测试,若符合要求,可停火舀起。如尚欠佳,可稍煮片刻,至达标为准。

c. 糖液起锅时,用细密铜纱箩斗过滤下缸,静置待冷却,行内把这些糖液简称为糖浆。

d. 糖浆需存放 10 天后才用。

(3) 测试

① 热测

a. 温度计测量:当沸糖液出现气泡逐渐变小而且细而密之际,将温度计放在糖液中,当温度升至 115~120℃时为合适。

b. 称量:将糖液连同容器合并过磅,按白砂糖与清水合成的总重量,熬煮到一定的浓度,求得糖液净重。

c. 观察:当沸腾的糖液气泡细而密之际,可用锅铲或勺挑起少量糖液,再让它流回锅里,流到最后 2~3 滴时,若出现"回旋"(有伸缩性)的糖珠,即为符合要求。

② 凉测

a. 触觉。取少量沸糖液"速冻",用手蘸上少许,双指做离合活动,观察它的黏稠度,如能像"稀糊"状,既润滑也粘连,流动慢如糊浆即为符合要求。

b. 糖液冷却在储存容器内(缸或桶),用 2~3 个手指并排直插到糖浆中作来回式搅动,感觉有"阻力"、不顺畅为合适。

(4) 质量

① 色泽:色泽呈微黄或浅金黄色。

② 体态：糊浆状液体，黏稠，润滑，清晰，明亮。
③ 浓度：按测试所需要的温度、重量、性状、成率为标准。
④ 性质：以pH5～5.5为合适。随着储存时间的延续，酸性会有增加，到一定程度不会再增加。

(5) 关键

① 火候：全程使用旺火，可导致水分挥发过多、过急，糖液容易发生焦黄，加深糖浆色泽，使其发红。此外，由于失水率过高，会促使糖浆浓度趋向"极限"，冷却后随时可出现结晶，俗称"翻砂"。

全程用慢火则煮而不沸，不但延长了时间，而且会导致糖浆浓度稀薄，欠黏性或稀稠不均，色暗淡等。在白砂糖溶液中加入柠檬酸等原料，主要是为了使白砂糖转化成葡萄糖和果糖，而果糖在95℃时就会发生焦糖化，所以熬糖时温度不能过高，时间不能过长。

② 熬糖时，一定要掌握好糖浆的浓稠度。

糖浆若熬得过稀，制成的饼皮在烘烤时难以上色，而且还会收缩，从而影响月饼的外形。

糖浆熬得太浓，烘烤出来的月饼饼皮则会膨胀，使月饼表面花纹不清、产生裂纹，甚至皮馅分离。

厨师都是靠经验来判断熬糖火候，可以用温度计和糖度计来测量糖液的温度和浓度，如糖浆温度在114～116℃、糖浓度在78～83度，便说明糖浆已经熬好了。

③ 清洁：糖液浓度符合要求后，必须过滤下缸，这对于去除污垢、杂质具有显著效果。下缸后的糖液如没有完全冷却时，不宜急于加盖，否则会因其内在热能的影响，使糖液"回潮"，降低了黏稠度。

④ 静置：不要动用和挪动已过滤下缸的糖浆，其存放期应不少于10天，目的是使糖浆得到彻底转化，使其性质纯净，这样用其制成的面团才柔软，可塑性好。

⑤ 气温：气温越高越潮湿，因为转化糖的吸湿作用，可导致糖浆逐渐润胀变得稀薄；气温越低越干燥，因为糖浆内在的水分汽化，会显得格外黏稠。

2．饼皮调制

(1) 饼皮用料和制法

① 配方一　糖浆10kg；食用碱水250g；纯碱120g；熟生油3kg；低筋面粉3.5kg；高筋面粉500g；陈面团2kg。

制法：用少许清水稀释纯碱，待用。把两款面粉混合过筛后，把其中3/4的量放在案台上，拨成环形面窝（其余面粉留待后用）。将糖浆放在面窝中，加入碱水、稀释了的纯碱与糖浆拌匀，然后再加入熟生油拌和，成为混合糖浆。

把陈面团分割成若干个不规则的小面团，放在混合糖浆中，既擗又擦，直至成为匀滑的软面团。然后把面团静置约40min。

将剩余的面粉与软面团混合（用折叠式操作法），就制成饼皮面团。再静置约30min，可按单个饼皮的分量分割成小面团，备裹馅所用。

② 配方二：低筋面粉900g；高筋面粉100g；糖浆800g；液体酥油（或花生油）300g；陈村枧水10g；精盐5g；月饼酵素10g；吉士粉30g；牛乳香粉8g。

低筋面粉、高筋面粉、吉士粉、牛乳香粉等一起过筛，然后在案板上做成面窝。将陈村枧水加入糖浆中，充分搅拌后，再加入液体酥油，继续搅至"油花"消失后，倒入面窝中，与面粉等料一起拌匀，最后揉成面团。

（2）饼皮面团质量

①面团颜色淡黄；②质柔软；③细腻；④具有可塑性；⑤嗅觉中具有甜中夹香气味。

（3）关键步骤

① 投料次序：制作中要注意下料的先后次序，绝不能随意。

制法中关于混合糖浆所述，面窝中要先投下糖浆，再下碱水、纯碱，然后放进油料。糖浆、枧水和酥油三者一定要充分搅匀后，再加入面粉中，否则和出的饼皮容易渗油，烘烤出来的月饼会变成"麻子面"。

枧水和酥油不能同时加入糖浆中搅拌，一定要先将枧水和糖浆混匀后，再加入酥油搅匀，否则烘烤时月饼表面会出现小白点（即行业所说的"芝麻泡"）。

② 用料适量：食用碱水性质比较温和，使用它有利于饼色鲜艳、明亮，皮质柔软。纯碱性质则较强，若单一使用纯碱，饼色会偏深暗，但其疏松功能较优，若与食用碱水配合使用则可互补不足。

陈村枧水即草木灰水，它呈弱碱性，对面筋有破坏作用，可以使面团的塑性更强，制出的月饼花纹清晰。枧水的用量一定要掌握好，如果饼皮含碱过多，烘烤时月饼饼皮易上色且色泽灰暗，还会使月饼内部烘烤得不透。

碱度鉴别（面团）：

a. 方法一：观察与感觉。

合碱度：合碱度的面团摅擦时可嗅到碱香气味与糖甜味。

碱多：碱多的面团带碱黄色，有一股刺激性的石灰气味。

欠碱：欠碱的面团摅擦时感觉松浮，不费劲便可推动自如，也没有任何气味。

b. 方法二：酸碱值试纸检测法。

在调制面团之前，将所需分量的糖浆盛在容器内，加入碱水和已稀释的纯碱与糖浆混合，并略拌匀。静置2～3min后，用pH试纸放到糖浆中（用不锈钢钳子夹着试纸），半秒钟后将试纸提起与标准色板对比，如能达到pH7（中性）的数值，则表示符合碱度。如pH值大于或小于7，则说明碱多或欠碱，应及时采取相应措施进行补救。

③ 面团软度适中：在不超出用料额定总重量的前提下，调节面团的软度，使其达到所配合的馅类要求。

蓉沙类配略软的面皮；果仁馅类要配略硬的面皮。

④ 和面时间不能太长：最好用叠的手法和面，以防止面团筋力过大，烘烤后月饼会皮馅分离。

⑤ 面团静置：和好的面团要饧3～4h才能用，如果饧过的面团太软，磕模时会粘模具，这时可再加入少许面粉来调节，但不能加得太多，否则饼皮会发硬，烘烤时还会出现小白点或皮馅分离。

面团静置时间要视面团分量的大小和搅拌的方式来决定。用手工搅拌，分量小，静置时间短；用机械搅拌，分量大，静置时间就要适当延长些。

⑥ 其他：调制面团时加入月饼酵素，主要是为了防止其生成面筋。月饼酵素的作用力持久，可以使和好的面团在10h内不起筋，这样就更便于操作，保证月饼的质量稳定。另外，月饼酵素还具有很强的乳化功能和抗淀粉老化功能，可以使饼皮吸油回油，长时间保持

月饼的柔软度。

熟生油：一般是指花生油，简称生油，具有浓郁清香的花生气味，经煮沸再冷却，就成为熟生油。

高筋面粉：使用少量高筋面粉在面团中，有利于饼皮幅圆并可增加少许弹性。但若以机械拌面应延长静置时间，使面团得到合适的可塑性。若增加少量熟生油亦可调节面筋润胀度。

陈面团：指旧的面团。第一次制作时没有这种面团，可提前一天按本配方制备。往后，每次调制都要将下次需要的用量纳入当天的生产量。随后截留这部分留作明天用。如此往复循环使用。

3. 包馅成型

① 搓条下剂

② 拍成薄面皮

③ 包入合适的馅心

④ 放入模具内

⑤ 用手揿平

⑥ 磕出即成

选用月饼馅心时，要求馅心与饼皮的软硬度大致相同，否则会破坏饼皮或者烘烤后皮馅分离。为了保证月饼的大小一致，饼皮和馅心都要称重量，一般皮与馅的比例为3:7。

包制月饼坯时，用力要均匀，不能漏馅，如果饼皮粘手，可以在手上扑一些干面粉；包制的动作要快，如果饼皮和手接触时间过长，饼皮会渗油。磕模时，如果饼皮粘模，可以事先在模具中撒上少许干面粉。磕模时一定要稳、准、狠，这样压出来的月饼才花纹清晰、圆方端正。

4. 烘烤

将烤炉面火调至220℃，下火调至160℃。

① 月饼坯在烤盘里摆放均匀，在月饼坯面喷一些蛋水，将烤盘放入炉内烤12~15min。

② 待表面呈棕色时，取出刷3~4次蛋液，再入炉烤至色呈金黄即可出炉。

③ 月饼生坯入炉时，面火温度不能过高，否则烤出的月饼会皮馅分离。

④ 月饼坯入炉烘烤时，喷蛋水的目的是让月饼内外能够受热均匀，以保持饼皮色泽油润、不裂口。蛋水的调制方法：用500g清水和50g蛋液搅匀即成。

⑤ 烤制过程中刷蛋液的目的是使月饼能烤制金黄色。蛋液的调制方法：取1个全蛋、3个鸡蛋黄和5g色拉油搅匀即成。

5. 包装储存

① 月饼烘烤出炉后，要稍晾才可以包装。

② 包装好的月饼要储存在通风良好、无异味、环境温度在5~10℃的地方。

五、质量分析

1. 质量标准

广式月饼质量标准见表2-23。

表 2-23　广式月饼质量标准

项目		要求
形态		外形饱满,轮廓分明,花纹清晰,无明显凹缩、爆裂、塌斜、坍塌、漏馅现象
色泽		饼面棕黄或棕红,色泽均匀,腰部呈乳黄或黄色,底部棕黄不焦,无污染
组织	蓉沙类	饼皮厚薄均匀,馅料细腻无僵粒,无夹生,椰蓉类馅色泽淡黄、油润
	果仁类	饼皮厚薄均匀,果仁大小适宜,拌和均匀,无夹生
	水果类	饼皮厚薄均匀,馅有该品种应有的色泽,拌和均匀,无夹生
	蔬菜类	饼皮厚薄均匀,馅有该品种应有的色泽,拌和均匀,无夹生
	肉与肉制品类	饼皮厚薄均匀,肉与肉制品大小适中,拌和均匀,无夹生
	水产制品类	饼皮厚薄均匀,水产制品大小适中,拌和均匀,无夹生
	蛋黄类	饼皮厚薄均匀,蛋黄居中,无夹生
	其他类	饼皮厚薄均匀,无夹生
滋味与口感		饼皮绵软,具有该品种应有的风味,无异味
杂质		正常视力无可见杂质

2．缺陷分析

(1) 月饼不回油

①糖浆转化度不够；②馅料掺粉多；③糖浆太稀或太浓；④面粉筋度太高；⑤糖浆、油和枧水比例不当。

(2) 月饼皮爆裂

①馅料太软或糖量过高；②面火太低烘烤时间太长；③馅料揉搓太多；④料糕粉比例高。

(3) 月饼泻脚

①饼皮太厚或太软；②炉温太低；③馅料水分太高；④糖浆太浓或太多；⑤面粉筋度过高；⑥成型后放置过久。

(4) 糖浆返砂

①柠檬酸加得少（通常加 0.05%～0.1%）；②煮制时间太短（通常 2～4h）；③未完全冷却而过多搅拌；④用生铁、铝锅等活跃金属煮制；⑤冷热糖浆混合。

(5) 月饼花纹不清

①糖浆太浓、太多；②饼皮油太多；③枧水太多；④面粉筋度太高或太低；⑤手粉太多、刷蛋水太多。

(6) 月饼离皮

①馅料中油比例过高；②糖浆太稀；③馅料水分不够、太硬；④馅料淀粉太多；⑤炉温过高；⑥皮馅软硬不一致。

(7) 月饼颜色过深

①表皮刷蛋液不均匀或过多；②月饼面团中加入枧水过量；③糖浆转化率过高；④烘烤温度过高。

学习单元二　苏式月饼加工技术

一、苏式月饼特点

皮层酥松，色泽美观，馅料肥而不腻，口感松酥，是苏式糕点的精华。苏式月饼的花色品种分甜、咸或烤、烙两类。甜月饼的制作工艺以烤为主，有玫瑰、百果、椒盐、豆沙等品种；咸月饼以烙为主，品种有火腿猪油、香葱猪油、鲜肉、虾仁等。其中，清水玫瑰、精制百果、白麻椒盐、夹沙猪油是苏式月饼中的精品。

苏式月饼选用原辅材料讲究，富有地方特色。甜月饼馅料用玫瑰花、桂花、核桃仁、瓜子仁、松子仁、芝麻仁等配制而成，咸月饼馅料主要以火腿、猪腿肉、虾仁、猪油、青葱等配制而成。皮酥以小麦粉、绵白糖、饴糖、油脂调制而成。

二、苏式月饼生产工艺流程

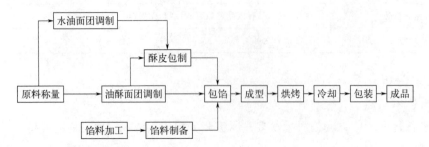

三、苏式月饼生产要点

1. 原料配方

(1) 水油皮　低筋面粉 1000g，猪油 125g，糖粉 100g，水 385g。

(2) 干油酥　低筋面粉 900g，猪油 475g。

(3) 馅料　根据配方拌匀，揉透滋润即可。

低筋面粉（熟）450g，棕榈油 425g，糖粉 1000g，芝麻 250g，盐 20g，花椒适量，葱花适量。

2. 制作方法

(1) 油酥面团（擦酥面团）的调制

① 特点：面团可塑性强，基本无弹性。

② 调制原理及方法　先将小麦粉和油脂在调粉机内搅拌约 2min，然后将面团取出分块，用手使劲擦透，防止出现粉块，这种面团用固态油脂比流态油脂好，但擦酥时间要长些，流态油脂擦匀即可用薄力粉，而且粉粒要求比较细。

(2) 水油面团（水油皮面团、水皮面团）的调制　水油面团按加糖与否分为无糖水油面团和有糖水油调制面团。水油面团的调制根据加水的温度主要有以下三种方法：①冷水调制法；②温水调制法；③热、冷水分步调制法。

小麦粉、水和油比常为 1:(0.25～0.5):(0.1～0.5)，其他辅料如鸡蛋、饴糖等对水油面团调制也有一定作用。

(3) 包酥

① 大包酥酥皮制法　将油酥包入皮料，用滚筒面杖压成薄皮（0.67cm）。卷成圆长条，用刀切成10块，再将小坯的两端，沿切口处向里边折捏，用手掌揿扁成薄饼形，就可包馅。要点：油酥包入皮内后，用面杖擀薄时不宜擀得太短、太窄，以免皮酥不均匀，影响质量。

② 小包酥酥皮制法　将皮料与油酥料各分成10小块，将油酥逐一包入皮中，用面杖压扁后卷折成团，再用手掌揿扁成薄饼形即可包馅。

(4) 包馅　先取豆沙馅揿薄置于酥皮上，再取猪油丁、桂花等混合料同时包入酥皮内。

(5) 成型　包好馅后，在酥皮封口处贴方形垫纸，压成1.67cm厚的扁形月饼坯，每只90g，再在月饼生坯上盖以各种名称的印章。

(6) 烘烤　月饼生坯推入炉内，炉温保持在240℃左右，待月饼上的花纹定型后适当降温，上下火要求一致，烤6～7min熟透即可出炉，待凉透后下盘。

(7) 储存　在装盒以前须完全冷透，轻拿轻放，防止酥皮脱落，影响质量及美观。

一般存放在通风阴凉处。在30℃的环境中可保藏一个月，但"豆沙"和"枣泥"等软货，保藏时间较短。

四、质量标准与质量分析

1．质量标准

苏式月饼质量标准见表2-24。

表2-24　苏式月饼质量标准

项目		要求
形态		外形圆整，面底平整，略呈扁鼓形；底部收口居中不漏底，无僵缩、漏酥、塌斜、跑糖、漏馅现象，无大片碎皮，品名戳记清晰
色泽		饼面浅黄或浅棕黄，腰部乳黄泛白，饼底棕黄不焦，不沾染杂色，无污染现象
组织	蓉沙类	酥层分明，皮馅厚薄均匀，馅软油润，无夹生、僵粒
	果仁类	酥层分明，皮馅厚薄均匀，馅松不韧，果仁分布均匀，无夹生、大空隙
	肉与肉制品类	酥层分明，皮馅厚薄均匀，肉与肉制品分布均匀，无夹生、大空隙
	其他类	酥层分明，皮馅厚薄均匀，无空心、无夹生
滋味与口感		酥皮爽口，具有该品种应有的风味，无异味
杂质		正常视力无可见杂质

2．质量缺陷分析

苏式月饼质量缺陷原因及防止办法见表2-25。

表2-25　苏式月饼质量缺陷原因及防止办法

	月饼质量情况	原因	防止办法
1	饼面焦黑，饼腰部呈青灰色	炉温过高，饼排列间距过小	1．饼排列间距要均匀 2．适当降低炉温
2	漏馅	1．揿饼时封底没摆正，揿在边上 2．皮料太烂	1．揿饼时封口居中 2．制皮时加水量要适当，不能过量

续表

	月饼质量情况	原因	防止办法
3	漏酥	1. 制酥皮时,压皮用力不均,皮破造成漏酥 2. 包芯时,将酥皮揿破	1. 包酥与压皮用力要均匀 2. 包芯时,酥皮刀痕要掀向黑面
4	跑糖	1. 油酥太烂 2. 底部收口没捏紧	1. 油酥中面粉和油比例要适当,1斤粉半斤油,夏天不减少油 2. 包馅时,收口时要捏紧
5	变形	1. 皮子过烂 2. 置盘时手捏饼过紧	1. 掌握皮料用水和皮时,加水量视天气和面粉干湿情况而定 2. 取饼叠盘动作要轻
6	皮馅不均	包馅时,皮馅不均	包馅时用手掌部掀酥皮,用力均匀,同时加强基本功训练,熟能生巧
7	皮层有僵块	包馅不均	包酥压皮,要压得均匀
8	饼底有黑块或黑点	烤盘未擦净	放置生坯前,烤盘一定要擦干净

复习思考题

1. 广式月饼如何进行面团调制?
2. 广式月饼生产工艺流程及操作要点是什么?
3. 广式月饼常见质量问题有哪些?如何控制?
4. 苏式月饼包酥方法有哪些?大包酥和小包酥如何操作?
5. 苏式月饼生产工艺流程及操作要点是什么?
6. 苏式月饼常见质量问题有哪些?如何控制?

数字资源

月饼原辅料基础

苏式月饼的制作

广式月饼的制作

月饼加工技术

月饼的分类及特点

月饼成型机(动画)

技能单元一 蛋糕加工

技能训练一 樱花戚风蛋糕制作

【原料准备】

低筋面粉 75g，蛋黄 3 个，蛋白 3 个，糖 100g，香草精 2g，红曲粉 1/8 茶匙，牛乳 50g，植物油 25g，盐 1g，樱花糖浆 15g，泡打粉 1g，苏打粉 1g，奶油 250g。

【仪器和工具】

电烤箱、烤盘、打蛋器、蛋糕模具、电子秤、筛子、盆、刮刀、抹刀。

【制作方法】

① 蛋黄加糖、香草精和红曲粉搅拌均匀。
② 牛乳、植物油、盐、樱花糖浆搅拌至乳化。
③ 牛乳油混合物倒入蛋黄中，筛入低筋面粉、泡打粉和苏打粉，搅拌均匀。
④ 蛋白分三次加糖，打发至硬性发泡。
⑤ 加入 1/3 蛋白霜。
⑥ 翻拌或切拌均匀。
⑦ 倒回剩下的蛋白霜，翻拌或切拌均匀。
⑧ 模具喷水，倒入蛋糕糊，轻轻震两下，震出大气泡，上下火 170℃ 烘烤 25min。
⑨ 烤完后，拿出用力震两下，倒扣放凉。
⑩ 完全放凉后脱模，把顶部不好看的部分切掉，分成两片。
⑪ 奶油加糖打发至 8 分，放上一些奶油，用刮刀抹平，再放上草莓。
⑫ 再放上一些奶油，刮刀抹平，放上一片蛋糕片，加奶油抹平。
⑬ 蛋糕外面加奶油抹平后，再用刮刀抹出花纹，顶部抹平。
⑭ 挤上奶油，加樱花装饰，成品完成。

【质量要求】

蛋糕薄厚均匀完整，不缺损，不收腰；组织结构均匀，有弹性；色泽均匀，甜度适中，无异味，无杂质。

技能训练二 提拉米苏蛋糕卷制作

【原料准备】

1. 蛋糕体原料

低筋面粉 110g，全蛋 5 个，香草精 4g，细砂糖 125g，食盐 1g，塔塔粉 1g，无盐黄油 60g，糖粉 20g。

2. 夹心原料

马斯卡彭奶酪 225g，细砂糖 50g，肉桂粉 3g，意大利榛子利口酒 10g，淡奶油 120g。

【仪器和工具】

电烤箱、烤盘、打蛋器、搅拌器、蛋糕模具、电子秤、筛子、盆、刮刀、抹刀、帆布。

【制作方法】

1. 蛋糕体制作方法

① 烤箱预热至上火175℃，下火175℃。

② 烤盘铺垫耐烤布（或烤盘纸）喷薄层油并撒上一薄层配方之外的低筋面粉，然后抖掉多余的面粉。

③ 搅拌器中放入蛋黄、香草精、细砂糖100g，搅拌约10min至呈淡黄色。

④ 加入55g面粉，轻轻拌匀。

⑤ 再加入剩余的55克面粉，拌匀。

⑥ 在另一个搅拌器中放入蛋白、盐和塔塔粉，中速打至形成柔尖峰状后，加入25g糖，继续搅拌至僵硬干性发泡（倒置搅拌缸蛋白也不会滑落）。

⑦ 把1/4打发的蛋白放入蛋黄料中，轻轻拌匀后再加入剩余的蛋白继续轻轻拌匀（注意是轻轻拌匀，不要用力）。

⑧ 把50g面糊加入溶化并降温的黄油中，轻轻拌匀，再倒回面糊中拌匀。

⑨ 倒在"步骤②"准备好的烤盘上，入炉前轻轻震一下烤盘，去除面糊中的气泡。送入预热的烤箱，烘烤8~10min，至手触蛋糕表面有明显弹性。

⑩ 出炉后表面撒糖粉，覆盖一张烘焙纸，再盖上一张烤盘或垫板，翻转扣在烘焙纸上，剥掉现在朝上的烘焙纸，用帆布把蛋糕卷起来，静置待冷却。

2. 夹心制作方法

① 马斯卡彭奶酪、细砂糖、肉桂粉、榛子酒，一起放入搅拌机中速搅拌至完全混合均匀。

② 淡奶油打发至干性发泡（搅拌缸倒置也不会滑落的状态就对了，如果只是所谓的"软尖峰"还是不够硬，要继续搅打至尖峰不再"软"）。

③ 混合步骤①和步骤②，拌匀即可。

3. 蛋糕卷最后制作方法

① 把连同帆布卷起来已经冷却的蛋糕卷放在工作台上，展开，仍然让蛋糕保持在帆布上。

② 蛋糕表面刷"咖啡糖浆"。

③ 把马斯卡彭夹心奶油均匀涂抹在蛋糕表面，注意四边留出1.5cm左右的空白，因为卷起来时奶油会被稍稍挤压延展到四周，然后卷起蛋糕卷。

④ 撒上可可粉冷藏，食用时取出切割成片状即可。

【质量要求】

蛋糕卷薄厚均匀完整，不缺损；组织结构均匀，有弹性；色泽均匀，甜度适中，无异味，无杂质。

技能训练三　草莓夏洛特蛋糕制作

【原料准备】

全蛋液140g，细砂糖100g，淀粉糖浆10g，香草精2g，低筋面粉88g，红色色粉2g，无盐黄油25g，牛乳40g，慕斯吉利丁片5g，奶油奶酪200g，细砂糖50g，香草精1/2茶匙，酸乳80g，奶油50g。

手指饼干适量，白巧克力适量，草莓巧克力适量，新鲜草莓适量。

【仪器和工具】

电烤箱、烤盘、打蛋器、搅拌器、蛋糕模具、电子秤、筛子、盆、刮刀、抹刀、裱花袋。

【制作方法】

① 全蛋液、糖和糖浆隔热水，加热到40℃（比体温略高一点）。

② 加入香草精，打发至画8字不消失，这个时候就可以预热烤箱180℃。

③ 分两次筛入低筋面粉和色粉，翻拌至顺滑无颗粒。

④ 取一大块面糊与牛乳、黄油搅匀，再倒回面糊中，翻拌均匀。

⑤ 倒入模具，震出大气泡180℃烤35min。

⑥ 烤完放凉脱模，撕掉油纸，分成四片，每片直径12cm。

⑦ 吉利丁片泡冷水。

⑧ 奶油奶酪搅拌顺滑，加入糖、香草精、酸乳。

⑨ 吉利丁片拧干水，微波炉加热10s，倒入奶酪糊搅拌均匀。

⑩ 奶油打发至5、6分发，加入奶酪糊搅拌均匀。

⑪ 蛋糕片放入12cm的模具中，加一层奶酪糊，放一片蛋糕，再加一层奶酪糊，放上草莓，再加一些奶酪糊，再放一层蛋糕片和一层奶酪糊，表面抹平冷藏2~3h（这里不要用完奶酪糊，留下一点）。

⑫ 白巧克力和草莓巧克力隔热水溶化，搅拌顺滑，用手指饼干蘸一下。

⑬ 巧克力凝固后抹上奶酪糊，装饰在蛋糕上，系上丝带。

⑭ 放上新鲜草莓和糖粉装饰，完成。

【质量要求】

蛋糕体薄厚均匀完整，不缺损；组织结构均匀，有弹性；装饰搭配合理，色泽均匀，甜度适中，无异味，无杂质。

【小结和注意事项】

1. 戚风和海绵蛋糕做法的区别

戚风和海绵蛋糕做法的区别不是一个打发蛋白一个打发全蛋这么简单，之前分享全蛋打发时就有朋友提过分蛋海绵，确实，由于全蛋打发的不稳定性，现在更多的人习惯做分蛋海绵，所以做法上最根本的区别是在面粉的混合方式上，戚风是面粉加入材料搅拌成面糊，而海绵中的面粉则是直接筛入蛋糊中。戚风面粉含量少、液体含量多，而海绵相反面粉多、液体少。这也导致了不同的面粉混合方法，也是两种蛋糕口感天差地别的原因。

2. 海绵蛋糕制作前准备

海绵蛋糕制作要点：事前准备一定要做好，因为打发全蛋是流程的第一步，但后续的工作需要一气呵成，如果准备工作不到位，制作过程肯定要手忙脚乱。

注意：

① 面粉提前称好并过筛一次。

② 黄油和牛乳称好加热到黄油溶化并一直保温40℃以上。

③ 烤箱开始预热。

④ 模具垫好油纸。

3. 打发全蛋液

打发全蛋液是海绵蛋糕制作的重中之重，也是大家觉得最困难的一个步骤，但只要用对方法，再根据科学准备的标准来判断就可以完全掌握打发状态。

注意：

(1) **温度**　想打发好全蛋液，一定要给蛋液加温。蛋液温度高时弹性变差，就会容易打发，所以务必在打发前把蛋液隔水加热至40℃，冰箱里拿出鸡蛋直接打发可能要打到天荒地老喔。

(2) **打发程度**　打发程度简单说就是时间，全蛋一定要打发到位才行。那如何判断是否到位，先用画8字的方法测试，再用比重法测量。比重法就是用100mL的容器装满打发好的蛋液，蛋液重量在22~26g之间即为打发完毕，没有100mL的容器，就找小一些的杯子，先测量好容积，再根据100mL、22~26g这个数值来换算。超过26g要接着打发，说明蛋液中的空气还不够。随着打发次数的增加，可以根据蛋糕状态来进行判断。

4. 加入面粉

过筛一次的面粉再分几次筛入蛋糊中，全蛋打发的蛋液很不稳定，即使打发到位也爱消泡，所以不要把粉全部筛在一个地方，最好是铺一层在蛋液上，就翻拌一次，分2~4次把粉筛完就可以。

5. 加入黄油牛乳

加入黄油牛乳，黄油牛乳加入前确保是40℃以上，热的液体进入才不容易消泡，也更容易翻拌均匀。可以先把一小部分面糊加入液体中翻拌均匀，再和剩余面糊混合翻拌。如果直接倒入面糊中，可以分两次倒入，每次沿着刮刀倒入即可。

技能单元二　面包加工

技能训练一　乳酪岩烧吐司制作

【原料准备】

1. 吐司原料

高筋面粉500g，盐10g，鲜酵母10g，脱脂乳粉15g，蜂蜜75g，水300g，黄油40g。

2. 乳酪酱原料

黄油75g，细砂糖60g，淡奶油110g，芝士片120g，杏仁片少许。

【仪器和工具】

和面机、醒发箱、电烤箱、烤盘、搅拌机、吐司模具、面盆、刀具、电子秤。

【制作方法】

1. 搅拌

将除黄油外的所有材料放入搅拌缸中，用低速将材料混合均匀，再快速搅拌至扩展阶段,加入黄油,先用低速搅打至其与面团融合,再转快速搅拌至面团形成均匀的薄膜(完全扩展阶段)。

2. 基础醒发

取出面团放入醒发箱中,以温度30℃、湿度85%,醒发约100min。

3. 分割

取出面团,用切面刀将面团分割成200g一个。

4. 中间醒发

将面团揉圆,放入烤盘中,表面覆盖保鲜膜,室温下松弛60min。

5. 预整型

取出面团放在操作台上,用手轻拍面团排气,将面团从上至下卷起来呈椭圆形状,室温下松弛10~15min。

6. 整型

松弛结束,将面团拍扁排气,用擀面杖将面团擀薄,然后从远离身体一侧将面团卷起来卷成圆柱形,接口朝下。

7. 最终醒发

将圆柱形3个为一组放入吐司模具中,摆入烤盘。放入醒发箱,以温度25℃、湿度75%,醒发1h(膨胀到模具的八分满即可),盖上吐司模具的盖子。

8. 烘烤

将吐司送入烤箱,以上火210℃、下火200℃,烘烤25min,出炉,立即倒扣出模,静置冷却。

9. 乳酪酱制作方法

① 将黄油、细砂糖放入容器中,隔水加热搅拌至糖化。
② 加入淡奶油用手动打蛋器搅拌均匀。
③ 加入芝士片浸入液面下,用手动打蛋器持续搅拌至芝士片完全溶化,面糊顺滑。
④ 将切好的吐司片表面均匀抹上乳酪酱,撒上少许杏仁片,送入烤箱,以上火200℃、下火190℃,烘烤10~15min即可(酌情,看上色情况)。
⑤ 烘烤完成后拿出脱模,成品。

【质量要求】

表面金黄,色泽均匀,无烤焦现象,组织完整均匀,细腻有弹性,无缺损,无异味,无杂质。

技能训练二　巧克力吐司制作

【原料准备】

1. 隔夜面种

面包专用粉100g,砂糖20g,酵母3g,牛乳100g。

2. 中种面团配料

面包专用粉500g,隔夜面种220g,砂糖90g,酵母3g,牛乳100g,鸡蛋100g。

3. 主面团配料

面包专用粉 250g，巧克力 100g，S500 改良剂 4g，牛乳 150g，可可粉 50g，盐 12g，黄油 60g。

4. 馅料

巧克力 300g，巧克力豆 200g，杏仁片 50g。

【仪器和工具】

和面机、醒发箱、电烤箱、烤盘、搅拌机、冰箱、擀面杖、毛刷、吐司模具、面盆、刀具、电子秤。

【制作方法】

1. 隔夜面种制作方法

① 所有的原料搅拌均匀。

② 搅拌均匀后封保鲜膜冷藏 12h 即可。

2. 中种面团制作方法

① 把中种面团所有的原料混在一起。

② 搅打至 5 成筋度拿出面团。

③ 搅打好的面团入发酵箱发酵 40min 后再和主面团混合。

3. 主面团制作方法

① S500 改良剂，面包专用粉，牛乳与中种面团混在一起打至 9 成筋度。

② 再加入巧克力、可可粉、盐和黄油拌匀即可。

③ 用保鲜膜封好松弛 10min。

④ 分割成 450g 的面团。

⑤ 再进发酵箱进行松弛发酵 20min。

⑥ 发好后用擀面杖把面团擀开。

⑦ 抹上巧克力馅。

⑧ 撒上巧克力豆卷起来。

⑨ 用刀从中间一分为二切开。

⑩ 编成两股辫子立面向上。

⑪ 编好后往短缩一下，和模具一样长即可。

⑫ 放入模具后入发酵箱最后一次整型发酵大约 50min 至模具的 9 分满。

⑬ 刷上全蛋液，撒上杏仁片即可入炉烘烤。

⑭ 以上火 155℃、下火 240℃，烘烤 35min。

⑮ 出炉后立即脱模，完成。

【质量要求】

表面色泽均匀，无烤焦现象，无发白现象，组织完整均匀，细腻有弹性，无缺损，无异味，无杂质。

技能训练三 菠菜罗宋面包制作

【原料准备】

1. 甜面团老面

高筋面粉 500g，黄油 50g，食盐 6g，白砂糖 100g，高糖酵母 5g，鸡蛋 50g，乳粉 12g，水 290g。

2. 菠菜罗宋面团

高筋面粉 175g，全麦粉 37g，黑麦粉 38g，白砂糖 25g，食盐 3g，酵母 2g，全蛋 25g，乳粉 5g，黄油 22g，芝士碎 138g，菠菜汁 75g，甜面团老面 250g。

3. 菠菜汁

新鲜菠菜 100g，水 30g。

4. 菠菜奶油

菠菜汁 10g，黄油 25g，食盐 2g。

【仪器和工具】

和面机、醒发箱、电烤箱、烤盘、搅拌机、料理机、开酥机、冰箱、滤网、毛刷、模具、面盆、刀具、电子秤。

【制作方法】

1. 甜面团老面

① 将除黄油外的全部原料倒入搅拌机中搅拌至 9 成筋。

② 加入黄油搅拌至完全扩展。面团最佳温度 27～29℃，室温发酵 30min 放入冰箱冷藏隔夜使用。

2. 菠菜汁

菠菜与水放入料理机中搅成沫状。

3. 菠菜奶油

去水菠菜汁与黄油、食盐搅拌均匀，放入裱花袋备用。

4. 菠菜罗宋面团

① 将黄油在内的所有原料倒入搅拌缸。

② 搅拌缸搅拌至面团表面微微光滑（6～7 成面筋）。

③ 将面团取出用开酥机反复擀压折叠至 9 成筋左右。（面团前期无需发酵，面团温度控制在 22～24℃即可）

④ 分割面团 110g/个，揉圆搓成水滴状，松弛 5～10min。

⑤ 松弛完成后，将面团擀开呈三角形，宽 9cm、长 42cm。

⑥ 将面团反转至光面朝下，铺入 20g 芝士碎后卷起。

⑦ 在烤盘分别挤上 5g 黄油，将面团放在黄油上进行最后发酵：温度 28℃，湿度 75%，发酵 85min。（底部的黄油在烘烤过程中使面团一直处于煎炸状态，此做法可使面包底部口感更酥脆，香味独特）

5. 装饰烘烤

① 发酵完成的面团在表面划口放入 3g 的芝士碎。（面团划口务必深一些：1.5～2cm，这样才有足够的胀裂感）

② 放入烤炉，上火 170℃，下火 170℃，烘烤 7min。取出，表面刷黄油继续烘烤 5min。

③ 再次取出，刷适量的黄油，继续烘烤 3min。拿出再次刷上黄油后，继续烘烤 3min 后即可。（烘烤过程 3～4 次黄油会让黄油的独特香气慢慢渗入面包内，提升整体风味）

④ 最后在裂口处挤上适量的菠菜奶油，用刷子刷匀即可。

【质量要求】

表面色泽均匀，符合应有的颜色，无烤焦现象，无发白现象，组织完整均匀，细腻有弹性，无缺损，无异味，无杂质。

【注意事项】

很多人喜欢吃面包，都是因为它柔软的口感和丰富的味道，这也是有内馅的面包一直比吐司更受欢迎的原因之一。不过内馅经常出现各种状况，爆馅就是它最容易出现的一个状况。以下就是面包爆馅的原因。

1. 收口没有收紧

面包爆馅了，首先要看下是哪个地方爆的，如果是收口处那么几乎可以肯定是收口没收紧导致的。有的伙伴会问，我明明收得很紧，为什么还会爆开呢？

① 沾到油：一个原因是内馅如果油脂含量比较高，那么在包的时候可能面皮沾上了内馅，即使暂时感觉黏住了，但由于油脂比较多，后期发酵烘烤时非常容易爆开，所以包馅时，尽量避免收口处的面皮碰到内馅。

② 沾到粉：还有一种可能是手粉用太多，在包馅的时候收口处很多面粉，也会导致收口处收不紧。

2. 面团较干

非常干的面团真的对包馅很不友好，那么面比较干的时候，记得用湿布把收口的地方沾一沾，增加黏性，这样可以很好地防止收口处爆馅。

3. 馅料放太多

馅料的量不可以放太多，面团量的一半或者再少一些即可，一是有皮薄馅大爆馅的危险，二是内馅一般味道都会比较重，如果外皮太少，会使面包整体味道变得过重。

4. 包馅不均匀

因为馅包得不够均匀，不是在外皮的中心，不论偏到哪个地方，那个地方的皮都会相应变薄，都可能会爆开，所以包馅尽量包均匀，包在面皮的正中间是最好的。

5. 面团筋度没打够，延展性不好

这个其实算爆馅的最根本原因之一。为什么皮薄的地方容易爆馅，归根结底还是面的延展性不够，支撑不住面团的膨胀，在面团膨胀到一定程度时，面筋断裂，面团裂开。松弛时间不够也会导致面团延展性不够，所以在包馅时，请务必面团搅打到位，松弛到位。

技能单元三　饼干加工

技能训练一　火龙果曲奇饼干制作

【原料准备】

白砂糖40g，黄油80g，牛乳火龙果汁20g，盐1g，低筋粉120g。

【仪器和工具】

打蛋器、电烤箱、烤盘、搅拌机、滤网、面盆、刮刀、电子秤、裱花袋。

【制作方法】

① 称量好所有材料，牛乳和火龙果果肉放搅拌杯打成混合物，用滤网滤出20g牛乳火龙果汁。

② 软化好的黄油放入盆中，用打蛋器打至发白顺滑。

③ 白砂糖与牛乳混合均匀，搅拌至白砂糖溶化。分次加入黄油中，打至与黄油完全混合均匀。

④ 低筋粉和盐筛入黄油中，用刮刀拌匀，直到没有面粉颗粒。

⑤ 裱花袋剪口放入裱花嘴，把面糊装入裱花袋。

⑥ 烤箱180℃预热5min。把面糊均匀地挤在烤盘中，如果不是不粘盘，记得垫油纸。

⑦ 把烤盘放入预热好的烤箱中层，上下火170℃烤15~20min。上色均匀后盖锡纸。

⑧ 烘烤完成后，取出冷却即可。

【质量要求】

饼干表面色泽均匀，纹路清晰，无烤焦现象，组织形态完整均匀，口感细腻，酥脆性好，无缺损，无异味，无杂质。

【注意事项】

① 黄油软化一定要到位，手指戳一下能戳动就好。

② 白砂糖和牛乳混合均匀之后，尽量搅拌到溶化状态。

技能训练二　椰香糯米老婆饼制作

【原料准备】

1. 水油皮

中筋面粉100g，细砂糖15g，色拉油30g，水45g。

2. 油酥

低筋面粉80g，色拉油35g。

3. 椰蓉糯米馅

糯米粉45g，无盐黄油25g，细砂糖50g，椰蓉5g，熟白芝麻6g，水85g。

4. 装饰

蛋黄1个，熟白芝麻适量。

【仪器和工具】

打蛋器、电烤箱、烤盘、电磁炉、不粘锅、搅拌机、擀面杖、面盆、刮刀、电子秤。

【制作方法】

① 水、细砂糖、黄油倒入不粘锅内，开大火煮开溶化，把火调小，倒入糯米粉、熟白芝麻、椰蓉，用锅铲快速翻炒搅拌均匀至干粉状态，关火，盛出放凉备用。

② 盆内放入中筋面粉，倒入细砂糖，再加入色拉油和水，先用筷子搅拌成絮状，然后揉到出膜状态。

③ 油酥的制作：低筋面粉加入色拉油，先搅拌，然后揉成团即可，不要过度揉。

④ 把水油皮和油酥分别分成大小重量相同的 10 份，盖上保鲜膜，馅料也分为 10 份。

⑤ 取一个水油皮压扁擀圆，包入一个油酥，从收口捏紧。

⑥ 每一组水油皮和油酥都包好，取一个包好的面团压扁，擀成牛舌状。

⑦ 然后从一头开始卷，全部卷好，盖上保鲜膜松弛 10min。

⑧ 取一个松弛好的面卷，压扁一下，再次擀成较长的牛舌状。

⑨ 再次卷起，盖上保鲜膜，松弛 10min。

⑩ 取一个面卷从中间用手指压一下，对折。

⑪ 然后压扁，把面团擀成圆形，包入馅料。

⑫ 从收口捏紧，每一个面卷都按照以上步骤包好馅料。

⑬ 压扁放入烤盘内，蛋黄打散，用羊毛刷均匀刷上蛋黄液，用锋利的陶瓷刀在刷了蛋液的饼上割三刀。

⑭ 均匀撒上熟白芝麻，烤箱提前预热，上下火 180℃，烤 20min 即可。

【质量要求】

老婆饼外层金黄，层次分明，皮薄馅厚，馅心滋润软滑，组织形态完整均匀，无缺损，口感外酥里糯，入口即化，味道甜而不腻、无异味、无杂质。

技能训练三　马卡龙制作

【原料准备】

蛋白 30g，细砂糖 30g，杏仁粉 35g，糖粉 30g，食用色素（红）适量，甘纳许（草莓味），白巧克力 25g，鲜奶油 20g。

【仪器和工具】

打蛋器、电烤箱、烤盘、搅拌机、面盆、面筛、刮刀、电子秤、裱花袋。

【制作方法】

① 蛋白倒入打蛋盆内，用打蛋器进行打发，分 3 次加入细砂糖，打至干性发泡，即提起打蛋器上面蛋白霜像小刺一样的时候，就可以了。

② 滴入适量的食用色素 1~2 滴，用打蛋器搅拌均匀。

③ 糖粉和杏仁粉分两次筛入，每次都搅拌均匀。

④ 第二次筛入糖粉和杏仁粉。

⑤ 将面糊贴着打蛋盆的侧边碾压混合蛋白霜和粉末，然后将底部面糊重新收拢再次碾压，重复数次后直至粉末混合均匀。

⑥ 挑起面糊可以倒三角形挂起来就好了，装入裱花袋。

⑦ 在烤盘上挤出均匀大小的圆形面糊，注意挤面糊的时候裱花袋不要往上提拉。

⑧ 挤好以后再震几下烤盘至面糊变圆润后放置一边晾干（此步骤一般需要 30min 至

1h），用手指触碰面团时不粘手就可以送入烤箱了。

⑨ 上下火温度150℃烘烤15min左右，烘烤完成后直接连烤盘一起放在晾架上散热。

⑩ 小盆里放入鲜奶油、白巧克力、草莓粉，隔水溶化。

⑪ 溶化后放入冷水里隔水打发，打发至可以装入裱花袋的硬度。

⑫ 放入裱花袋，裱上裙边。

⑬ 在一片马卡龙上挤上甘纳许后，盖上另一片。

⑭ 摆入盘中，完成。

【质量要求】

马卡龙外观均匀整齐，大小颜色均匀，无破损，口感丰富，外脆内柔，无异味，无杂质。

技能单元四　月饼加工

技能训练一　广式月饼制作

【原料准备】

糖浆380g，碱水12g，液态油150g，吉士粉30g，高筋粉150g，低筋粉350g。

【仪器和工具】

打蛋器、电烤箱、烤盘、搅拌机、面盆、面筛、电子秤、月饼模具、毛刷。

【制作方法】

① 糖浆加入碱水搅拌均匀。

② 分次加入液态油搅拌成膏状。

③ 面粉过筛搅拌在一起，留三分之一的面粉备用。

④ 放入盆中静置2h以上。

⑤ 根据面团的软硬程度加入剩余的面粉。

⑥ 称量80g，分面团25g、馅55g。

⑦ 包馅。饼皮稍加按扁后，放上馅，慢慢用右手虎口处转着圈往上推。

⑧ 包好的月饼放低筋粉里蘸一下，不用滚遍干粉，再用手搓一下让面粉均匀分布。

⑨ 然后搓成椭圆形，放进模具。

⑩ 压型。直接压在烤盘里，注意模具要垂直压下，差不多有压实了的感觉就可以了，不要过度用力压，免得底部溢出。

⑪ 上火220℃、底火180℃，进炉烘烤10~12min微上色晾凉。

⑫ 刷柔软光亮剂上色。

⑬ 第一遍刷匀，第二遍顺一个方向刷几下。

⑭ 再回炉6min即可。

【质量要求】

形态大小均匀，表面轮廓纹路清晰，无爆裂，无倾塌，色泽均匀，口感细腻，无异味，无杂质。

技能训练二　双酥月饼制作

【原料准备】

1. 油皮

糖粉 550g, 色拉油 435g, 鸡蛋 575g, 中筋面粉 1000g, 玉米淀粉 250g, 泡打粉 7.5g。

2. 油馅

熟面 500g, 白豆沙 600g, 花生 300g, 瓜子仁 300g, 西瓜子 150g, 白芝麻 150g, 白糖稀 150g, 色拉油 300g, 香油 50g, 水 50g, 盐 10g, 糖 100。

【仪器和工具】

打蛋器、电烤箱、烤盘、搅拌机、面盆、面筛、擀面杖、刀具、电子秤、月饼模具、毛刷。

【制作方法】

① 面粉放盆里，倒入油，再放糖，倒水，用筷子把中间所有的液体搅拌均匀。

② 然后用画圈的方式，把面和液体搅匀。

③ 用手揉成较软且光滑的面团备用。

④ 酥油室温软化，与面粉混合，揉成团。

⑤ 把面团分别用保鲜袋装好，松弛 1h。

⑥ 松弛好后，把油皮擀开，油酥放油皮中间。

⑦ 用油皮把油酥包起来，收口朝上，放 5min。

⑧ 把包好的面团整型成长方形，擀成约 0.3cm 的大片，由下至上卷起，卷成直径约 3cm 的圆柱形。

⑨ 用刀切成小剂子，然后压扁，断面向中间收拢成圆形。

⑩ 收口朝上压扁，松弛 10min。

⑪ 松弛好后放上馅料，包好，将收口捏紧，滚圆。

⑫ 依次包好所有月饼生坯。

⑬ 包好的面团收口朝上放入月饼模中，在烤盘上压出月饼。

⑭ 在生坯表面喷上清水，放提前预热的烤箱里，200℃，烤至表面上色，约 5min。

⑮ 表面上色后，在月饼表面刷 2 次蛋液，再送入烤箱继续烤至月饼熟透，15～20min，烤好后取出晾凉，放保鲜盒里保存。

【质量要求】

色泽金黄，酥皮层次分明，馅心咸甜兼备，香柔酥软。形态大小均匀，无倾塌，色泽均匀，无异味，无杂质。

技能单元五　焙烤食品创新创业训练

技能训练一　彩虹心千层蛋糕制作

【原料准备】

低筋面粉 185g, 鸡蛋 3 个, 细砂糖 45g, 植物油 15mL, 溶化的黄油 55g, 牛乳 380mL,

打发的淡奶油 480mL，细砂糖 45g，香草精 5mL，食用色素：红橙黄绿蓝紫，心形模板图纸。

【仪器和工具】

电烤箱、烤盘、打蛋器、搅拌器、蛋糕模具、电子秤、筛子、盆、刮刀、冰箱。

【制作方法】

① 鸡蛋和细砂糖混合均匀，搅打至发白。

② 加入植物油和溶化的黄油搅拌均匀。

③ 加入牛乳搅拌，再分三次筛入低筋面粉搅拌均匀。

④ 用中火制作可利饼。

⑤ 打发淡奶油直至出现软尖峰。

⑥ 在打发过程中分多次加入细砂糖。

⑦ 加入香草精。

⑧ 用食用色素调成彩虹色奶油霜。

⑨ 堆积千层蛋糕，借助提供的模板图纸填入彩虹奶油霜。

⑩ 放入冰箱冷藏至少 2 个小时即可。

技能训练二　粽情端午面包制作

【原料准备】

高筋粉 800g，低筋粉 200g，砂糖 80g，抹茶粉 20g，鲜酵母 20g，烫种 150g，水 650g，黄油 80g，盐 14g，糯米馅 800g。

【仪器和工具】

电烤箱、发酵箱、醒发箱、烤盘、打蛋器、搅拌器、电子秤、筛子、盆、刮刀、刀具。

【制作方法】

① 将除黄油外的所有材料加入打面缸中，慢速 3min，搅拌成团。

② 快速 2min，拉出粗糙面膜后，加入黄油。

③ 慢速 3min，让黄油完全融入面团，并可以拉出光滑面团。

④ 取出面团，面团温度为 26℃，调整成表面光滑的状态。

⑤ 常温 25℃，基础发酵 60min 后，分割成每个 250g。

⑥ 预整型为圆形，常温松弛 20min。

⑦ 最终成型，先排气，将面团整成直径为 15cm 的圆形。

⑧ 包入 100g 糯米馅。

⑨ 两边对折，呈现一个三角形。

⑩ 最终成型为三角形，捏紧接口。

⑪ 均匀摆放在烤盘中，放入温度为 30℃、湿度为 75% 的醒发箱中，发酵 60min。

⑫ 最终发酵完成后，表面放上模具，筛低筋粉。

⑬ 三个角划刀口，每个角划两刀。

⑭ 上火 210℃、下火 180℃，蒸汽 5s，烘烤 12min，出炉即可。

技能训练三　创意月饼设计制作

【原料准备】

糯米粉 70g，红豆沙 200g，玉米油 25g，玉米淀粉 25g，牛乳 200g，红糖 20g。

【仪器和用具】

电磁炉、锅、微波炉、打蛋器、搅拌器、月饼模具、电子秤、筛子、盆、刮刀、刀具、冰箱。

【制作方法】

① 红豆煮熟打碎后炒制，炒至略干加入适量红糖，继续炒。炒至用铲子铲起一块红豆沙不会掉落就可以了，不必炒得太干，因为冷却后还会变得再干一些。

② 糯米粉 50g，玉米淀粉 25g，玉米油 25g，白糖 20g，牛乳 200g 放入一个大平盘中搅匀。

③ 放入微波炉高火 5min，每隔 1min 取出搅拌一次。

④ 晾凉后揉匀，把剩下的 20g 糯米粉也用微波炉烘熟备用。

⑤ 冰皮 30g 一个，红豆沙馅 35g 一个。

⑥ 包好后在月饼模内撒少许熟糯米粉压出月饼形状。

⑦ 做好的月饼冷藏后再吃口感更好。

模块三
挂面方便面加工技术

项目一
挂面加工技术

知识目标

了解挂面的起源与发展；掌握挂面生产原料辅料的选择；掌握挂面的加工工艺、原理和技术；掌握挂面质量标准，影响产品质量的因素及控制方法。

能力目标

能够制作鸡蛋挂面和杂粮挂面。

职业素养目标

树立正确的学习态度，保持自信心、平常心和谦虚的品德；热爱食品专业，具备食品从业者必备的职业道德；提升实际操作、团队协作等综合职业素质。

学习单元一　一般挂面加工技术

面条的种类繁多，如挂面、拉面、烩面、刀削面、板面、担担面、方便面等。挂面由于湿面条挂在面杆上进行干燥而得名，是以小麦粉添加盐、碱、水经悬挂干燥后切制成一定长度的干面条。其是我国各类面条中生产量最大、销售范围最广的首要品种，占全部面条制品的90%左右。

一、挂面的分类

1. 按小麦粉的等级分类

挂面按小麦粉的等级分为：富强粉挂面、上白粉挂面、标准粉挂面。

2. 按面条的宽度分类

挂面按面条的宽度分为：龙须面或银丝面1.0mm、细面1.5mm、小阔面2.0mm、中阔面3.0mm、特宽面或玉带面6.0mm。

3. 按口味分类

挂面按口味分为：咸面、甜面、辣面。

4. 按花色分类

挂面按花色分为：鸡蛋挂面、番茄汁挂面、菠菜挂面、绿豆挂面、牛乳挂面、鱼肉挂面、氨基酸强化挂面等。

二、挂面加工原理

原辅料经过混合、搅拌、静置熟化成为具有一定弹性、塑性、延展性的面团，将该面团用多道轧辊压成一定厚度且薄厚均匀的面片，再通过切割狭槽进行切条成型，随后悬挂在面杆上经脱水干燥至安全水分后切断、包装即为成品。

三、挂面加工配方

挂面生产的原料一般为面粉、水、食盐、食用碱。其中食盐、食用碱的添加量以小麦粉的量为标准，加入量为小麦粉重量的百分比（表 3-1）。

表 3-1 挂面配方

配料	挂面专用粉	水	食盐	食用碱
比重	100%	28%～35%	2%～3%	0.1%～0.3%

四、挂面加工工艺流程

挂面生产分为和面、熟化、压片、切条、干燥、切断、称量、包装、检验等工序。图 3-1 为挂面加工工艺流程。

五、挂面加工原辅料

1. 原料

(1) 面粉 挂面生产用粉一般采用面条专用粉，小麦粉质量的优劣特别是面筋的含量和质量直接影响着挂面的生产过程及成品质量。挂面加工一般选用湿面筋含量在 28%～32% 的中筋面粉（筋力过小，挂面易断；筋力过大，易收缩，弯曲，干断面多），延展性好。对淀粉、粗纤维、脂肪、色素也有一定的要求。

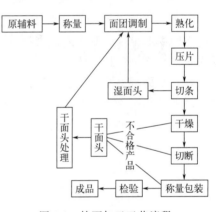

图 3-1 挂面加工工艺流程

面粉的储存：新麦粉和新磨制的面粉，须经伏仓处理或添加成熟剂后才能制作挂面。储存作用：使面筋适度熟化。粉色变白：含有胡萝卜素、黄酮素，而使面粉呈浅黄色，由于氧化作用，使色素中的发色基团的共轭双键遭到破坏而变白。

(2) 水 水是挂面生产的主要原料之一，要求符合国家一般饮用水标准，加入量仅次于面粉。水在制面中具有极其重要的作用，水质的好坏对挂面工艺和产品质量均有影响，特别是水的硬度，要求用 1～2°dH 的极软水，即硬度<10°dH。硬度太高，硬水中金属离子与面粉中蛋白质、淀粉结合，会降低面筋的延展性和弹性。使用水的 pH 值应处于中性，过酸使面筋过软；过碱影响蛋白质溶解性。

水在制面中的主要作用：

①使面粉形成可塑性面团；②促进面筋形成；③调节面团湿度，便于轧片；④溶解盐、

碱和其他可溶性辅料；⑤干燥时作为传热介质。

2. 辅料

(1) 食盐 食盐在挂面中的作用如下。

① 能收敛面筋，增强面筋的弹性和延展性，改善面团的工艺性能，提高面团的内在质量，减少湿断条。

② 食盐具有较强的渗透作用，能促进水分在小麦粉中快速扩散，从而加快面团的成熟进程。

③ 食盐具有一定的保湿作用，使挂面在烘干时内部水分朝表面迁移速度加快，在一定程度上减少因烘干引起的酥面现象，能避免湿面条断条。

④ 食盐在某种程度上还能抑制杂菌生长，防止湿面条酸败。

⑤ 具有调味的作用。

使用量：一般为面粉重量的2%～3%，加盐过多，影响面筋形成。（随季节改变，梅雨季节可不加或少加）

(2) 食用碱 挂面常用碱有碳酸钠（Na_2CO_3）和碳酸钾（K_2CO_3）两种。碱的作用如下。

① 具有收敛面筋的作用，能强化面筋，改善面团的黏弹性，使面团具有独特的韧性、弹性和滑爽性，使制品烹调时不浑汤。

② 使面条表面光滑，出现淡黄色的外观。

③ 使面条产生一定的独特的碱性风味，吃起来特别爽口。

④ 中和面粉中的游离脂肪酸，减少其对面筋的危害，并延长湿面条的保存时间。

碱的添加量，一般为面粉重量的0.1%～0.2%，需用水溶解后加入面粉，过多促使淀粉糊化，易浑汤，且破坏维生素。

(3) 增稠剂 增稠剂的种类：褐藻酸、海藻酸钠、黄原胶、变性淀粉、羧甲基纤维素钠等。增稠剂作用：提高面团持水性和黏性，增强黏弹性和抗老化功能。

其他品种改良剂：磷酸盐、焦磷酸盐、抗坏血酸、碘酸钾等。

(4) 调味剂和营养强化剂 常用的有鸡蛋、豆粉、牛奶、维生素、矿物质、氨基酸、膳食纤维、活性物质等。

六、挂面加工过程

1. 面团调制

面团调制又称和面、调粉、打粉。它是挂面加工的第一道工序。面团调制效果的好坏直接影响产品质量，同时与后几道工序的操作关系很大。

(1) 基本原理 在面粉中加入适量的水和其它辅料，经过一定时间的搅拌，使小麦粉中所含的麦胶蛋白和麦谷蛋白吸水膨胀，相互粘连，逐步形成具有一定韧性、黏性、延展性和可塑性的湿面筋网络结构。与此同时，小麦粉中在常温下不溶于水的淀粉粒子吸水湿润，逐步膨胀饱满起来，并使其胶化后的淀粉被面筋网络所包围，从而使原来没有黏弹性、延展性和可塑性的小麦粉转变成为具有黏弹性、延展性和可塑性的湿面团，为后续工序和具有良好的烹调性能准备条件。

(2) 面团调制的过程 面团调制的过程即和面：加水量30%～35%；和面用水温度25～30℃；和面时间15～20min。其过程可概括为四个阶段，即原料混合阶段、面筋形成阶段、成熟阶段、强化阶段。

① 原料混合阶段：此阶段包括各种固态原料混合及随后的面粉与水有限的表面接触和黏合，其结果是形成结构松散的粉状或小颗粒状混合物料，大约需时5min。

② 面筋形成阶段：水分从已经湿润的面粉颗粒表面渗透到内部，面团中有部分面筋形成，进而出现网络结构松散、表面粗糙的胶状团状物。此阶段需5～6min。

③ 成熟阶段：团块状面团内聚力不断增强，物料因摩擦而升温，面筋弹性逐渐增大。由于水分不断向蛋白质分子内部渗透，游离水减少，使团块硬度增加。同时，由于物料间不断相互撞击、摩擦，使团块表面逐步变得光润。此阶段需6～7min。

④ 强化阶段：成熟阶段的面团有一定的黏弹性，但延展性和可塑性不够，通常需要在成熟阶段后继续低速调制1～2min，才能使面团既具有一定的黏弹性又具有较好的延展性和可塑性，从而完成面团的调制过程。

(3) 面团调制的设备 目前，生产上普遍使用的调粉机有卧式和立式两种。卧式调粉机在我国应用较为广泛，按搅拌轴分为单轴和双轴两种。双轴调粉机面团调制效果较好，它是由搅拌桶、搅拌轴、卸料部件、传动装置、进水管等组成。

挂面生产中常使用双轴调粉机，其工作原理是：两条平行且上有搅拌叶片的搅拌轴由外向内相向旋转，连续搅拌，同时，通过轴两端的螺旋叶片不断翻滚物料，使面粉不断沿轴向循环流动。面粉与水在搅拌桶内翻滚混合，初步形成面团。其工作原理如图3-2、图3-3所示。常用的卧式双轴调粉机主要技术参数见表3-2。

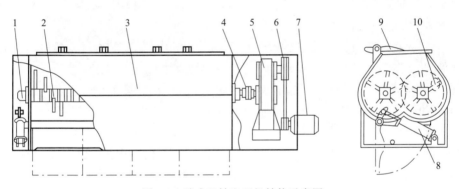

图3-2 卧式双轴和面机结构示意图

1—轴承座；2—搅拌轴；3—箱体；4—联轴器；5—减速器；6—传动带及大小链轮；
7—电动机；8—汽缸；9—盖；10—搅拌轴（桨叶）

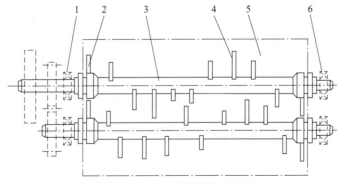

图3-3 和面机的轴与齿杆示意图

1—转动齿轮；2—刮齿；3—搅拌轴；4—齿杆；5—缸体；6—轴承

表 3-2　卧式双轴调粉机主要技术参数

参数	数值			
转子直径(Φ)/mm	450	450	450	450
转子长度/mm	1200	1500	1800	2000
动力配置/kW	5.5	7.5	11	15
调粉量/(kg/次)	125～150	175～200	225～250	275～300
产量/(kg/h)	500～600	700～800	900～1000	1100～1200

立式连续调粉机是将小麦粉和水按比例投入调粉机，在1200r/min的高速旋转下产生气流，小麦粉和水在雾化状态下接触，面粉快速而均匀地吸水，形成具有良好加工性能的面团。此种机型面团调制效果较好，并可实现连续生产。

(4) 面团调制的工艺要求　各种原辅料混合均匀，面筋蛋白、淀粉吸水润胀，二者结合形成具有一定黏性和可塑性的面团。料坯呈散豆腐渣状的松散颗粒，并且干潮适当，色泽均匀，不含生粉，手握能成团，轻轻揉搓能松散成小颗粒。

(5) 面团调制的技术要求

① 确定原辅料用量，并进行预处理。要固定每次加入调粉机的面粉量，一般要求面粉在面团调制前要过筛，以去除杂质同时使面粉疏松。同一批面粉每次面团调制的加水量要基本相同，而且要一次加好，不可边调制边加水，否则由于加水时间先后不同，造成小麦粉吸水不均，影响面筋的形成。食盐、食用碱及其他食品添加剂要根据工艺要求定量，在碱水罐中按要求加入食盐及其他添加剂并充分溶解备用。

② 检查调粉机电源情况以及底部卸料闸门关闭是否正常，同时查看调粉机内有无异物。

③ 检查碱水定量罐，启动盐水泵，在定量罐中加入盐水。

④ 正式调粉前要先试车，启动搅拌轴空转3～5min，确保设备完好后停车加入面粉。

⑤ 加面粉开始搅拌，然后加水，加水时间为1～2min。搅拌时间控制在15～20min，中途一般不停车。要控制好面团调制温度，通过调整水温来保证面团调制温度在25～30℃。(水温根据面粉中最适蛋白质吸水温度来掌握。实践证明，面粉中蛋白质的最佳吸水温度为30℃左右，温度达到50℃以上时，蛋白质受热变性影响湿面筋的形成)

⑥ 搅拌完成后，打开卸料开关，将面团放入熟化喂料机中。待面团全部放出后再停止调粉机轴转动，关闭卸料阀门。

(6) 面团调制过程中应注意的问题

① 原辅料的使用与添加：首先是面粉应符合要求，特别是湿面筋含量应不低于26%，一般为26%～32%。另外是水的质量和加水量，加水过多，面团过软，造成压片困难，而且湿断条增多；加水过少，面团过硬，不利于压片，断条增多，而且面筋形成不良，使面团工艺性能下降，影响面条质量。实际生产中，挂面面团调制的加水量一般控制在25%～32%。可根据面粉中面筋情况增减水量，一般按面筋量增减1%，加水量相应增减1%～1.5%。还要根据不同品种挂面中添加的其他物质的含水情况来调整加水量，科学地配制盐水，根据投料量、加水量、加盐率计算加盐量，在盐水罐中准确配制。

② 面头加入量：挂面生产中产生的干、湿面头回机量也会影响面团调制效果。湿面头可以直接加入调粉机中，但一次不可添加太多，否则易引起调粉机负荷太重，同时面筋弱化也会较为严重。干面头经过一定的处理，其品质与面粉相差较大，因而回机量一般不超

过15%。

③ 面团调制时间：面团调制时间的长短对面团调制效果有明显的影响。面团调制时间短，影响面团的加工性能；面团调制时间过长，面团温度升高，使蛋白质部分变性，降低湿面筋的数量和质量，同时使面筋扩展过度，出现面团过熟现象。比较理想的调粉时间为15min左右，最少不低于10min。

④ 面团温度：温度对湿面筋的形成和吸水速度均有影响。面团温度是由水温、面温、散热、机械吸热共同决定的，实际生产中调整面团温度主要靠变化水温。面团的最佳温度为30℃左右，由于环境温度不断变化，面粉温度也随之变化，水温也需要跟着调整。

⑤ 调粉设备及搅拌强度：面团调制效果与调粉机形式及其搅拌强度有关。在一定范围内，搅拌强度高则面团调制时间短，搅拌强度低则需延长面团调制时间。搅拌强度与调粉机的种类及其搅拌器结构有关。

⑥ 操作不当：面团调制过程中遇到停机重新启动时，必须先取出部分面团以减轻负载后再行启动。若不减负载强行启动，易使搅拌轴产生内伤，甚至发生断轴事故。另外，在实际操作中，要严格执行操作规程，湿面头要陆续少量均匀加入。

2．熟化

(1) 熟化原理 挂面制作中"熟化"，俗称"醒面"或"存粉"，将调粉机中和好的颗粒状面团静置或在低温条件下低速搅拌一段时间，促使水分子最大限度地渗透到蛋白质内部，使面团内部各组分更加均匀分布，面筋结构进一步形成，面团结构进一步稳定，面团更加均质化，面团的黏弹性和柔软性进一步提高，工艺特性得到进一步改善，使面团达到加工面条的最佳状态，这个过程称为熟化。熟化是面团自然成熟的过程，是面团调制过程的延续。

(2) 熟化设备 熟化设备依其结构分为立式、卧式和输送带式。立式熟化机一般为盘状，也称圆盘式熟化机，主要由机体、搅拌杆、开卸料装置、传动装置等部分组成。该设备的特点是转速低、熟化效果好，同时，结构紧凑、占地面积小、易于清理，但较易结块，喂料有些困难。卧式熟化机结构较为简单，制造、安装、维修均比较方便，但转速稍快，影响熟化效果。输送带式熟化机的主要结构为一条输送带，输送带端部设有旋转拨杆，同时配有面团破碎机。该机熟化效果好，面粉结块现象不会影响熟化操作，但其制造成本较高、价格较贵，通常用于对熟化过程要求较高的产品中。

(3) 熟化工序的主要作用

① 使水分最大限度地渗透到蛋白质胶体粒子的内部，使之充分吸水膨胀，互相粘连，进一步形成面筋网络组织。

② 通过低速搅拌或静置，消除面团的内应力，使面团内部结构稳定。

③ 促进蛋白质和淀粉之间的水分自动调节，达到均质化，起到对粉粒的调节作用。

④ 对下道复合压片工序起到均匀喂料的作用。

(4) 影响面团熟化效果的主要因素 熟化时间、熟化温度及搅拌速度等都能影响面团熟化的效果。

① 熟化时间：熟化的实质是依靠时间的推移来自动改善面团的工艺性能，因而熟化的时间就成为影响熟化效果的主要因素。在连续化生产中，熟化时间一般控制在20min左右。

② 熟化温度：温度高低对熟化效果有一定的影响。比较理想的熟化温度是25℃左右。

③ 搅拌速度：搅拌速度以既可以防止静置状态下面团结块，同时又能满足喂料要求为

原则。对于立式熟化机,其搅拌杆的转速一般为5r/min左右。

3. 压片与切条

压片与切条是将松散的面团转变成湿面条的过程。此过程是通过压片机与切条机来完成的。

(1) 压片 压片对面条产品的内在品质、外观质量及后续的烘干操作都有较大的影响。

① 压片的基本原理 将熟化好松散的颗粒状面团送入压面机,用先大后小的多道轧辊对面团碾压,形成厚度为1~2mm的面片,在压片过程中进一步促进面筋网络组织细密化及相互黏结,使分散、疏松、分布不均匀的面筋网络变得紧密、牢固、均匀,从而使得面片具有一定的韧性和强度,为下道工序做准备。压片基本过程如图3-4所示。面团从熟化喂料机进入复合压片机中,两组轧辊压出的两片面带合二为一,再经过连续压片机组的辊轧逐步成为符合产品要求的面片。

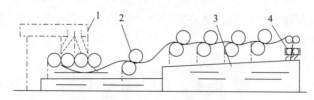

图 3-4 压片过程示意图
1—熟化喂料机;2—复合压片机;3—连续压片机;4—成型机

② 压片的设备 压片是通过复合压片机组来完成的。复合压片机组由复合压片设备与连续压片设备组成。

复合压片设备主要由两组初压片装置和一组复合压片装置及面带输送结构等组成。连续压片设备主要由多组压片装置组成,通常是4~6组,生产线产量越大则组数越多,而且各组轧辊直径由前向后逐渐减小。复合压片设备及连续压片设备的主要技术参数见表3-3。

表 3-3 复合压片设备及连续压片设备主要技术参数

复合压片设备		连续压片设备	
初轧辊直径/mm	239	轧辊组数	5
复合轧辊直径/mm	299	轧辊直径/mm	240,180,150,150,120
轧辊宽度/mm	320	轧辊宽度/mm	320
压片厚度/mm	3~6	压片厚度/mm	2.8,2.2,1.7,1.3,1.0
动力配置/kW	4	动力配置/kW	5.5

③ 压片的工艺要求 面片厚薄均匀、平整光滑、无破损、无洞孔,色泽一致,并有一定的韧性和强度。

④ 压片的技术要求 保证面带运行正常、无跑偏、无连续积累、无拉断现象。按工艺要求确定压延比,调好轧距,空车运转确认机器正常后再行操作。复合压片装置落料斗内面团高度达2/3时,启动复合压片机和连续压片机开始压片。压片过程中要根据具体情况随时对轧距进行微调,以确保面带正常运行,一般最后一组轧辊的轧距是调定不变的。

⑤ 影响压片效果的因素

a. 面团的工艺性能 含水量适宜、干湿均匀、面筋网络结构良好的面团其轧成的面片质量好，反之则面片的韧性、弹性差，易出现断片、破损片。

b. 压延比　压延比也称轧薄率，是指压片前后面片薄厚之差与压片前面片厚度的百分比，要获得内部结构理想的面片需经过多次压片成型。在复合压片过程中，压力的大小与面筋网络细密化程度有密切的关系。在压力达到某极限之前，压力大对面筋网络组织细密化有利，但若超过某一极限，对面片进行急剧过度压延，会使面片中已经形成的面筋撕裂，面片的工艺性能下降。生产中通过控制压延比来调节压延程度。第一道压延比一般为50%，以后各道的压延比应逐渐减少，一般依次为40%、30%、25%、15%、10%。初压面片厚度通常为4～5mm，末道面片减薄为1mm。

c. 压延道数　压延道数是在整个复合压片设备中所配备的轧辊对数。当复合压延前后面片的厚度一定时，压延道数少则压延比大，反之则压延比小。一般认为，比较合理的压延道数为7道，其中复合阶段为2道，连续压片阶段为5道。

d. 压延速率　是指面团压延过程中面带的线速度。各道轧辊的转速及压延比影响压延速率。轧辊的转速过高，面片被拉伸速度过快，易破坏已形成的面筋网络，且光洁度差。转速低，面片紧密光滑，但产量低。一般线速度为20～35m/min。

（2）切条　将成型的薄面片纵向切成一定长度和宽度的湿面条以备悬挂烘干的过程称为切条。

① 切条的设备　一般由面刀、篦齿（面梳）、切断刀等部件组成，如图3-5所示。面刀的作用是将面带切成一定宽度的面条。面梳的作用是将面刀切好的面条铲下，并清理面刀齿槽内所黏附的面屑。切断刀的用途是将从面刀切下而下落的湿面条切成所需长度。

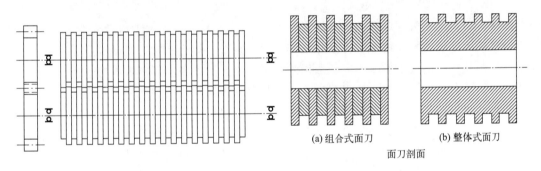

图 3-5　面刀结构

② 切条的工艺要求　切成的湿面条表面要光滑、厚度均匀、宽度一致、无毛边、无并条，而且落条、断条要少。

③ 切条的技术要求　选择加工精度优良的切条设备，调整好面刀的啮合深度。精度优良的面刀啮合深度为0.1～0.2mm，啮合深度过大会增加磨损，降低面刀使用寿命。面梳压紧度要合理，不可过紧过松。面屑太多时，注意检查面刀表面是否粗糙及面梳和各导板安装是否准确。

④ 影响切条效果的主要因素　面片质量对切条成型效果有重要影响，面片含水量高以及面片有破边破洞均会增加面条断条量。面刀的机械加工精度不高，易出现并条现象。若面梳压紧度不够，则切刀齿槽内的杂质不易清理，造成面条表面不光洁。

（3）压片与切条中需注意的问题　在压片与切条工序中常由于压片及切条设备加工精度与装配精度不够、前期面团调制操作不当、复合机喂料不足等，出现面带运行不平衡、面带跑偏、面带破损、面带拉断、湿面条毛刺、并条等问题。

① 设备调试不精确　在压片过程中，调好轧距是很重要的。若各道轧辊之间的轧距没有调好，会造成面带运行不平衡，即通过前后压辊的面带流量不均，出现面带时松时紧甚至下垂拖地或面带断裂的现象。轧距调整不精确还会使一对轧辊的两条轴线不平行，发生面带跑偏现象。另外，面刀的加工精度和装配精度不够会使湿面条产生毛刺或并条。

② 喂料不足　复合机喂料不足或短暂断料，会使面带上出现大小不等的孔洞或面带侧边出现不规则破损，湿断头明显增多，影响生产。

③ 面团水分不稳定　面团水分不稳定会引起面带时紧时松，从而发生断裂或下垂。面团水分过多易结块，造成喂料不畅，使面带破损。

4．干燥

挂面的干燥是用生面条进行干燥，面条内部淀粉尚未糊化，蛋白质尚未热变性而凝固，面筋网络包围淀粉微粒的组织结构尚未完全形成。挂面干燥是挂面生产工艺中十分重要的工序，它直接影响到挂面正常烹调性能和挂面产品质量。如果干燥不当，会发生酥条，降低挂面成品质量，严重影响生产的正常进行，因此必须予以高度重视。

(1) 干燥的基本原理　挂面的干燥是在温度、相对湿度、通风及排潮四个条件相互配合下，湿面条的水分逐渐向周围介质蒸发扩散，再通过降温冷却固定挂面的组织和状态的过程。当湿面条进入干燥室内与热空气直接接触时，面条表面首先受热，出现"表面化"，使表面水分含量降低，产生面条内外水分差。当热空气的能量逐渐转移到面条内部，面条内温度上升，并借助内外水分差所产生的推力使内部水分出现由内向外移动的"水转移过程"。"表面汽化"和"水分转移"协调进行，面条逐步被干燥。

关键点：内部水分转移的速度等于或略大于表面水分汽化的速度。(注意避免温度梯度)

(2) 干燥的设备　烘房主要由供热系统、通风系统、烘道和输送机械等组成。不同的挂面干燥工艺其相应的设备类型不同。采用静置干燥工艺的设备为固定式烘房，采用移动干燥工艺的为移动式烘房。目前生产上普遍采用的是移动干燥工艺，因此移动式烘房常见。

移动式烘房是一种连续的烘干装置，分为多行和单行移动两种方式，也称隧道式和索道式。生产上大多采用多行移动隧道式烘房，其特点是挂面多行并列进入烘房，行数为3～9，由总体传动装置通过传动轴带动各行链条在烘房内运动。索道式烘房是我国从日本引进挂面自动生产线上的烘干设备，挂面在传动钢索或链条的作用下呈单行运行，干燥时间较长，约需8h，挂面品质较好。目前新设计的挂面车间多采用索道式烘房。

(3) 干燥的过程　挂面的干燥过程一般分为三个阶段进行，即预备干燥阶段、主干燥阶段及完全干燥阶段。

① 预备干燥阶段　此阶段亦称冷风定条阶段。刚进入干燥室的湿面条由于水分含量较高，在悬挂移动中很容易因自身重量而拉伸，易造成断条。预备干燥阶段的主要任务是将湿面条表面的自由水除掉，使其逐渐从可塑体转向弹性体，增加湿面条的强度，提高它悬挂移动中的拉力，防止在干燥初期出现大量落面的现象，达到初步定型的目的。

② 主干燥阶段　此阶段是湿面条干燥的主要阶段，也是关键阶段。在此阶段，湿面条失去的水分占总失水量的80%以上，包括保湿出汗阶段及升温降湿阶段。

保湿出汗阶段：此阶段是内蒸发阶段，其主要目的是加速水分的内扩散，使外部汽化和内部扩散保持平衡，为下阶段水分的迅速蒸发创造条件。保持干燥房内较高的相对湿度，控制表面水分蒸发速度是实现外部汽化和内部扩散平衡的关键。

升温降湿阶段：此阶段是全蒸发阶段，面条水分在内外扩散基本平衡的基础上加速扩散和蒸发。升高干燥介质温度、降低其湿度可加速表面水分的去除。

③ 完全干燥阶段 此阶段亦称降温冷却阶段。经过全蒸发阶段的高温低湿干燥，面条水分已大部分去掉，借助主干燥的余温，依靠通风，在面条降温散热的同时，除去部分水分，保持面条内外水分和温度的平衡。各阶段主要技术参数见表3-4。

表 3-4 挂面干燥各阶段主要技术参数

干燥阶段		温度/℃	相对湿度/%	占总干燥时间/%	风速/(m/s)	挂面水分含量/%
预备干燥		25～30	85～90	15～20	1.0～1.2	27～28
主干燥	保湿出汗	35～45	80～90	20～25	1.5～1.8	25 以下
	升温降湿	45～50	55～60	25～30	1.5～1.8	16～17
完全干燥		20～30	55～65	20～40	0.8～1.0	14.5 以下

（4）挂面干燥的技术要求

① 预备干燥阶段 湿面条进入干燥室初期，一般不加温，只通风，不排湿或少排湿，自然蒸发为主。干燥温度为室温或略高于室温，即干燥室的温度控制在 25～30℃，相对湿度控制在 85%～90%。此阶段干燥时间占总干燥时间的 15%～20%，湿面条的水分含量由 35%～40%下降为 27%～28%。

② 主干燥阶段 前期的保湿出汗阶段干燥温度为 35～45℃，相对湿度为 80%～90%，干燥时间为总干燥时间的 20%～25%，湿面条的水分下降为 25%以下。后期的升温降湿阶段要加大通风，适当升高温度降低湿度，此阶段干燥温度为 45～50℃，相对湿度为 55%～60%，干燥时间为总干燥时间的 25%～30%，湿面条的水分含量下降为 16%～17%。

③ 完全干燥阶段 此阶段不再加温，而是以每分钟降低 0.5℃ 的速度将干燥温度降至略高于室温，相对湿度为 55%～65%。在面条降温散热的同时，除去部分水分，使挂面的含水量达到 14.5%以下。降温速度不可太快，否则会因面条被急剧冷却而产生酥断现象。干燥时间占总干燥时间的 20%～40%。

（5）挂面干燥中应注意的问题 挂面干燥中最需注意的是出现酥面问题。酥面是挂面表面或内部出现纵裂或龟裂的现象，其外观呈灰白色，毛糙不平直，质地酥脆，无弹性，易断裂，煮熟后为短碎状。挂面干燥过程中，由于面条外部与热空气接触面积较大，升温较快，而热能转移到面条内部的速度较慢，会出现面条表面汽化速度高于其内部水分转移速度。随着速度差的增大，产生的内应力会破坏面筋完整的网络结构，出现酥面现象。

原料方面面粉筋力低，未经后熟期，和面不当；压片操作：面带厚度不均；干燥过程中表面"硬结"，冷却过快；回机面头添加量太大；干燥设备和技术不合理也会引起挂面产生酥面，生产中应引起重视。要合理设计烘干工艺，以挂面内部水分向外转移的速度作为控制点，调节挂面表面水分的蒸发速度，达到平衡两者速度的目的。在整个干燥过程中，温度、湿度不可剧烈波动，其变化曲线应平滑，合理选择和控制干燥参数尤为重要。

5．切断、称量与包装

（1）切断 干燥好的挂面要切成一定长度以方便称量、包装、运输、储存、销售流通及食用。挂面的切断对产品的内在质量没什么影响，但对干面头量影响很大。切断工序是整个挂面生产过程中产生面头量最多的环节,因而在保证按要求将长面条切成一定长度挂面的同时,还要尽可能减少挂面断损,把断头量降到最低限度。我国挂面的切断长度大多为200mm或240mm,长度的允许误差为±1.0mm。切断断头率控制在6%～7%。

常用的切断装置有圆盘式切面机和往复式切面机。目前在我国应用较为广泛的切断设备是圆盘式切面机,该设备是利用圆盘锯片的旋转运动及面条输送带的运动来切断面条,切断过程中产生的碎面头可通过锯片下部的特定装置送出机外。

(2) 称量、包装

① 称量:称量是半成品进行包装前的一道重要工序,有人工称量和自动称量两种。目前我国绝大多数挂面厂仍采用人工称量的方法。称量的一般要求是计量要准确,要求误差在1%～2%。

② 包装:目前我国挂面包装多数是借助包装机由手工完成,也有采用塑料热合包装机和全自动挂面包装机来完成包装的。

6. 面头处理

挂面生产中产生的面头包括湿面头、半干面头和干面头三种,面头量一般占投料量的10%～15%。

(1) 湿面头 在切条、挂条、上架及烘房入口落下的面头称为湿面头。由于其性质与面机中原料小麦粉性质比较接近,可及时送入调粉机中与小麦粉混合搅拌,重新使用,然后进入下道工序。

(2) 半干面头 在烘房保湿出汗至高湿区落下的面头称为半干面头。由于这部分面头是在不同烘干阶段落下的,所以其含水量不同,与面团的性质也不一样,不能直接回入调粉机。对于半干面头常用的处理方法有两种,一种是将其浸泡后加入调粉机与小麦粉混合搅拌,另一种是将其干燥后与干面头掺和在一起再进行处理。

(3) 干面头 在烘房后部落下的面头以及在切断、称量、包装过程中产生的面头称为干面头。干面头的性质与原料面粉完全不同,其含水量与成品挂面的水分含量接近。干面头的处理方法目前主要有湿法处理和干法处理两种。湿法处理是将清理后的干面头浸泡30～60min,使其充分软化,再按一定比例掺入调粉机中与小麦粉一起搅拌。干法处理是将干面头粉碎过筛加工成干面头粉,再按一定比例掺入调粉机中与小麦粉一起搅拌。由于干面头面筋网络已受到一定程度的破坏,所以尽管将其处理后仍可加入调粉机中进行利用,但为了保证挂面质量,一般回机率不得超过15%。

七、挂面质量标准

1. 感官要求

色泽:色泽正常,均匀一致。

气味:气味正常,无酸味、霉味及其他异味。

烹饪性:煮熟后口感不黏、不牙碜、柔软爽口。

规格长度为180mm、200mm、220mm、240mm(±8mm);厚度为0.6～1.4mm;宽度为0.8～10.0mm。

2. 理化要求

挂面的理化要求见表3-5。

表 3-5 挂面的理化标准

项目		指标
水分含量/%	≤	14.5
酸度/(mL/10g)	≤	4.0
自然断条率/%	≤	5.0
熟断条率/%	≤	5.0
烹调损失率/%	≤	10.0

八、我国挂面行业的发展方向

近几年，面食需求有变化，全谷物、鲜湿面市场需求增大。行业竞争加剧，对挂面生产工艺提出了新的要求，所以，当前挂面产业正走在一个工艺与设备创新的关键路口。

1. 全谷物：健康营养前景广阔

挂面行业的创新总结为四个方面：新原料应用；工艺与装备，包括和面、面带复合与熟化、压延与切条挂杆、干燥与缓速、切断包装等；营养健康化，包括活性组分含量、高膳食纤维等；节能降耗。其中，新原料应用指全谷物原料的使用，包括杂粮、糙米粉、全麦粉等。

杂粮含有丰富的矿物质、维生素、膳食纤维及独特的生物活性物质，是健康、营养的食物来源，具有不同的健康促进作用。国际上对全谷物食品持续关注，全谷物食品消费迅猛增长。在我国，稻米与小麦是最主要的主食谷物，为了满足人们对健康膳食日益增长的需求，全谷物挂面越来越普及，市场前景广阔。

2. 鲜湿面：工艺创新开拓新市场

挂面行业竞争加剧，差异化、多元化是必然趋势。保鲜湿面（或名为水煮型熟食面），是将手擀面技术应用于工业化大生产的速食面制品。采用真空和面，恒温恒湿熟化，连续压延、水煮、水洗、酸浸、包装、巴氏杀菌等工艺加工而成，保持了传统水煮面的良好特性，达到了机器模拟的手擀面效果，具有营养、卫生、保质期长、携带和食用方便等特点。产品不需添加防腐剂，不经过高温高压，不油炸，营养破坏相对较少，保湿销售，面条筋道、鲜美、口感滑爽，只需要加热就可以，凸显便捷优点。

学习单元二 鸡蛋挂面加工技术

一、鸡蛋挂面的配方

鸡蛋挂面的原料有挂面专用粉、鸡蛋、食盐、食用碱等，其中食盐、食用碱和添加剂的加入量以小麦粉重量为标准，加入量为小麦粉重量的百分比（表3-6）。

表 3-6 鸡蛋挂面配方

配料	面粉	鸡蛋	食盐	碳酸钠	海藻酸钠、核黄素、栀子黄
比重	85%～90%	7%～10%	1%～3%	0.1%～0.2%	0.1%～0.2%

二、鸡蛋挂面加工工艺

鸡蛋挂面生产工艺流程如图 3-6 所示。

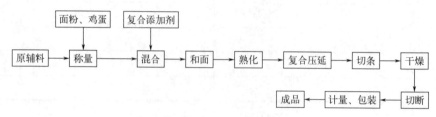

图 3-6　鸡蛋挂面生产工艺流程

三、鸡蛋挂面加工要点

1. 原料的选择与处理

（1）**面粉**　面粉符合普通挂面对面粉的要求，面筋含量要求大于 30%。

（2）**鸡蛋**　鸡蛋选用干净、无破损、无异味的新鲜鸡蛋。

（3）**食品添加剂**　食品添加剂主要有食盐、食用碱、海藻酸钠、核黄素、栀子黄等。

（4）**原料预处理**　面粉过筛；食盐、食用碱及其它添加剂溶解并过滤。

2. 和面

将称量好的原料粉加入和面机，加入适当比例的鸡蛋搅拌均匀，添加盐、碱等可溶性辅料时，需水溶后按比例加入，不得直接加入小麦粉混合。加水量应根据面粉的湿面筋含量确定，一般为 25%~32%，面团含水量不低于 31%；加水温度宜控制在 30℃ 左右；和面时间 15min，冬季宜长，夏季宜短。和面结束时，面团呈松散的小颗粒状，手握可成团，轻轻揉搓能松散复原，而且断面有层次感。

3. 熟化

熟化为促使水分子最大限度地渗透到蛋白质内部，进一步形成面筋质，改善面团的工艺性质。面团长时间的静置，会粘连结块。为防止面团结块，熟化一般都采用低速搅拌的方法。在面料能保持松散的颗粒状态和不影响供料的前提下，搅拌速度越慢越好，在 25℃ 条件下，以 8~10r/min 低速搅拌经过和面后的颗粒状面团 10~20min，使面团熟化。

4. 压片、切条

一般采用复合压延和异径辊轧的方式进行，技术参数如下。

压延倍数：初压面片厚度通常 4~5mm，复合前相加厚度为 8~10mm，末道面片为 1mm 以下，以保证压延倍数为 8~10 倍，使面片紧实、光洁。

轧辊线速：为保证面条的质量和产量，末道轧辊的线速以 30~35m/min 为宜。

压延道数和压延比：压延道数以 6~7 道为好，各道轧辊较理想的压延比依次为 50%、40%、30%、25%、15% 和 10%。

轧辊直径：合理的压片方法是异径辊轧，其辊径安排为复合阶段，Φ240mm、Φ240mm、Φ300mm；压延阶段，Φ240mm、Φ180mm、Φ150mm、Φ120mm、Φ90mm。

把经过若干道轧辊成型的薄面片，由面刀纵向切成一定形状和横向切成一定长度，以备悬挂烘干。切刀加工精度要高，啮合深度0.1～0.2mm。湿面条表面光滑，厚、宽度均匀一致，无毛边、并条，落条、断条少。

面片质量、面刀的加工精度、面梳压紧度、面条表面不光洁都影响切条效果，因此要把握好其工艺参数。

5．干燥

将切条后湿面条放入烘房进行干燥，挂面干燥是整个生产线中投资最多、技术性最强的工序，与产品质量和生产成本有极为重要的关系。生产中发生的酥面、潮面、酸面等现象，都是由于干燥设备和技术不合理造成的，因此必须予以高度重视。

第一阶段将切条后的湿面条在20～30℃温度下先冷风定条，去除部分表面水分，使面条从可塑体向弹性体转变，使湿面条强度增加，初步定型。运行时间占总时间的15％左右。

第二阶段主干燥阶段分为保湿出汗和升温蒸发，失去水分占总失水量的80％，是关键阶段。

保湿出汗：高温高湿环境，使外扩散与内扩散速度基本平衡，面条内部水分缓慢扩散到表面蒸发。运行时间占总时间的25％左右，相对湿度80％～85％，温度控制在35～45℃。

升温蒸发：高温低湿环境，加速表面汽化。措施：加大热风流量，提高温度。加大排湿量，降低湿度。运行时间占总时间的30％左右，相对湿度55％～60％，温度45～50℃。

第三阶段完全干燥阶段，即降温冷却，使面条温度逐渐接近烘房外温度，防止出烘房后突然遇冷而产生爆裂。措施：不加温，只通风，借助主干燥的余温，除去部分水分。运行时间占总时间的30％左右，降温速度为0.5℃/min。

6．切断

把从烘干室移行出来合格的挂面按工艺要求截成等长的面条，以利于包装。切断的挂面要长短一致、切口平滑、摆放整齐。

7．计量、包装

通过人工或设备计量后，把挂面包装成不同形式的成品。计量准确，包装整齐、紧密、不松散、无破损、整齐美观，袋装要求封口严密。

四、产品质量要求

1．感官指标

鸡蛋挂面呈淡黄色，鸡蛋含量达到国家标准，具有鸡蛋和挂面特有的香味，色泽正常，均匀一致。气味正常，无霉味、酸味、碱味及其他异味。煮熟后不糊、不浑汤，口感不黏、不牙碜，柔软爽口。

2．理化指标

鸡蛋挂面的理化标准见表3-7。

表3-7 鸡蛋挂面的理化标准

项目		指标
水分含量/％	≤	14.5
酸度/(mL/10g)	≤	4.0

续表

项目		指标
自然断条率/%	≤	5.0
熟断条率/%	≤	5.0
烹调损失率/%	≤	10.0

学习单元三　杂粮挂面加工技术

杂粮挂面可以根据在小麦粉中添加杂粮面不同的品种，分为荞麦挂面、燕麦挂面、青稞挂面、玉米挂面、黑豆挂面、黑米挂面、魔芋挂面、大豆挂面、山药挂面、甘薯挂面、葛根挂面、小米挂面、高粱挂面、绿豆挂面、籽粒苋挂面等。

一、杂粮挂面配方

杂粮挂面主要为小麦粉、杂粮粉、水、盐等。其中水、盐、添加剂的加入量为面粉重的百分比（表3-8）。

表3-8　杂粮挂面配方

配料	小麦粉	杂粮粉	水	盐	复合添加剂
比重	50%～70%	30%～50%	28%～30%	2%～3%	0.5%～1.5%

二、杂粮挂面加工工艺流程

杂粮挂面加工工艺流程如图3-7所示。

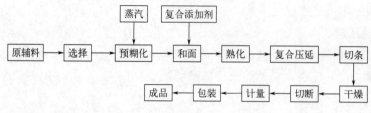

图3-7　杂粮挂面加工工艺流程图

三、杂粮挂面加工要点

1. 原料选择

小麦粉为硬质冬小麦粉，湿面筋含量≥12.5%，蛋白质含量≥12.5%，杂粮粉粗蛋白≥12.5%，灰分≤1.5%，水分≤14%，粗细度为全部能过CB30号筛绢。另外，与小麦粉"伏仓"（即储存）2～4周的要求相反，杂粮粉要随用随加工，存放时间不超过2周为宜，这样生产的杂粮挂面味浓。

2. 预糊化

将称好的杂粮粉放入蒸拌机中边搅拌边通蒸汽，控制蒸汽量、蒸汽温度及通气时间，使杂粮粉充分糊化。一般糊化润水量为50%左右，糊化时间10min。

3. 和面

将小麦粉、辅料等加水经机械搅拌形成散碎的面团,面团要求水分均匀,色泽一致,不含生粉,具有良好的可塑性和延展性。和面质量的好坏,直接影响其他工序的操作和产品质量,是挂面生产的重要环节。将小麦粉与复合添加剂充分预混合后加入预糊化的荞麦粉中,用30℃左右的自来水充分拌和。调节含水量至28%～30%,和面时间约25min。在确定加水量之前,还要考虑原料中蛋白质、水分含量的高低。小麦为硬质麦时,原料吸水率高,加水量要相应高一点,反之亦然。和面用的小麦粉、回机面头等要定量。要求面团的含水量不得低于30%,干面头回机量不得超过15%。

湿面头要及时回机,干面头粉必须通过CQ20筛绢,其他方法处理干湿面头必须保证卫生。无论干湿面头都必须按比例加入。

添加盐、碱等可溶性辅料时,需水溶后按比例加入,不得直接加入小麦粉混合。和面用水,应保持适宜温度,一般在20～30℃。开机之前先行检查机内有无杂物,然后启动和面机,注意检查是否有异常现象。

4. 熟化

熟化是面团进一步成熟,水分得到均匀分布,面筋充分形成,改善面团工艺性能的必备工序。熟化机转速一般不得超过10r/min(卧式熟化机可适当提高),机体内储料要控制在2/3以上。熟化时间要求10min以上,要与上下工序配套衔接,灵活掌握。面团如有成团结块现象,应用手工揉碎,以防堵塞下料口,影响轧辊进料,但要注意操作安全。

5. 压片

熟化后的面团,通过多轧辊,逐步压成符合规定厚度的面片。压片与挂面的外观和内在质量都有直接关系,是使挂面成型的重要环节。初压面片的厚度一般不低于4mm(两片复合前相加厚度不低于8mm),以保证面片最终承受8～10的压延倍数,使面片密实、光洁。面机的线速度与挂面产量成正比,一般规定末道轧辊线速度不大于0.6m/s,应保证产品质量。面片要逐道压延,较理想的压延比如下:50%、40%、30%、25%、15%、10%。面片要求光滑、紧密、厚薄均匀,无孔洞、无毛边。对不合格的面片,要及时回机。

6. 切条

挂面的成型工序,直接关系到挂面产品的外观质量。要求切出的面条平整、光滑、无毛刺、无疙瘩、无并条、无油污。切条质量关键是面刀,要保证面刀的机械加工精度,生产前要调试好面刀的啮合深度,两根齿辊的轴线要平行,运行时无径向跳动。

7. 烘干

挂面脱水定型的关键。已烘干的挂面要求平直光滑、不酥、不潮、不脆,有良好的烹调性能和一定的抗断强度。首先低温定条,控制烘干室温度为18～26℃,相对湿度为80%～86%,然后升温至37～39℃,控制相对湿度60%左右进行低温冷却。

8. 切断

机械必须与下架装置联结、配套,使用前要试车1min。挂面必须规定标准长度切断,切断的挂面,要长短一致、切口平滑、摆放整齐。

9. 包装

挂面生产的最后一道工序,使挂面产品便于运输、销售和储存。

四、杂粮挂面质量要求

1. 感官指标

杂粮挂面应有添加杂粮的特有色泽，具有杂粮特有的清香味，无霉味、酸味、碱味及其他异味。煮熟后不糊、不浑汤，口感不黏、不牙碜，柔软爽口。

2. 理化指标

杂粮挂面的理化标准见表3-9。

表3-9　杂粮挂面的理化标准

项目		指标
水分含量/%	≤	14.5
酸度/(mL/10g)	≤	4.0
自然断条率/%	≤	5.0
熟断条率/%	≤	5.0
烹调损失率/%	≤	10.0

复习思考题

1. 水在制面中的作用？
2. 食盐在制面中的作用？
3. 碱在制面中的作用？
4. 面团熟化的原理是什么？
5. 制面中压延的工艺要求有哪些？
6. 影响压片效果的因素有哪些？
7. 简述挂面的干燥过程。
8. 挂面生产过程中产生的面头种类有哪些？

数字资源

挂面加工技术

原辅料对和面效果的影响

和面原理要求及过程

和面过程中的物理、生物及化学变化　　挂面生产工艺对和面效果的影响　　挂面的干燥

酥面的产生及其预防措施

项目二
方便面加工技术

知识目标

掌握方便面的基本分类及原辅料要求与选择；掌握方便面加工工艺流程、原理和技术要点；掌握方便面质量检测标准，影响产品质量的因素和控制方法。

能力目标

能够掌握油炸方便面加工工艺及技术要点；能够掌握热风干燥方便面加工工艺及技术要点。

职业素养目标

具有强烈的事业心和社会责任感；培养学生具备拓展、创新等可持续发展能力；培养学生获取信息、分析问题和解决问题的能力。

学习单元一 油炸方便面加工技术

方便面，又称快食面、即食面、即席面。方便面是以小麦粉为主要原料，经和面、熟化、复合压延、切条折花工序等制成生面条，再经蒸煮使面条充分糊化，然后用油炸或热风干燥方式脱水，制成方便面。食用时只需用开水冲泡3~5min，加入调味料即可制成不同风味的面条。

特点：食用方便、风味多样、营养丰富、卫生安全、便于携带、价格低廉。一般方便面都是由面块和汤料两部分组成的。

一、方便面的种类

在分类上没有统一规定，习惯有3种分法。

1. 按干燥工艺分类

（1）**油炸方便面** 油炸方便面由于其干燥速度快（约90s），糊化度高，面条具有多孔性结构，因此复水性好、更方便、口感也好。但由于它使用油脂，因此容易酸败，口感和滋味下降，并且成本高。

（2）**热风干燥方便面** 热风干燥方便面是将蒸煮后的面条在70~90℃下脱水干燥，因此不容易氧化酸败，保存期长，成本也低。但由于其干燥温度低，时间长，糊化度低，面条内部多孔性差，复水性差，复水时间长。

2. 按包装方式分类

袋装方便面、碗装方便面、杯装方便面。

3. 按产品风味分类

红烧牛肉面、香辣牛肉面、红烧排骨面、香菇鸡块面、番茄打卤面、藤椒牛肉面、黑胡椒牛肉面等。

在脱水方便面不断发展的同时，高水分方便面，如速食煮面、冷冻熟面等也相继问世，使方便面产品不断推陈出新。

二、油炸方便面加工基本原理

方便面是以面粉为主要原料，通过面团调制、熟化、复合压延、切条折花成型、汽蒸（淀粉高度糊化、蛋白质变性）、油炸迅速脱水干燥等工序，制成的一种方便食品。

油炸干燥工艺由于脱水迅速，故糊化程度高，而且面条具有多孔性结构，复水性好，但由于产品中含有20%~24%油脂，成本较高，尽管使用饱和脂肪酸含量较高的棕榈油，但储存一段时间后，油脂会发生氧化酸败现象，产生油腻味，储存期短。

三、油炸方便面生产工艺流程

油炸方便面生产工艺流程如图3-8所示。

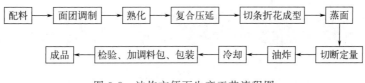

图3-8 油炸方便面生产工艺流程图

四、方便面加工的原辅料

1. 小麦粉

小麦粉是方便面生产的主要原料。用作油炸方便面的小麦粉，加工要求面筋含量为32%~34%，筋力较强；使用高筋粉的特点是，面条弹性好，复水时不易断条或软化，但糊化所需时间长且成本高（一般搭配使用）。日本方便面用小麦粉的标准：水分12%~14%，灰分0.4%，蛋白质9%~12%，湿面筋28%~36%。

2. 油脂

对油炸方便面来说，油脂质量占到方便面质量的20%左右，占总成本的50%左右。油脂的品质对方便面的品质和货架期都有重要影响。

油炸方便面用的油脂要求，口味好、价格低、性质稳定、保存性好、烟点高。质量要求：熔点30~40℃，AOM值超过60h。

目前油炸方便面大部分是使用棕榈油。棕榈油所含亚油酸、亚麻酸低于其他植物油，因而化学性质比较稳定，在低温和高温下发生氧化、分解反应的速度相对较慢。棕榈油的质量指标见表3-10。

表 3-10　棕榈油的质量指标

项目		质量指标
		成品棕榈油
熔点/℃		33～39
色泽(罗维朋比色槽133.4mm)	≤	黄 30　红 3.0
透明度		50℃澄清、透明
水分及挥发物/%	≤	0.05
不溶性杂质/%	≤	0.05
酸值(以氢氧化钾计)/(mg/g)	≤	0.20
过氧化值/(mmol/kg)	≤	5.0

3．鸡蛋

在制作方便面中通常会加入适量的鸡蛋，一般 100kg 面粉添加 1kg 鲜鸡蛋，可以增加面饼的营养价值、增进风味、改善色泽；使方便面具有多孔性，结构膨松；延缓方便面中淀粉的老化。

4．水

在方便面生产中，水的质量非常重要。不仅要满足生活饮用水的卫生标准，更要从提高面条品质的高度来重视水的质量。使用未经软化的自来水，硬度在 25°dH 以上，对面条质量有不良影响。我国生产方便面使用的水要符合《生活饮用水卫生标准》，软水<10°dH。

5．食盐

使用量一般为面粉重量的 2%～3%，增强面筋的弹性和延展性，改善面团的工艺性能，提高面团的内在质量；可促进面粉吸水，加快面团成熟；具有一定的保湿作用，使方便面在烘干时，能避免湿面条因烘干过快而引起酥面、断条；食盐在某种程度上还能抑制杂菌生长，防止湿面条酸败；具有调味的作用。

6．食用碱

一般为 Na_2CO_3 和 K_2CO_3，添加量为面粉重量的 0.1%～0.2%，用水溶解后加入面粉。有收敛面筋的作用，能强化面筋，改善面团的黏弹性，使面团具有独特的韧性、弹性，使面条表面光滑，出现淡黄色的外观。改进口味，复水性能好，口感滑爽，不浑汤。中和面粉中的游离脂肪酸，减少其对面筋的危害，并延长保存时间。碱的添加量过多促使淀粉糊化，易浑汤，且破坏维生素。

7．食品添加剂

方便面中使用的添加剂主要有面条中使用的品质改良剂、色素，以及油中使用的抗氧化剂等。用量一般为 0.2%～0.4%。

(1) 抗氧化剂　对于油炸方便面，常用丁基羟基茴香醚（BHA）、二丁基羟基甲苯（BHT）（0.2g/kg，加入增效剂柠檬酸可减少使用量）；维生素 E；特丁基对二苯酚（TB-HQ）；煎炸油稳定剂等抗氧化剂。

(2) 复合磷酸盐 由六偏磷酸钠、磷酸二氢钠、三聚磷酸钠、焦磷酸钠组成。

作用：增加淀粉化程度；提高吸水性、弹性，面条滑爽；增加面条黏弹性；淀粉分子交联，使耐高温蒸煮，保持淀粉胶体特征；提高面条的光洁度。

(3) 单,双甘油脂肪酸酯 作用：降低面条之间的粘连；提高面团持水性和分散性（乳化剂）；改善成品外观及口味，使面条光滑，油炸时油脂的分散程度提高，减少复水时液面的油花，防止面条老化。

(4) 瓜尔胶 添加量为面粉量的0.3%～0.5%。作用：与蛋白质作用，形成网络组织，增加面条筋力，使面条耐泡、耐煮、口感滑润；防止油炸时油脂的渗入，减少油耗；防止油炸时淀粉分子游离到油中，延缓油脂酸败。

(5) 羧甲基纤维素（CMC） 用于改善面团吸水性；加速调粉进程；增强面团吸湿性、持水性，利于糊化；降低油耗。

(6) 其他食品添加剂 改性大豆磷酸酯、核黄素、栀子黄、干酪素、鱼粉、活性面筋、维生素B等。

五、油炸方便面的配方

方便面主要由小麦粉、水、盐、碱等加工而成。其中水、盐、添加剂的加入量为面粉重的百分比（表3-11）。

表3-11 油炸方便面的参考配方

配料	小麦粉	水	盐	碱	复合添加剂
比重	100%	30%～35%	1%～3%	0.3%～0.5%	0.1%～0.3%

六、油炸方便面加工操作要点

1. 面团调制

面团调制是方便面生产的首道工序，将小麦粉及其他辅料拌和成具有良好加工性能的湿面团，使面团形成料坯状，吸水均匀充足，面筋扩展适宜，颗粒松散，粒度大小一致，色泽均匀，不含生粉，手握成团，轻轻搓揉仍能成为松散的颗粒面团。

(1) 面团调制的基本原理 面粉与水均匀混合时，面粉中的麦胶蛋白和麦谷蛋白吸水膨胀，被湿面筋网络包围。当一定的面筋网络形成之后，停止快打，以免已形成的网络被打断，开始慢打，使面筋进一步扩展延伸，形成的面团具有良好的加工性能。

(2) 面团调制的设备 方便面生产中使用的和面机大部分都是卧式双轴和面机，由机体、左右机架、搅拌轴、圆柱形或叶片形搅拌齿、卸料门、加水装置、传动和控制等部分组成。卧式双轴和面机的结构如图3-9所示，其主要技术参数见表3-12。

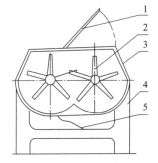

图3-9 卧式双轴和面机示意图
1—上盖；2—搅拌叶；3—壳体；
4—支架；5—底盖

表 3-12 和面机的主要参数

项目	数值	项目	数值
最大容量/kg	150	动力设备/kW	5.5
搅拌轴转速/(r/min)	78	外形尺寸/mm	2000×1000×1200
搅拌时间/min	15		

工作时两根轴通过两对螺旋形叶片不断地翻动物料，同时把两端的物料不断地向中间输送，使物料和水在转子的搅拌过程中，做对流和扩散运动。物料在机内周而复始地翻滚、左右混合，温度逐渐上升，其形状逐渐由白色粉状变为浅黄色的散豆腐渣状。经过一定时间的搅拌，小麦粉与水、辅料充分混合均匀，形成具有弹性、韧性、延展性、黏性的可塑性面团。

(3) 影响面团调制的因素

① 和面水温及和面温度　和面水温及和面温度过低，水分子动能低，蛋白质、淀粉吸水慢，面筋形成不充分。若温度过高，易引起蛋白质变性，导致湿面筋数量减少。因为蛋白质的最佳吸水温度在 30℃，当室温在 20℃ 以下时，建议用温水和面。

② 和面时间　和面时间长短对和面效果有很大影响，和面时间一般不少于 15min。时间过长，面团因为摩擦温度过高，蛋白质变性，面筋数量、质量有所下降。时间过短，混合不均匀，面筋不能充分形成。

③ 其他因素　此外，和面机的搅拌强度、水的质量都会影响和面效果。

2. 面团的熟化

面团的熟化是将调制好的面团放入熟化机"醒面"。熟化的作用：使水分最大限度地渗透到蛋白质胶体粒子的内部，使之充分吸水膨胀，互相粘连，进一步形成面筋网络组织；通过低速搅拌或者静置，消除面团的内应力，使面团内部结构稳定；促进蛋白质和淀粉之间的水分自动调节，达到均质化，起到对粉粒的调质作用；对复合压延工序起到均匀喂料的作用。熟化时间一般为 15min。熟化后的面团不能结成大块，整个熟化过程中不能升高温度。

3. 复合压延、切条、成型

(1) 复合压延　复合压延对于保证生产稳定和产品质量具有重要的作用。复合压延过程是料坯经两对轧辊轧成两条面带，然后通过一对轧辊复合成一条面带，再逐道压延到所需要的厚度。面片在某一道轧辊轧前和轧后厚度之差与轧前厚度的百分比，称为该道轧辊的轧薄率。一般第一道复合辊的轧薄率为 50%，以后各道随着面带厚度的减薄，轧薄率逐道减小，最后一道掌握在 20%～25%。

一般在复合阶段用 2 道轧辊，在压延阶段用 4～5 道轧辊就可以了，单片轧面一般采用 6～7 道轧辊。复合压延过程如图 3-10 所示。

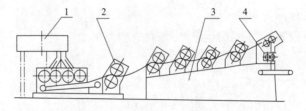

图 3-10　复合压延过程示意图

1—熟化喂料机；2—复合轧片机组；3—连续压片机组；4—成型器

(2) 面刀切条 压延好的面带通过面刀,一对相互啮合、有多条间距相等的凹凸槽、相对旋转的齿辊(由于齿辊凹凸槽的两个侧面相互紧密配合而具有剪切作用),使面带成为纵向分开的面条。在齿辊的下方,有两片对称且紧贴齿辊凹凸槽的铜梳,以清除被剪开的面条不让其黏附在齿辊上,保证切条能连续地进行。面刀有不同的型号,代表不同的切面宽度。

公制面刀号=30/面条宽度。

(3) 折花成型 为了增大面条间的空隙,防止蒸面时黏结,利于糊化和油炸,复水时间短,方便面制成波峰竖起、前后波峰相靠、连绵不断、波浪起伏的特殊形状波纹。

① 折花成型原理 面条在成型导箱内与导箱前后壁发生碰撞而产生扭曲;成型传送带的线速小于面条的线速,在成型带上,面条受到阻力,使面条成为连续的细小的波纹状面条。面条线速度与短网带、长网带线速度存在差异。面条、短网带速度比为7:1~10:1;短、长网带速度比为1:4~1:5。面条线速度和成型传送带的线速度是影响成型效果的主要因素:速度比大、波纹密;速度比小、波纹稀。

② 折花成型设备 折花成型设备如图3-11所示。

③ 影响折花成型的主要因素

a. 面带质量:面带水分含量、厚度、有无破损等。

b. 设备:面刀精度、成型导箱压力门的压力、面条与成型网带线速度等。

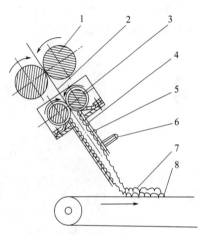

图 3-11 折花成型设备示意图
1—轧辊;2—面带;3—切刀;4—成型导箱;
5—压力门;6—配重;7—波纹状面条;
8—网带

④ 折花成型的工艺要求 面条光滑、波纹整齐、疏密适宜、无并条。

⑤ 折花成型的注意事项

a. 做好成型设备的调试工作,面刀啮合深度合理,面梳压紧度适宜;

b. 工作前全面检查设备,确认是否正常;

c. 随时检查花纹疏密均匀情况及有无并条;

d. 工作后及时清理成型器及面刀上的面屑。

4. 蒸面

蒸面工序是面块理化性质发生很大变化的一个工艺环节,将上一步切条折花成型的波纹面由生面制成熟面,是方便面加工过程中非常重要的一道工序。

(1) 蒸面的基本原理 利用蒸汽使淀粉受热糊化和蛋白质变性,面条的糊化度应达到80%以上,糊化程度越大,复水性越好;蛋白质45~50℃开始变性,55℃加速变性;水分稍有增加,提高1.0%~1.5%;煮熟一定程度,横断面略带白芯;质构的变化,体积膨胀,表面有光泽(微黄色),黏弹性增加。适当延长蒸面时间,提高面条的糊化度,可改善面条的食用品质。

(2) 蒸煮方法 一般采用常压蒸煮,高压蒸煮不能连续化生产、产量低、劳动强度高、蒸煮后面条黏性大。小麦淀粉完全糊化的温度约为64℃,所以蒸面的温度要大于64℃,蒸面又在连续蒸面机上常压蒸煮,温度最高达到100℃,因此一般进口温度为60~70℃,出口温度为95~100℃。时间90~110s,压力0.6~0.7大气压,蒸汽耗量0.35~0.4t/h,必要时喷水,蒸箱两端设有排气管,利于低温蒸汽排出。

(3) 蒸面设备 蒸面是通过隧道式连续蒸面机进行的。波纹面块放置在不锈钢丝编织的输送带上,进行蒸煮。

根据输送带的安放角度水平与否,蒸面机分为:水平式、倾斜式。一般采用倾斜式连续蒸面机(图3-12)。特点是进口低,出口高。原因是利用热气上升的特点,使喷入地槽内的热蒸汽沿着斜面由低到高在槽中分布,而冷凝水则向低处流,使进口端蒸汽量少而湿度大,利于淀粉糊化;出口端则蒸汽量较大、温度较高、湿度较低,利于吸热糊化;机身倾斜,延长蒸面时间,提高蒸汽利用率。

图3-12 倾斜式蒸面机

5. 定量切断及折叠

从连续蒸面机出来的熟波纹面带,迅速降温,防止切断时粘刀。通过一对相对旋转切刀和托辊,按一定长度被切断;与此同时,曲柄连杆结构上作往复运动的折叠板正好插在被切断面块的中部送入折叠导辊与分排输送网带之间,面块被折叠进来,面块折叠成双层,经一对上下辊压平。切断及折叠如图3-13所示。

定量切断工艺技术要求:定量准确,折叠整齐,喷淋均匀充分,入盒到位。防止出现折叠不齐、连块、掉面等现象。

6. 油炸脱水

用很快的速度、很短的时间脱去熟面的水分,一方面便于保存和运输,另一方面防止α-化淀粉回生。由于面块已被蒸熟,大部分淀粉已经糊化,面筋结构

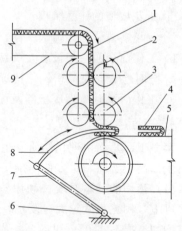

图3-13 切断及折叠示意图
1—已蒸熟的面条;2—切刀;3—折叠导辊;
4—已折叠成型的面块;5—分排输送网带;
6—铰链(固定端);7—曲柄连杆;
8—折叠板;9—进口输送带

已变性凝固，整个面块的组织结构已基本固定，因此可采用较高的温度在短时间内使其脱水。油炸方便面采用油炸脱水的方式。

（1）油炸脱水原理 油炸脱水，将面块放入油槽中，面块被高温油所包围，面条内水分迅速汽化逸出，形成许多微孔，复水性能好，α-化程度高。如果油炸中油温过低或时间过短，会造成面条炸不透；相反，油温过高或时间过长，容易炸焦。

一般油温控制在 145～150℃，油炸时间 70～80s，面条水分降低至 5%左右，成品含油量约 20%。

（2）油炸设备 油炸方便面的自动炸面机由主机、热交换器、循环油泵、粗滤器和储油罐等组成。主机由油槽和带模盒的输送链条组成。从切割重排机出来的面块落入模盒随链条的移动而逐渐进入油槽，安装在模盒上方链条中的盒盖同步转动把盒中面块盖住，以防油炸时面块上浮而脱离模盒。当模盒通过油槽逐渐转向出口一端时，盒盖与模盒脱离，当模盒转到盒口朝下时，面块即脱盒进入冷却机的输送带上。方便面自动油炸机结构如图 3-14 所示。

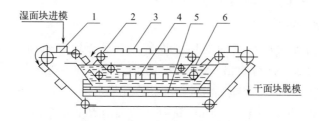

图 3-14　方便面自动油炸机结构示意图
1—模盒输送链；2—油槽；3—模盒输送链；
4—模盖与模盒配合工作状态；
5—加热装置；6—油

（3）油炸时面条的变化
① 水分和油脂的易位：油炸时形成水分蒸发通道，同时油脂迅速渗入。
② 蛋白质变性：面条表面不可逆变性；中心部位可逆变性。
③ 淀粉继续 α-化：可增加 9%～11%。
④ 面条外观变化：面条脱水膨化，颜色略带透明的淡黄色。

（4）油炸工艺要求 油炸均匀，色泽一致，面块不焦不枯，含油少，复水性良好，其他指标符合有关质量标准。

（5）油炸工艺条件 高温短时：水分高，中心易产生软心现象；表层易焦糊。
低温长时：面条水分低，易折断，蛋白质不可逆变性程度增加；适用于宽面条油炸。

（6）油炸技术要求 油炸一般采用饱和脂肪酸含量高的轻度氢化的植物油、棕榈油。油温 130～150℃；低温区 130～135℃；中温区 135～140℃；高温区 140～150℃；油位：高出油炸盒 15～20mm；油炸时间：70～90s。

（7）油炸注意事项 油炸时的高温会导致许多理化性质的变化。油温过高（>200℃）会产生有毒物质，因此用油要避免反复使用的次数过多。油脂在 250℃以上长期加热，特别是反复使用，会产生对人体危害较大的毒性物质，如环状化合物、二聚甘油酯等。

油脂的补充和更替，新油添加率：单位时间内所添加的新油，一般不低于 7.5%。油脂的回转率；新老油替换的时间，一般要小于16h。

7. 着味

将一些呈味物质在和面时加入，或者在脱水干燥前后喷洒在面块上，给面块本身着味，可以满足方便面干吃的要求，也使方便面的风味更加完美。

方便面着味的位置：

(1) 在和面时着味　在和面时加入调味料，方法简单，不需要专门的设备。但是，一些在高温条件下不稳定的调味料会有不同程度的损失，甚至发生一些化学反应生成对人体有害的物质。有些调味料还可能对面团的性能产生不良的影响。芳香物质的挥发性较强，不宜在干燥脱水前加入。

(2) 在蒸煮后着味　在面条蒸熟、定量切断后喷洒调味料，可以避免其对面团性能的影响，但干燥时仍会有部分损失。

(3) 在干燥后着味　在干燥以后着味，可以减少损失，但会增加面块表面的水分，影响其保藏性能；另外还要进行热风补充干燥，需要增加设备。

8. 冷却、检测、包装

(1) 冷却　油炸方便面经过油炸后温度较高，送至冷却机时，温度一般还在80~100℃；热风干燥方便面从干燥机出来送至冷却机时，温度还在50~60℃，均需冷却处理后方可包装。方便面的冷却是在冷却机内进行的。冷却机由机架、冷却隧道、冷却风扇、不锈钢丝输送带及传动设备组成。经3~4min冷却，待面块温度降至稍高于室温（约5℃）后，进行包装。

(2) 检测、包装　在包装前应进行金属探测和质量检查。从冷却机出来的面块由自动检测器进行金属和重量等检查后才能配上合适的调味料包进行包装。一般在面块进包装机之前安装一台重量、金属物检测机，面块连续进入检测机的传送装置，其自动测量系统就可以迅速测量出超过重量标准和含有金属物的面块，并用一股高速气流或机械拨杆把不合格的面块推出传送带，由此来保证面块的质量。

方便面包装包括整理、分配输送及汤料投放、包封等工艺。整理的目的是将冷却机输送出来的多列面块排列成与包装机数量相适应的列数。面块与调味料用复合包装材料由自动包装机包在一起并标明生产日期。方便面质量、金属检测仪和自动包装机分别如图3-15、图3-16所示。

图3-15　质量、金属检测仪

图3-16　方便面自动包装机

七、油炸方便面质量标准

1. 感官指标

色泽光亮,透明度较好,有弹性、韧性,口感好,口味鲜美,无杂质,不牙碜,无异味。烹调性好,煮、泡 3~5min,不夹生,无明显断条现象。

2. 理化指标

油炸方便面理化要求见表 3-13。

表 3-13 油炸方便面理化要求

项目		指标	检验方法
水分/(g/100g) 油炸面饼	≤	10.0	GB 5009.3
酸价(以脂肪计)(KOH)/(mg/g) 油炸面饼	≤	1.8	GB 5009.229
过氧化值(以脂肪计)/(g/100g) 油炸面饼	≤	0.25	GB 5009.227

3. 卫生指标

原、辅料符合食品安全国家标准和相关规定;致病菌限量应符合 GB 29921 中方便面米制品的规定;添加剂符合 GB 2760 的规定;营养强化剂使用符合 GB 14880 的规定。

学习单元二 热风干燥方便面加工技术

热风干燥方便面基本的生产工艺和油炸方便面相似,都是经过和面、压延切条、折花和蒸煮,不同的是干燥过程采用热风替代油炸。

我国自 20 世纪 80 年代初引进方便面生产线后,方便面行业陆续生产了油炸和非油炸方便面两类产品。油炸方便面由于口感好、味道香、复水性好、生产条件容易控制和制造费用低等优点,得到了快速发展。而由于技术上的原因,当时的非油炸方便面的口感和复水性差,只适合煮吃,丧失了方便面的方便性,所以在 20 世纪 80~90 年代所生产的非油炸方便面逐渐被市场淘汰。

然而,随着人们生活水平的快速提高,人们对低含油量的食品需求在增加。相对于油炸方便面来说,热风干燥方便面的主要优点是生产中不会带入外来油脂,避免了高油脂含量食品对人体健康的不利影响;在运输和储藏过程中也降低了油脂劣化的问题,延长了产品保质期。由于生产工艺中采用的温度大大低于油炸方便面中的油炸温度,因此产品中各种营养素基本保持和谷物一样,面体中营养素的破坏较少。

根据生产工艺的差别,干燥状态的非油炸方便面可以分为:热风干燥、冷冻干燥、微波干燥、过热蒸汽干燥等。冷冻干燥方便面又称作太空面,尽管从产品质量来说是最有竞争力的产品,但其工艺设备造价和生产成本太高,难以大规模生产,因此所占市场份额较低。微波干燥和过热蒸汽干燥方便面目前受制于设备和技术,尚处于研究开发阶段,因此非油炸方便面大多采用热风干燥工艺。

一、热风干燥方便面加工原理

热风干燥工艺在 70～90℃温度下进行脱水干燥，使用相对湿度低的热空气反复循环通过面块，由于面块表面水蒸气分压大于热空气中的水蒸气分压，面块的水蒸发量大于吸附量，因而面块内部的水分向外逸出，面块中蒸发出来的水分被干燥介质带走，达到规定水分。

不使用油脂，故成本较低；不易氧化酸败，储存期长；由于温度低，脱水速度慢，糊化度低，多孔结构差，复水性差，口感不好。

二、热风干燥方便面的工艺流程

热风干燥方便面生产工艺流程如图 3-17 所示。

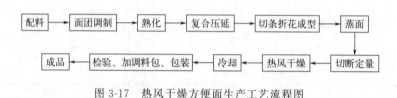

图 3-17　热风干燥方便面生产工艺流程图

三、热风干燥方便面原辅料

热风干燥方便面的原料主要为小麦粉。

添加剂包括：精盐、纯碱、复合磷酸盐、单硬脂酸甘油酯、抗氧化剂、柠檬酸、羧甲基纤维素钠（CMC）。

1. 小麦粉

用作非油炸方便面的小麦粉，面筋含量要求达到 28%～32% 即可。

2. 水

面粉中蛋白质、淀粉要充分吸水，才能达到好的和面效果。通常要求 100kg 面粉加水 30kg 左右，本设计中加入了抗性淀粉，具有很强的吸水性，故在和面过程中要加入较普通方便面多的水分。

3. 食盐

和面时适当加入溶解食盐，不仅增味，而且能够强化面筋，改良面团加工性能。同时食盐有防止面团酸败的作用。通常是：蛋白质含量高，多加盐，反之少加；夏季气温高多加盐，冬季少加。

4. 纯碱

和面时加入适量食用碱，能够增强面筋，但切忌多加。

四、热风干燥方便面配方

热风干燥方便面原辅料主要有小麦粉、水、盐、碱等。其中水、盐、碱、添加剂的加入量为面粉重的百分比（表 3-14）。

表 3-14 热风干燥方便面配方

配料	小麦粉	水	盐	碱	天然色素
比重	100%	30%～35%	1%～3%	0.1%～0.3%	0.05%～0.15%

五、热风干燥方便面加工要点

1. 面团调制

面团调制，即和面，就是将面粉和水均匀混合一定时间，形成具有一定加工性能的湿面团。面粉中加入添加物预混 1min，快速均匀加水，同时快速搅拌，约 13min，再慢速搅拌 3～4min，形成具有加工性能的面团。

(1) 影响面团调制的因素

① 水温及和面温度　和面水温及和面温度过低，水分子动能低，蛋白质、淀粉吸水慢，面筋形成不充分。若温度过高，易引起蛋白质变性，导致湿面筋数量减少。因为蛋白质的最佳吸水温度在 30℃。当室温在 20℃ 以下时，提倡用温水和面。

② 和面时间　和面时间长短对和面效果有很大影响。时间过短，混合不均匀，面筋形成不充分；时间过长，面团过热，蛋白质变性，面筋数量、质量降低。一般和面时间不少于 15min。

(2) 和面设备　和面机。

2. 面团熟化

熟化，俗称"醒面"，是借助时间推移进一步改善面团加工性能的过程，使水分进一步渗入蛋白质胶体粒子的内部，充分吸水膨胀，进一步形成面筋网络结构。

(1) 影响熟化的温度

① 熟化时间　熟化时间的长短是影响熟化效果的主要因素。理论上熟化时间比较长，但由于设备条件限制，通常熟化时间不超过半小时，但不能小于 10min。熟化时间太短，面筋网络未充分形成，制成的面饼不耐泡，易浑汤。

② 搅拌速度　熟化工艺要求在静态下进行，但为避免面团结成大块，使喂料困难，因此改为低速搅拌。搅拌速度以能防止结块和满足喂料为原则，通常是 5～8r/min。

③ 熟化温度　熟化温度低于和面温度，一般为 25℃。熟化时注意保持面团水分。

(2) 熟化设备　醒面机。

3. 压片

压片包括复合压延和连续压片两部分，复合压延简称复压，将熟化后的面团通过两道平行的轧辊压成两个面片，两个面片平行重叠，通过一道轧辊，即被复合成一条厚度均匀坚实的面带。其有两个作用，一是使面团中的面筋网络结构达到均匀分布，二是使面团成型。

(1) 影响压片效果的因素

① 压延倍数　压延倍数=压延前面片厚度/压延后面片厚度。压延倍数越大，面片受挤压作用越强，其内部面筋网络组织越细密。但要注意，压延倍数过大，会损坏轧辊。

② 压延比　压延比太小，会使轧辊道数增加，不太合理；压延比过大，会使已形成的面筋网络受到过度拉伸，超过面筋承受能力，会将已形成的面筋撕裂；适当的压延比对网络组织细密化非常有利。

③ 其他因素　轧辊直径、压延道数、轧辊转速都对压延效果有影响。

(2) 设备　复合压片设备和连续压延机组成压片机。

4．切面折花成型

面带高速通过一对刀辊，被切成条，通过成型器传送到成型网带上。由于切刀速度大，成型网带速度小，两者的速度差使面条形成波浪形状，即方便面特有的形状。

方便面的波浪花纹不仅使其形态美观，而且更重要的是条与条之间空隙增大，有利于蒸煮糊化。

(1) 影响折花成型的因素

① 面片质量：面片含水过多，切条成型后，花型塌陷堆积；含水太少，花型松散，不整齐。若面片破边、有孔洞，则会形成断条。面片过厚，成型后面条表面会有皱纹。

② 面刀质量：若刀辊的齿辊啮合不够深，面条切不断，会引起并条；齿辊表面粗糙，切出的面条会有毛刺，光洁度差。面梳压紧度不够，会使面刀齿槽中积累杂质。成型盒内有杂质，会产生挂条。

(2) 设备　切条折花成型装置。

5．蒸煮

蒸煮，是在一定时间、一定温度下，通过蒸汽将面条加热蒸熟。它实际上是淀粉糊化的过程，通常要求糊化度大于80%。

(1) 影响蒸煮的因素

① 蒸面温度　淀粉糊化要有适当的温度，一定时间内，蒸面温度越高，糊化度越高。通常进面口温度在60~70℃，出面口温度在95~100℃。进口温度不宜太高，大的温度差可能超过面条表面及面筋的承受能力；出口温度高，提高糊化度，又可蒸发一部分水分。

② 蒸面时间　适当延长加热时间，可以提高产品的糊化度。

③ 其他因素　面条粗细和花纹疏密：面条细、花纹疏的面容易蒸熟，糊化度高；反之，糊化度低。

(2) 蒸面设备　蒸面机。

6．切块

面条本身的含水量、面皮厚度及花纹疏密度都会影响切断后面块重量的准确性。面条的含水量过低，切断后的面块疏松会影响面块落盒的准确性；蒸煮出来的面条温度高，表面黏度大，对切断折叠也有影响，因而应以风机强制降温。设备传动之间的速度配合，如切刀与切刀托辊（刀砧）旋转速度的配合、折叠托辊与分排拖网的线速度配合等也都会影响切断效果。

7．热风干燥

(1) 热风干燥工艺要求　用低湿度的热空气使面条中的水分汽化。一般干燥机内温度为70~90℃，在进入干燥前，先用高温的热风加热干燥10~20s，面条内部水分快速迁移会使其膨化产生多孔性，然后再进入热风干燥机干燥至水分符合产品质量要求，大大增加产品复水性。相对湿度低于70%。热风干燥通常设为常压干燥，干燥时间较长，一般为35~45min。干燥后的方便面的水分低于12%，一般在8%~10%。

(2) 热风干燥注意事项　干燥机要进行预热处理；面块要准确导入盒内；注意调节进气与排潮阀，确保干燥温度与湿度适合；面块性质也影响干燥性能，面条直径越大，给热风循环造成的阻力越大，加热困难，不利于脱水，反之则有利于脱水。

(3) 设备 热风干燥机，如图 3-18、图 3-19 所示分别为链盒式连续干燥机外形及结构示意图。

图 3-18 链盒式连续干燥机外形

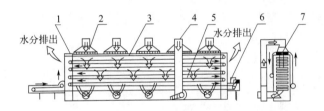

图 3-19 链盒式连续干燥机结构示意图
1—机架；2—热交换器；3—链条；4—风管；5—热风循环鼓风机；6—无级变速传动装置；
7—不锈钢面盒（固定在链条上）

8. 连续冷却

热风干燥方便面从干燥机出来时，温度一般为 50～60℃，所以必须冷却。冷却方法有自然冷却和强制冷却。

(1) 冷却要求 冷却后的面块温度应接近室温或高于室温 5℃ 左右。

(2) 设备 冷却机。

9. 检测、包装

从冷却机里出来的面块由自动检测器进行金属检测和重量检测后投放调料包进行包装。包装包括整理、分配、输送及汤料投放、包封等工艺。

设备：重量、金属物检测机，面块整理机，分配输送机，汤料投放机，包装机。

六、热风干燥方便面的质量控制

1. 感官指标

面饼色泽呈均匀的乳白色或淡黄色，无焦、生现象，正反两面可有深浅差别。气味正常、无霉味、哈喇味及其他异味。外形整齐，花纹均匀。面条复水后，无明显断条、并条，口感不夹生，不粘牙。面块净重应符合标志重量，误差应小于±3%。

2. 理化指标

热风干燥方便面理化要求见表3-15。

表3-15 热风干燥方便面理化要求

项目		指标	检验方法
水分/(g/100g) 非油炸面饼	≤	14.0	GB 5009.3

3. 卫生指标

原、辅料符合食品安全国家标准和相关规定；致病菌限量应符合 GB 29921 中方便面米制品的规定；添加剂符合 GB 2760 的规定；营养强化剂使用符合 GB 14880 的规定。

学习单元三　方便面调味料加工技术

方便面调味料是方便面的重要组成部分，对方便面的风味起关键作用。方便面的汤鲜、味美、可口，主要取决于调味料的质量。

方便面调味料是用各种原料调制而成的，配方不一，风格多样。其形态可以是粉末状的、酱状的、液体的和颗粒状的。

根据现成或者试验成功的配方，选好原料通过粉碎、筛理、混合、熬缸包装、杀菌等工序可制成方便面调味料。

一、方便面调味料生产工艺流程

1. 粉末状调味料生产

粉末状调味料的生产工艺流程如图 3-20 所示。

图 3-20　粉末状调味料生产工艺流程图

2. 液体调味料生产

液体调味料的生产工艺流程如图 3-21 所示。

图 3-21　液体调味料的生产工艺流程图

3. 酱状调味料生产

在液体调味料生产的基础上浓缩至酱体。

二、方便面调味料包原辅料

制作方便面调味料包的主要原辅材料有肉类、水产品、蔬菜、填充剂、风味料、油脂等。

1. 主要原料

主要原料有肉类、水产品和脱水蔬菜等，脱水蔬菜主要为香葱、胡萝卜、香菇、海带等。它们向调味料提供风味和营养物质。生产调味料所使用的肉类和水产品要求新鲜，各项指标均应符合国家安全标准；蔬菜应新鲜，无腐烂、变质现象。

2. 填充剂

填充剂主要有海藻酸钠、糊精、淀粉、酪蛋白、阿拉伯胶、大豆蛋白等，提高分散性和稳定性，增加适口性。

调料中所使用的填充剂主要是淀粉，能够改变调味料的物理性状，同时淀粉还可以缓解蛋白质的吸湿问题。在生产中，使用淀粉作填充剂，在用开水冲调时，会产生少许沉淀，则用糊精代替淀粉。

3. 风味料

风味料主要有咸味剂、鲜味剂、甜味剂、香辛料等。

（1）**咸味剂**　主要为食盐，要求应为精盐，NaCl 含量为 95％以上，由于食盐易潮解，会给生产和保管带来很多麻烦，应在配料之前把它烘干。

（2）**鲜味剂**　主要有味精（L-谷氨酸钠）、呈味核苷酸［即 $5'$-鸟苷酸二钠（GMP）、$5'$-肌苷酸二钠（IMP）以及它们的混合物（I＋G）］、酵母提取物、琥珀酸钠、氨基酸及肽等。味精是一种良好的呈味物质，其水溶液有浓厚的鲜味。呈味核苷酸是一类具有特别强的增鲜作用的添加剂。酵母抽提物含有丰富的蛋白质、多种氨基酸和呈味核苷酸，具有明显的肉香气和滋味。

（3）**甜味剂**　主要有白砂糖和葡萄糖，使风味甜美可口。

（4）**酸味剂**　主要有食醋、柠檬酸、乳酸、富马酸钠等。改善风味并有防腐作用。

（5）**香辛料**　主要有辣椒、生姜、胡椒、大蒜、大葱、小豆蔻、茴香、芫荽等。具有各种特殊的香气，用于改善风味和口感。

4. 调味油脂

调味油脂有猪油、花生油、牛油、菜籽油等。

5. 其他食品添加剂

包括香精、色素、天然调味料等。

（1）**香精**　香精能增强调料的主体香气。产品有粉状的，也有液状的，如鸡肉香精、牛肉香精、鲜虾香精、香菇香精等。

（2）**色素**　色素在调料中一般不使用，极个别的调料，由于色泽较浅，酌情添加少许焦糖粉，增加焦糖色泽。

（3）**天然调味料**　天然调味料种类很多，有水解型的天然调味料、抽提型的天然调味料；有动物性水解（抽提）天然调味料、植物性水解（抽提）天然调味料。如牛肉抽提物、猪肉抽提物、鸡肉抽提物、鳗鱼抽提物、蘑菇抽提物、酵母精等。

三、方便面调味料的生产配方

调味料加工的关键是确定配方。调味料的配方在总体上反映了调味料的色、香、味和原料成本。要根据消费人群的口味和产品销地等情况,进行合理调配,反复试验和筛选,最终确定配方。原料质量对调味料的质量有直接影响,要注意运用原料本身的风味品质、有效成分含量以及卫生指标。配料的准确与否对调味料的质量有严重的影响。表 3-16~表 3-18 分别列出红烧牛肉调料包、香辣牛肉调料包、鸡肉味汤料包参考配方。

表 3-16 红烧牛肉调料包参考配方

原料	用量/%	原料	用量/%
棕榈油	68.0	花椒	0.25
牛油	5.0	辣椒	1.0
盐	4.0	辣椒红	0.1
味精	2.0	大蒜	1.5
糖	1.5	生姜	0.5
I+G	0.25	洋葱	1.0
安琪酵母抽提物 LB05	3.0	葱	0.6
豆瓣酱	2.5	桂皮粉	0.5
酱油	0.5	八角	0.05
牛肉粒	2.0	大茴香	1.5
牛肉香精	0.5	小茴香	1.0
料酒	2.0	孜然	0.25
胡椒	0.5	合计	100

表 3-17 香辣牛肉调料包参考配方

原料	用量/%	原料	用量/%
棕榈油	63.0	胡椒	0.5
牛油	5.0	花椒	0.5
盐	5.0	辣椒	3.5
味精	2.0	辣椒红	0.1
糖	1.5	大蒜	2.0
I+G	0.25	生姜	1.5
安琪酵母抽提物 LB05	3.0	葱	0.55
豆瓣酱	2.0	桂皮粉	0.5
酱油	0.6	大茴香	2.0
牛肉粒	2.0	小茴香	1.0
牛肉香精	0.5	丁香	0.5
料酒	2.5	合计	100

表 3-18　鸡肉味汤料包参考配方

原料	用量/%	原料	用量/%
味精	9.7	黑胡椒粉末	2.4
I+G	0.5	干燥葱片	2.9
食盐	61.7	葱汁粉末	2.4
粉末酱油	6.6	琥珀酸钠	0.4
洋葱粉末	6.6	焦糖粉末	2.6
姜粉末	1.6	鸡肉香精	1.0
胡萝卜粉末	0.8	合计	100
大蒜粉末	0.8		

四、调味料包加工操作要点

1．原料选择

生产调味料所采用的各种原辅材料均应新鲜无变质现象，符合国家卫生指标，有关化合物含量达到国家标准要求。

2．配料混合

生产方便面的调味料时，首先应根据消费人群的生活习惯确定调味料配方，并根据配方要求，准确称取各种原辅材料。然后按一定顺序进行混合，混合时，小批量的原辅料可预先混合，再与其他原料混合，以保证原料均匀分散；易挥发和易吸潮的原料后加入；各种原辅料加入后要充分拌匀，防止结块等现象。

3．蒸煮

将盛装在金属网中的肉、骨及其他调味料（花椒、大料等，不包括蔬菜）按配比放入煮料锅内，锅中水应始终淹没原料，以增加汤的固体成分和风味。

为了更好地提取原料中的营养成分，可进行 2~3 次重复蒸煮。

蔬菜及蔬菜类调味品（葱、蒜、丁香等）可在肉品煮好前 1h 左右加入，以减少蔬菜中营养成分的损失。

味精及其他化学添加剂应在煮好后加入，以免提鲜物质分解，达不到使用的目的。

煮好后应及时冷却，同时加入处理过的淀粉或糊精，搅拌均匀。

4．浓缩

浓缩是酱体调味料所必需的工艺，浓缩方法有常压浓缩和真空浓缩。

常压浓缩是指在常压下，加热液体汤基，使其维持在沸点以上蒸发水分，达到浓缩的目的。

真空浓缩是指在一定的真空条件下，使液体汤基在低温下就能达到沸腾而迅速蒸发，达到浓缩的目的。采用真空浓缩可以较好地保持汤基中的营养成分及原辅料中的色、香和风味物质，减少能源消耗，提高产品质量。

5．包装

粉末状调味料经混合均匀过筛后，酱体调味料经浓缩达到要求后都要进行包装。一般粉末料包装使用 BOPP/PE 或加有 PVDC 涂层或 PET/AL/CPP 材料。酱包、油包使用 PET/

PE 或 NY/PE 或 PET/AL/CPP 材料。密封包装，放入方便面袋中销售。

五、方便面调味料的质量标准

调味料与面块一起食用。调味料的质量和数量都对方便面的整体质量有很大的影响。调味料应该具有正常的色泽、气味、滋味，不能有涩、焦糊、酸败及其他异味，不能有外来杂质。包装应该完好，不能破漏。

调味料是即食食品，除了要保证食用品质外，还要符合安全卫生的基本要求。选用符合卫生标准要求的原料，由符合卫生要求的人员在符合卫生条件的环境中组织生产。要根据配方的不同情况，采取防腐、防霉、抗菌、抗氧化等措施。

1. 感官特性

方便面调味料包感官特性见表 3-19。

表 3-19 方便面调味料包感官特性

项目	要求				
	调味粉(包)	菜(包)	调味酱包	调味汁包	调味油包
色泽	具有原、辅料混合加工后应有的色泽				
香气	具有本品应有的香气,无不良气味				
滋味	具有原、辅料混合加工后应有的滋味,无异味				
体态	均匀粉末状或粉末状含有颗粒状原料及脱水食物应有的形态,无异物	具有各种原料应有的形态,无异物	酱状或固液混合态,无异物	液态,无异物	油状或油状含有颗粒状原料,允许微浊或遇低温时出现凝固态,无异物

2. 理化指标

方便面调味料包的理化指标见表 3-20。

表 3-20 方便面调味料包理化指标

项目	指标				
	调味粉(包)	菜(包)	调味酱包	调味汁包	调味油包
水分/%	≤12.0	≤12.0	—	—	—
氯化物(以 NaCl 计)/%	≤60.0	—	≤25.0	≤25.0	—
总氮/%	≥0.5	—	—	—	—

3. 食品添加剂

食品添加剂的品种和使用量应符合 GB 2760 的规定。
食品添加剂的质量应符合相应标准和有关规定。

复习思考题

1. 影响蒸煮的因素有哪些？
2. 方便面折花成型的作用是什么？

3. 方便面油炸工艺有什么要求？
4. 方便面热风干燥注意事项有哪些？
5. 方便面调味料主要有哪些？

数字资源

方便面加工原辅料基础

蒸面的作用和原理

影响油炸效果的主要因素

影响蒸面效果的因素

方便面加工工艺

技能单元　挂面加工

技能训练　花色挂面加工

【原料准备】

1. 原料配方

面粉 100kg、水 25～30kg、食盐 1.5kg、食碱 1.5kg、蔬菜汁 2～4kg。

2. 原料要求

（1）面粉　挂面生产用粉的湿面筋含量不宜低于 26%，最好采用面条专用粉，并经"伏仓"处理（指新磨小麦粉在粉仓中存放一段时间）。

（2）水　我国对制面水质尚未作统一规定，一般应使用硬度小于 10°dH 的饮用水。

（3）面质改良剂　面质改良剂主要有食盐、增稠剂（如羧甲基纤维素钠、古尔胶、魔芋精粉、变性淀粉）、氧化剂（如偶氮甲酰胺、维生素 C）、乳化剂（如单甘酯、蔗糖酯、硬脂酰乳酸钠）和谷朊粉等，应根据需要添加。

（4）蔬菜汁制备（以蔬菜挂面为例）

蔬菜验收→拣选→清洗→二次拣选→去皮、切分→漂烫→淋水→预冷→粉碎→打浆→研磨→蔬菜浆→储存

【仪器和工具】

清洗机、塑料筐、脱水机、烫漂机、打浆机、切分机、胶体磨、储存罐、杀菌锅、电子

秤、卧式和面机、熟化机、压面机、挂面刀、切面机、烘干通道、封口机等。

【制作方法】

1. 工艺流程

原、辅料预处理→和面→熟化→压片→切条→湿切面→干燥→切断→计量→包装→检验→成品挂面

2. 操作要点

(1) 和面　和面操作要求"四定"，即：面粉、食盐、回机面头和其他辅料要按比例定量添加；加水量应根据面粉的湿面筋含量确定，一般为25%～32%，面团含水量不低于31%；加水温度宜控制在30℃左右；和面时间15min，冬季宜长，夏季宜短。和面结束时，面团呈松散的小颗粒状，手握可成团，轻轻揉搓能松散复原，且断面有层次感。和面设备以卧式直线搅拌器和卧式曲线搅拌器效果较好。近年来，国外已出现先进的真空和面机，但价格昂贵。

(2) 熟化　采用圆盘式熟化机或卧式单轴熟化机对面团进行熟化、储料和分料，时间一般为10～15min，要求面团的温度、水分不能与和面后相差过大。生产实践证明，在面团复合之后进行第二次熟化，效果较明显，国内外已有厂家采用。

(3) 压片　一般采用复合压延和异径辊轧的方式进行，技术参数如下：

压延倍数：初压面片厚度通常4～5mm，复合前相加厚度为8～10mm，末道面片为1mm以下，以保证压延倍数为8～10倍，使面片紧实、光洁。

轧辊线速：为保证面条的质量和产量，末道轧辊的线速以30～35m/min为宜。

压延道数和压延比：压延道数以6～7道为好，各道轧辊较理想的压延比依次为50%、40%、30%、25%、15%和10%。

轧辊直径：合理的压片方法是异径辊轧，其辊径安排为复合阶段，Φ240mm、Φ240mm、Φ300mm；压延阶段，Φ240mm、Φ180mm、Φ150mm、Φ120mm、Φ90mm。

(4) 切条　切条成型由面刀完成。面刀的加工精度和安装使用往往与面条出现毛刺、疙瘩、扭曲、并条及宽、厚不一致等缺陷有关。面刀有整体式和组合式，形状多为方形，基本规格分为1.0mm、1.5mm、2.0mm、3.0mm、6.0mm五种。目前，国内已开发出圆形或椭圆形面刀，解决了条型单一的问题。面刀下方设有切断刀，作用是将湿面条横向切断，其转速可以根据每杆湿挂面的长度调节。

(5) 干燥　挂面干燥是整个生产线中投资最多、技术性最强的工序，与产品质量和生产成本有极为重要的关系。生产中发生的酥面、潮面、酸面等现象，都是由于干燥设备和技术不合理造成的，因此必须予以高度重视。干燥采用中温中速干燥法，技术参数见表3-21。

表3-21　中温中速法干燥技术参数

干燥阶段	温度/℃	湿度/%	风速/(m/s)	占总干燥时间/%
预备干燥	25～35	80～85	1.0～1.2	15～20
主干燥	35～45	75～80	1.5～1.8	40～60
完全干燥	20～25	55～65	0.8～0.1	20～25

中温中速法适于多排直行和单排回行烘干房使用，前者运行长度宜在40～50m，后者回行长度宜在200m左右，烘干时间均大约4h。

(6) **切断** 一般采用圆盘式切面机和往复式切刀。前者传动系统简单，生产效率高，但整齐度较差，断损较多；后者整齐度好、断损少、效率稍低、传动装置较复杂。

(7) **计量、包装** 传统的圆筒形纸包装仍广泛采用人工，这种方法较难实现机械化。新型的塑料密封包装已实现自动计量包装，主要在引进设备的厂家中使用，是今后发展的方向。

(8) **面头处理** 湿面头应即时回入和面机或熟化机中。干面头可采用浸泡或粉碎法处理，然后返回和面机。半干面头一般采用浸泡法，或晾干后与干面头一起粉碎。浸泡法效果好，采用较广泛，但易发酸变质。粉碎法要求面头粉细度与面粉相同，而且回机量不超过15%。

【质量要求】

1．感观要求

色泽、气味正常，无霉味、酸味及其他异味，花色挂面应具有添加辅料的特色和气味。烹调性：煮熟后不糊、不浑汤，口感不黏、不牙碜，柔软爽口，熟断条不超过10%。不整齐度：不高于15%，其中自然断条率不超过10%。

2．理化指标

水分含量≤14.5%；酸度≤4.0mL/10g；自然断条率不超过5%；熟断条率不超过5%；烹调损失率不超过10%。

模块四 速冻米面制品加工技术

项目一
发酵型速冻面制品加工技术

知识目标

了解发酵型面制品常见的种类与特点，掌握生产中常用酵母的种类及其使用特点；了解速冻馒头、包子工艺流程，掌握和面机常见类型及其选择、面团温度的控制方法、面团搅拌完成阶段的判断、面团压延的目的和操作注意事项、成型设备的类型及工作原理、面团坯醒发的控制因素和终点判断、蒸制操作工艺指标。

能力目标

能够正确地使用不同种类馒头酵母、能够对和面完成阶段进行判断；能够正确操作使用立式和面机、金属检测器、夹层锅等主要设备；能够正确计算和使用水温来控制面团温度，能够识别馒头坯的醒发终点。

职业素养目标

恪守职业道德，提升职业素养，爱岗敬业、诚实守信、团结协作，乐于创新的工匠精神；在专业技能领域为满足人们对美好生活的向往贡献力量。

学习单元一　速冻馒头加工技术

馒头是以小麦粉和水为主要原料，以酵母菌为主要发酵剂，经蒸制而成的产品。馒头味道可口、营养丰富，是具有中国特色的传统食品，不但在中国北方是主要的主食，在南方的消费量也不可小觑。

馒头种类繁多，根据消费用途，可分为主食馒头和非主食馒头；根据口感，可分为软式、中硬式、硬式馒头；根据形状，可分为圆馒头、方馒头、杠形馒头等。但馒头因水分含量高且营养丰富，极易受微生物污染而腐败变质，致其保质期极短；另外，面团中淀粉的老化问题也较严重，这使馒头久放时易掉渣且风味减弱。而速冻技术可使自由水变成大量细而密的冰晶，导致微生物死亡和酶失活，并抑制了淀粉的老化，这样，产品在冷藏环境下得以长期保存，解决了馒头工业化中的保藏难题。

一、速冻馒头配方及对原辅料的要求

1. 速冻馒头典型配方

主食馒头和点心馒头的口感大相径庭，故二者的配方差异也较大。主食馒头，如北方馒头，仅使用面粉、酵母和水三种基础原料，味寡淡，以突出麦香味，其个头较大，多为圆形，挺立度高，结构较为紧密，有硬式、中硬式之分，食用时较有嚼劲，色泽多乳白或乳黄，多搭配菜肴食用。点心馒头，如南方馒头，其配方在三种基础原料之外，同时使用了乳粉、白糖、起酥油等辅料，口味上突出奶香和甜香，属软式馒头，其色泽洁白，个头较小（如麻将形馒头），多呈方形，其结构松软，复蒸或油炸后可单独作为点心食用，或者搭配炼乳、果酱、巧克力酱等让风味更加浓郁，嚼劲不如主食馒头。

速冻馒头以中硬性的主食馒头和软性的点心馒头较为常见，其典型配方如表4-1所示。

表4-1 速冻馒头的典型配方

用料	主食馒头（麦香馒头）	点心馒头（奶香馒头）
面粉/%	100	100
酵母/%	0.6	0.8
水/%	48	52
小麦淀粉/%	—	5
白砂糖/%	—	15
鸡蛋液/%	—	3
起酥油/%	—	2
乳粉/%	—	1.2
泡打粉/%	—	1.2
液体乳香精/%	—	微量
馒头粉改良剂/%	0.02	—

2. 速冻馒头对原辅料的要求

(1) 面粉 主食馒头和点心馒头对面粉的品质特性要求不同，一般市售面粉均可用于馒头制作，其成本也较低，多为中筋粉。主食馒头专用粉价格稍高，但可保证原料质量的稳定性，在大规模生产中必会逐渐普及。点心馒头可使用高级低筋粉，其价格偏高，但灰分低，成品白度高。

速冻馒头要求成品发酵体积大，内部组织柔软湿润、均匀细腻、表皮光滑、色泽白，成品富有弹性、不黏牙等。这些特性就要求速冻馒头用粉的灰分含量、粗细度和筋力等品质指标达到相应要求。有关馒头专用粉的品质指标如表4-2所示。

表4-2 小麦粉馒头的专用粉指标

面粉	灰分(干基)	面筋(湿基)	粗细度	备注
馒头专用粉	≤0.5%	≥28%	CB42全通，CB46留存不超过5%	面团品质特性符合粉质拉伸曲线样板，适于饮食行业及家庭制作弹性好、色泽白的高级馒头及包子等
高级低筋粉	≤0.45%	≤24%	CB42全通，CB46留存不超过5%	面团特性符合粉质拉伸曲线样板，适于宾馆、饭店制作弹性适中、断面结构细腻、色泽白的小刀切、银丝、莲蓉、豆沙馒头等

(2) 酵母 目前，市售的酵母有三种：鲜酵母、活性干酵母、即发活性干酵母。三者的

产气量、储存和使用方法各有不同，选择和使用时需要注意。

① 鲜酵母　又称压榨酵母，它是酵母在糖蜜等培养基中经过扩大培养和繁殖，并分离、压榨而成，含水量较高，其单价相应较低。选择和使用鲜酵母时需注意以下特点：a. 活性不稳定，发酵力不高，一般在 600~800mL。活性和发酵力随着储存时间的延长而大大降低，仅适用具一定规模且生产稳定的馒头厂家。若不能在短时间内将其使用完，随储存期延长，需要增加其使用量。b. 需要在 0~4℃的低温冷库或冰柜中储存，存期约 3 周。这就要求使用厂家必须具备相应的设备和能源。鲜酵母不可在高温下储存，否则极易腐败变质和自溶。c. 因含水量高，产气量低，故使用时添加量稍大，占面粉量的 2.5%~3%，而且使用前需用温水活化。

② 活性干酵母　活性干酵母是由鲜酵母经低温干燥而制成的颗粒酵母。其活性稳定，发酵力也很高，可达 1300mL，因此使用量也很稳定。活性干酵母可在常温下储存 1 年左右，使用时需用温水活化。成本相对较高。

③ 即发活性干酵母　这是一种发酵速度很快的高活性新型干酵母，成本及价格高。它与鲜酵母、活性干酵母相比，具有以下鲜明特点：a. 活性远远高于鲜酵母，发酵力高达 1300~1400mL，因此其使用量最低。b. 即发干酵母的活性特别稳定，在室温条件下密封包装储存可达 2 年左右，储存 3 年仍有较高的发酵力，因此储存成本低。c. 发酵速度很快，可大大缩短发酵时间，具体见表 4-3，因此可提高生产效率。d. 使用时不需温水活化，可直接混入干面粉中。

表 4-3　不同酵母的使用量及产气能力

酵母种类	酵母用量/%	不同发酵时间所产生的气压/kPa		
		1h	3h	5h
鲜酵母	2.5	12.3	41.3	60.7
即发干酵母	0.9	15.0	43.3	61.3

在所有市售酵母中，即发干酵母的活性和发酵力最高，其次是活性干酵母，最低的是鲜酵母，因此三种酵母的使用量完全不同。三种酵母之间的使用量换算关系为：鲜酵母：活性干酵母：即发干酵母＝1：0.5：0.3。

(3) 水　在速冻食品厂，无论是用于洗涤原料还是用于产品加工，所有用水都必须符合饮用水标准。水质的要求可参考《生活饮用水卫生标准》（GB 5749—2022）。

(4) 点心馒头用辅料　白糖可赋予点心馒头甜味和热量，在馒头制作中，多选用较易溶化的白砂糖。白糖加入后产生的高渗透压会使面筋蛋白胶粒内部的水产生反渗透作用，从而降低面筋蛋白的润胀度，造成和面过程中面筋形成程度降低，这使点心馒头起个较小，口感暄软。起酥油在点心馒头中可带来特有的香味，是面筋和淀粉之间的润滑剂，能够改善馒头口感，而且有抗淀粉老化的效果，在馒头生产中需选用风味良好且在醒发中不易渗出的塑性油脂。鸡蛋的使用可以增加点心馒头的营养和色泽，要选用新鲜度高的鸡蛋，并且注意存放保鲜。乳粉在点心馒头中添加，既增加了营养，又赋予了馒头奶香。鉴于以上点心馒头所用配料多，造成酵母受抑制的可能性大，因此会使用泡打粉，其持续产气、在蒸制加热时大量产气的能力，可保证点心馒头的疏松度。

(5) 改良剂　馒头制作中用乳化剂可增强面筋强度，使成品表面光洁，并有效保水保鲜，提升产品的体积和内部结构，并改善口感，减少在储运过程中水分散失现象的发生，抑制成品变硬掉渣和改善复蒸性。常用的乳化剂有硬脂酰乳酸钠（SSL）、硬脂酰乳酸钙（CSL）、分子蒸馏单甘酯等。抗坏血酸（维生素C）加入馒头面粉以后，变成脱氢抗坏血酸而起到氧化作用，可氧化面筋蛋白中的—SH变成—S—S—，通过—S—S—连接起来，从而加强了面筋网络，并通过消解面粉本身含有的谷胱甘肽而提高蛋白质的稳定性，使速冻制品筋力得以提高，嚼劲得到改善。磷酸盐对馒头大小和重量都有影响。添加磷酸盐的速冻馒头蒸制后比不加磷酸盐的馒头大，说明磷酸盐有利于面筋的膨松。添加磷酸盐的馒头，重量也增加，产生这一效果的原因是磷酸盐增加了馒头的保水能力。同时，加入磷酸盐后，馒头更有光泽、弹性，外观好看，味道好。生物复合酶制剂在馒头中的应用是食品添加剂发展的热点，与化学改良剂相比，具有天然、环保、无污染等特点，而且添加量少。脂肪酶、葡萄糖氧化酶、α-淀粉酶、木聚糖酶和戊聚糖酶等在改善馒头高径比、增大馒头体积、馒头增白等方面有较好的效果。例如，在馒头专用粉中添加一定量的脂肪酶可使馒头制品柔软、包心颜色洁白、内部结构更细腻；尤其是对馒头制品有二次增白作用，使馒头色泽和表皮光亮度好，在国家对增白剂严禁添加的情况下，能满足人们对馒头感官白度的要求。

二、速冻馒头生产工艺流程

配料→和面→压延→成型→装盘→醒发→蒸制→预冷→精拣装托→速冻→装袋→金属检测→成品入库。

三、速冻馒头生产工艺操作要点

虽然主食馒头和点心馒头所用配料有差异，但工艺流程一致。下面将以辅料使用较多的奶香馒头（点心馒头）为例，介绍速冻馒头的操作要点。

1. 配料

配料是在和面之前，提前准备、称取和面用的原辅料，包括面粉、白糖、水、酵母、鸡蛋、起酥油等物料。具体操作如下：

配制糖水，调整水温。将白砂糖倒入立式和面机中，装上打蛋用的花蕾型搅拌器，倒入称量好的水，开机中速搅拌15~20min，使白糖全部溶化，糖水变为黄色浓稠状为止。为适应酵母的生长繁殖，调制好的面团温度不宜过高，一般应控制在冬季25~27℃，夏季28~30℃，主要利用调节水温来控制面团温度。面团温度过低会使发酵时间延长，生产效率下降；相反，温度过高则会使面团提前发酵、大量产气，这会阻碍压延成型的进行，造成馒头表皮光滑度下降等质量问题，在水温超过50℃时，甚至会造成酵母死亡，发酵失败。食品厂应根据加工车间情况和季节的变化调整水温，具体措施是配比添加冰片。一般要求使夏季水温≤10℃，冬季水温≤18℃。具体水温的确定可参考以下计算公式：

$$水温 = 面团理想温度 \times 3 - (室温 + 粉温 + 和面搅拌升温)$$

例：经车间现场监测，室温为30℃，面粉温度为26℃，实测每锅面搅拌成团后升温8℃，要求面团的理想温度为28℃，请判断适用的水温是多少？

参考水温的计算公式，适用水温=28×3-(30+26+8)=20℃

准确称量配料。酵母、泡打粉等粉状配料在专用配料室内配比称量，起酥油按照配比称量，盛装于专用容器中。准备蛋液。鸡蛋清洗后，打散，注意挑出散黄蛋、异味蛋等不合格品，使用立式和面机将其打散成均匀的蛋液。

2. 和面

卧式和面机中倒入称量好的面粉和粉状小料,先开机搅拌 2min 将粉料混匀,停止搅拌。倒入糖水、蛋液,开机搅拌,面团搅拌至扩展阶段时加入起酥油,和面时间约 20min,搅拌至和面完成阶段停机。

3. 压延

压延,即面团的辊轧,是将面团通过相向、等速旋转的一对或几对轧辊,进行反复辊轧,使其结构紧实,排出面团中原来的大气泡,并使面团变为厚度均匀一致、横断面为矩形的层状匀整化组织的面片的过程。压延是保证馒头内部结构均匀细腻、无大空洞、富有嚼劲的必要条件,对刀切馒头来讲,也是下一步面片卷制成型工序的基础。

(1) 复合压延 先用高速压面机进行复合压延 15±1 次,要求逐渐调整辊距,由宽到窄,使面团厚度达到 2~3cm,注意每次均要折叠平展才可进入下一次压面。以上复合压延也可在全自动压面机进行,由其自动折叠和输送、喂入、转入下一道工序等,得到理想厚度的面团。

(2) 连续压延 需考虑将面带压成厚度 3~5mm,宽度与刀切馒头成型机规格保持一致,一般为 (32±2)cm,因压面机规格不同,所以面带宽度有 35cm,也有 50cm 等,必要时可使用切刀将面带竖向分切。将压延出的面带平摊在工作台上,用刀划切成宽度为 (32±2)cm 的面带,再用高速压面机连续压延 2~3 次,使边角整齐,面带表面光滑,将最终厚度调整为 3~5mm。之后,送往馒头成型工序。

4. 成型

机制成型:将压好的面皮送上调试好的馒头自动成型机上,开机,制出符合要求的馒头生坯,再均匀上盘,然后转至干净的蒸车。

手工成型:将压延合格的面皮平摊在工作台上,由远离操作员身体的一侧卷起,同时稍用力向外抻面卷,使面带卷制紧密无空隙,以防止馒头断面出现断层。收口时,如果面带偏干,可在面带收口处事先轻刷清水,以助收口压紧。然后由两人各执一端将其抻拉、揉制成粗细均匀的条状。将卷口朝下放置,用刀切成宽度一致的馒头生坯,其直径、刀距可依产品的单重而定。

5. 醒发

醒发是将成型合格的馒头生坯转入醒发室(或醒发箱),在适宜的条件下静置,使酵母大量繁殖产生 CO_2,从而使馒头生坯体积膨胀,内部结构均匀细密、多孔柔软,并产生馒头成品独特的发酵香味,使其营养价值得到提高。醒发室预先调好温度 (38±2)℃,相对湿度 80%±5%,将装满馒头生坯的蒸车转入醒发室,醒发时间为 (50±5) min。

醒发是决定馒头成品质量优劣的重要工序之一,若醒发时间适宜,馒头挺立饱满,表皮光洁,内部结构细腻;若醒发不足,馒头不起个,颜色发青,卖相不足;若醒发过度,馒头结构不再细腻,内部出现过于疏松的孔洞,甚至通过表皮可观察到,而且馒头的表皮也不再光滑洁白,光亮度下降,制品发黄。醒发终点的判断一般使用目测法,在观察到生坯个头挺起,表面微有湿润,给人感觉是富有空气感的膨松时,可视为发酵终点。

6. 蒸制

蒸制就是将醒发合格的馒头生坯转入蒸箱或蒸柜等熟制设备中,利用其内部热蒸汽较高的温度和湿度，使淀粉糊化、蛋白质热变性凝固，即俗称的"蒸熟"。同时，醒发时所产生的气孔被固定下来，从而使馒头具有富有弹性的海绵样膨松结构。把生坯送入蒸柜关紧柜门，调整蒸汽压力，蒸熟蒸透。克重较大的馒头蒸制时间需适当延长。

馒头熟制终点的判断多使用感官方法，即用手快速按压馒头表面，若按压处能够回弹复原，表明弹性良好，馒头已熟，否则未熟。此方法有一定局限性，实际生产中，多借鉴面包成熟的判断方法，在按压判断弹性的同时，辅助使用在线中心温度计，要求馒头的中心温度达86℃以上并保持1min。蒸制时必须保证蒸制容器密闭，蒸汽压力适当，既要防止压力过低致温度不足，也要防止压力过高，使馒头表面出现烫斑。

7. 预冷、精拣装托

拉出蒸柜的产品在冷却区稍微冷却，中心温度降至35℃以下即可按照产品规格来计量装托。若预冷不足直接速冻，馒头表面可能形成冰层或冰花，其表面的光泽和光滑度都会下降，而且在速冻结束后，产品中心温度达不到速冻要求。装托前需对馒头成品进行精拣，去除次品和废品。

8. 速冻、包装入库

预先把急冻隧道温度降至-30℃以下，才可冻结产品。速冻后可用机器或手工进行包装。过金属探测器。封箱入库。

学习单元二　速冻包子加工技术

包子是中国传统饮食中的代表之一，被誉为"主食中的极品"，其面皮洁白暄软、馅心美味多样，在全国各地都深受欢迎，涌现了许多名特代表，如天津狗不理包子、富春茶社的扬州包子、成都韩包子、广东叉烧包和奶黄包等发酵面点，也有使用不发酵面皮制成的上海南翔小笼包、开封小笼包等。包子的种类还在传统馅心的基础上不断增加，使更多人喜爱上包子的美味。而现在生活节奏的加快，催生出了美味、快速、省时、方便的速冻包子。速冻包子中，使用不发酵面皮的灌汤小笼包多属速冻生制品，而发酵面皮的包子多在蒸熟之后再速冻，消费者食用时，复蒸即可。

包子的常见外形特征有菊花包、龙眼包、圆包，以及玉兔包、寿桃包、佛手包等这类象形包子。按口味有甜包和咸包之分，常见的甜包有豆沙馅、奶黄馅、麻蓉馅、香芋馅、白糖馅、小豆馅、莲蓉馅等，常见的咸包有鲜肉馅、鸡汁馅、叉烧馅、三丁馅、蟹黄馅、雪菜馅、胡萝卜馅、香菇青菜馅等。按照成型方式有手工和机制两种。一般手工做的包子皮薄馅大，耐蒸耐咬，但大小相差多，外观稍粗糙，卫生条件控制难，生产效率低下；机制包子则大小均一，产量高，但需严格控制面团的软硬度和馅料的稀稠度，否则次品率偏高，若不对馅心进行配方调整，一般会造成馅料偏干，皮质不耐蒸、不耐咬。

一、速冻包子对原辅料的要求

1. 面皮用原料的要求

速冻包子的皮质要求洁白细腻，口感暄软有嚼劲，大体同馒头的用料相同，主食馒头的用料和点心馒头的用料都可作为包子皮配方。

2. 馅心用原辅料的要求

小麦淀粉、玉米淀粉要求粉质幼滑洁白，无杂质，无结块霉变。吉士粉要求包装完整，无杂质，无结块霉变，具有其特有的色泽和香味，符合相关企业标准。乳粉要求无杂质，无结块霉变，奶香味浓郁。鸡蛋要求新鲜度高，无质变，无异味。黄油要求无杂质霉变，黄色固态，手感细腻，香味纯正，无酸败味。调味料、白糖粉等要求不吸潮，质量符合国家安全标准或行业标准。香油、乳化油等油类要求其色泽、状态、滋味符合其本身固有的特点，无杂质，无酸败变质现象。食品添加剂琼脂、卡拉胶等，其添加使用要求符合《食品安全国家标准 食品添加剂使用标准》（GB 2760—2024）的规定。雪菜、香菇等要求无质变。猪肉最好是肥三瘦七。大规模生产可以冷鲜肉、冷冻肉为主，其卫生和产品质量需符合国家相关标准。

二、速冻包子典型配方

1. 面皮配方

速冻包子的面皮配方同速冻馒头，见表 4-1。

2. 馅心配方

(1) 奶黄馅 吉士粉 4kg，小麦淀粉 4kg，玉米淀粉 6kg，乳粉 2kg，鸡蛋 12kg，白糖 20kg，黄油 12kg，水 40kg，卡拉胶 0.3kg，琼脂 0.3kg。

(2) 雪菜猪肉馅 猪肉 50kg，雪菜 20kg，香菇 10kg，香葱 1kg，水 8kg，盐 0.8kg，白糖 0.8kg，鸡粉 1.2kg，胡椒粉 0.01kg，香油 5kg，生抽 2.5kg，姜 1kg。

三、速冻包子生产工艺流程

馅料→搅拌或炒制→制馅→成型←压面制皮←和面←面皮用料
　　　　　　　　　　　　　　↓
　　　　　　醒发→蒸制→预冷→速冻→金属检测→包装入库

四、速冻包子生产工艺操作要点

1. 制皮

(1) 和面 白糖和水在立式和面机中搅拌至完全溶解。冬春季和面水温（28±2）℃，通过添加热水来实现；夏秋季和面水温为（15±2）℃，通过添加冰片来控制。将面粉、搓碎的鲜酵母、泡打粉等粉状物料倒入立式和面机开机搅拌 2min，将糖水一次性倒入和面桶中，先慢速搅拌 5min，至无干粉时，快速搅拌 4min，中间加入油，然后再转慢档搅拌 4min。和面时间全过程控制在 15min 以内。

(2) 压面 压延工序对包子皮来说非常重要，如果没有压延或压延时间不够，包子皮中的空气没有排干净，成品表皮会有明显的大空泡，而且在冷后收缩形成疤纹，严重影响外观。包子皮面团的压延设备和工序与馒头面团相同。

2. 制馅

(1) 奶黄馅的炒制 炒馅常用设备是夹层锅。奶黄馅的制作如下：首先将粉料配在一起搅拌均匀，然后加水拌成糊状粉浆；将鸡蛋用打蛋器或搅拌机搅成糊状蛋液，加入粉浆中。

然后，把水、糖、黄油倒进夹层锅内，开气加温溶化，待温度升起加入琼脂、卡拉胶，炒拌至锅内原料完全溶化且沸腾时，将粉浆倒入锅中，边倒边快速搅拌，以免结块，搅拌30min左右即可起锅。炒制好的馅料需要预冷，以增加黏稠度，方便成型。

（2）雪菜猪肉馅的拌制　包子馅拌制常用立式和面机，选用扇形桨叶状搅拌器来进行。首先处理蔬菜，将各类蔬菜原料（如雪菜、姜、葱等）清洗干净，用切片机将其切成长丝条状，姜丝再用斩拌机斩成姜碎。再处理肉，将瘦肉洗净后过绞肉机，用10mm的蓖孔绞碎，肥肉用8mm的蓖孔搅成泥状。最后拌馅，将处理过的肉菜倒入拌馅机中搅拌均匀，倒入调味料、香油拌匀。为使馅料不松散，在咸馅配方中可使用能够增加黏稠度的芡汁，大多使用淀粉、增稠剂和骨汤等熬制而成。

3. 成型

（1）手工成型　开皮：将压延好的面皮置于工作台上，将其卷成条状，搓揉至所需直径，要求粗细一致。揪剂：将条状面团握于左手中，露出所需重量的面团长度，用右手的拇指、食指和中指握住条状面团迅速揪下，按生重30g的甜包计算，一般皮重约占20g，而馅含量较高的咸包，如生重40g的雪菜猪肉包，其皮重约占22g。将合格的面剂子按成扁圆形，擀制成圆片状，直径约为5cm，要求厚薄一致。也可借助Φ5cm圆模具开皮。

甜包成型：开好的皮子用光滑面做外面，把馅料放于中间，将收口逐渐收拢成圆球状，然后收口朝下，置于不沾油纸或包底纸中央，均匀上盘后转至干净的蒸车。咸包成型：开好的包子皮将光滑面向下，放于左手心中，右手上馅，推捏成均匀皱褶的菊花形花纹，要求收口严密、个头挺立，包子表面的花纹清晰，而且每个都是16～18个褶皱，无偏馅粘馅现象。然后将包子生坯置于不沾油纸或包底纸中央，均匀上盘后转至干净的蒸车，准备进入醒发工序。

（2）机制成型　机制成型使用到包子成型机。需要提前把机器清理干净，确保料斗内无异物时方可投料，按产品要求调整好馅料的多少，把压好的面块放入面绞笼内按要求调整好面剂的大小，然后同步开启操纵按钮即可制出包子生坯。作为发酵面团，包子生坯成型后不可久放，需及时进入醒发室。象形包的成型在机械圆包成型之后，辅助手工进行，可呈玉兔形、寿桃形、佛手形等。

4. 醒发、蒸制

醒发室预先调好温度（38±2）℃，相对湿度80%±5%，醒发时间（50±5）min。醒发结束，把生坯送入蒸柜关紧柜门，蒸熟蒸透。

5. 预冷、速冻、金属检测

拉出蒸柜的产品在冷却区稍微冷却，中心温度降至35℃以下即可按照产品规格来计量装托。预先把急冻隧道温度降至-30℃以下，包子进行速冻。然后进行包装。过金属探测器。打印纸箱标识，把产品装入规定的包装纸箱，封好箱，做好检验合格的标记。

学习单元三　速冻花卷加工技术

一、原材料标准

应符合《食品安全国家标准　速冻面米与调制食品》（GB 19295—2021），验收合格。除农副产品外，原辅料、食品添加剂、包材必须选择有食品生产许可证企业的产品，各种证件齐全有效。

二、速冻花卷加工工艺流程图

水、辅料 调料
↓ ↓
面粉→和面→制皮→成型→醒发→蒸制→冷却→速冻→包装→检测→入库

三、速冻花卷加工操作要点

1. 前期准备

根据一天的生产量计算出原料的使用量，进行称量，包括面粉、粉料包、调味料。将和面机清理干净并擦干，盛水器具和盛放面团器具都需要提前清理干净。

2. 配料

称取配料前首先校正计量器具。按照配料标准准确称取各种物料，分别盛放。绵白糖、酵母、泡打粉为粉料包，食盐、五香粉、十三香为调味料分别配制。配料请根据车间实际生产量进行核算配比，及时进行调整。

3. 和面

将面粉倒进和面机内加入粉料包搅拌均匀，然后加入水和猪油，加水时请分次加入，最后剩余少量的水根据面团的软硬度调整加水量。和好面团后拿出放于干净的面板上进入下一步程序：压面。

4. 压面

先取少量的面团，面团量不宜太多，适宜自己操作即可，打开压面机开关，调整好需要压制面片的厚度大约1cm，进行压制，要求压制到面片表面光滑即可。

5. 制皮

将压好的面片平铺于面案上，铺前撒少许面粉，用擀面杖将压好的面片再次擀薄，厚度大概0.2cm，在其表面均匀刷上一层色拉油。

6. 下料

将由配料室领取的调味料分批次均匀撒在刷过油的面片上，之后进行卷制。

7. 卷制

卷制时使用由上到下由左到右的方法进行，卷制过程中时刻控制好面卷松紧度，要求卷好的面卷是比较紧密的，然后根据花卷需要的宽度将面卷轻轻拉长，之后用干净的快刀将其分切成小段，要求重量是35g。

8. 成型

将切好的面卷叠摞在一起轻压，用一根木棍或筷子压住中间段扭制出具有很多条纹的花卷，最后将扭制好的花卷均匀放入蒸盘中，根据蒸盘大小摆放花卷，每个花卷之间间隔要求8～10cm。

9. 醒发

把制作好的花卷放在35～40℃、相对湿度70%～80%的醒发室中，醒发20～30min。

花卷经发酵膨胀体积增大，松软而有弹性。

10. 蒸制

把醒发好的花卷放到蒸箱中气压1.5Pa蒸制20min，蒸制过程中不到时间不得打开蒸箱，花卷放进去及时打开蒸汽阀。

11. 冷却

将蒸好的花卷放入冷却间进行冷却，当中心温度达到35°时即可速冻。

12. 速冻

冷却后的产品连续均匀送入速冻隧道进行速冻。于-30~-40℃，在30min内通过最大冰晶带，产品中心温度从-1℃降到-5℃，其所形成的冰晶直径小于100μm，速冻后产品的中心温度必须达到-18℃。

13. 包装

包装形式：枕式带托包装。规格：4个×35g/袋，净含量：140g/袋。产品包装前检查所包装的产品品种与包装品名相对应，将所有包装设备进行消毒处理，包装时人工将速冻的产品放入托中，再将带托的花卷装入包装袋后进行封口包装。

14. 检测

产品在装入托之后进行一次金属检测仪器，排除产品内部掺入金属异物，检测合格方可进入装箱环节。

15. 装箱

按照装箱规格，内外品种一致，码放整齐，数量准确，打包入库。

复习思考题

1. 速冻馒头如何选择和储存面粉原料？
2. 馒头用酵母的种类选择及其使用特点？
3. 简述速冻馒头工艺流程。
4. 和面分哪几个阶段？如何判断面团搅拌是否达到完成阶段？
5. 馒头醒发时需要严格控制的工艺指标有哪些？
6. 馒头、包子类发酵面皮为什么要进行压延？压延操作如何进行？

项目二
非发酵型速冻面制品加工技术

知识目标

了解非发酵型面制品常见的种类与特点；了解代表品种速冻水饺、馄饨工艺流程；掌握速冻水饺面皮和馅料的制作方法。

能力目标

能够区分发酵面制品和非发酵面制品在配方和制作工艺上的区别；能够对速冻水饺生产过程中遇到的问题进行分析、解决；能够对速冻馄饨生产过程中遇到的问题进行分析、解决。

职业素养目标

培养专注、钻研、精益求精、创新的精神；在专业技能领域为满足人们对美好生活的向往贡献力量。

学习单元一　速冻水饺加工技术

一、速冻水饺

我国的非发酵类速冻面制食品，主要以中华民族的特色传统食品——水饺为主。速冻水饺约占冷冻调理食品的1/3，约占速冻面食品的60%，几乎所有生产冷冻调理食品的厂家都生产水饺。速冻水饺已成为速冻食品企业的主要产品。水饺可以根据生产工艺不同分为机器水饺和手工水饺，机器水饺的形状有多种，例如纹边防蟹形、咖喱形、四角形、三角形，手工水饺一般以元宝形和纺锤形居多；根据馅料不同分为猪肉水饺、鸡肉水饺、牛肉水饺、三鲜水饺、韭菜水饺、芹菜水饺、雪菜水饺、胡萝卜水饺等。根据饺子所用的面粉而言有白面（小麦面粉）、玉米面、高粱面等。

速冻水饺一般要求在－30℃以下，将已加工好的水饺在短时间（15～30min）内快速冻结起来，特别是通过最大冰晶区（－5～0℃）时，速度要快，产品以小包装的形式在－18℃的条件下储藏和流通。在此条件下，水饺所含的大部分水分随着热量的散失而形成冰晶体，减少了生命活动和生化反应所需的液态水分，抑制了微生物的活动，延缓了食品的品质变化，从而有效保持了水饺原有的营养和风味。

速冻水饺的食用方法较简单，同普通水饺一样有煮制和蒸制两种，煮制时将水饺直接放入煮沸的滚水中，在煮的过程中添加两三次冷水，至漂浮2～3min即可。起锅时最好用煮汤调入适量的食盐、味精、香葱，把煮好的水饺放入调味汤中，可以保持水饺饱满的外形，食用时表皮光滑、爽口。如果是蒸饺，食用更为简单，直接蒸熟即可。水饺的最大特点是可以当主食食用，特别在当今社会，速冻水饺成了消费量最大的速冻调理食品。

二、速冻水饺生产的基本工艺流程

速冻水饺生产的基本工艺流程如图4-1。

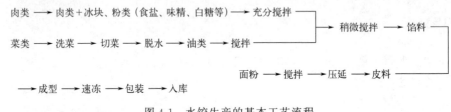

图4-1　水饺生产的基本工艺流程

三、速冻水饺生产操作要点

1. 原料的预处理

水饺是含馅的食品，饺子馅的原料可以是菜类、肉类和食用菌类，原料处理的好坏与产品质量关系密切。原料的预处理由菜类处理、肉类处理、混合配料三方面组成。

(1) 菜类处理　洗菜是饺子馅加工的第一道工序，洗菜看似简单，但是实践证明很多卫生问题都出现在这个简单的工序中。比如常见的沙子、头发丝、塑料片等异物杂物，小工序不注意就会出现大的质量问题。洗菜工序控制的好坏，将直接影响后续工序，特别是对产品卫生质量更为重要。因此洗菜时除了要去除根、坏叶、老叶，有霉烂部分要舍弃外，更重要的是要用流动水冲洗，一般冲洗3~5次。

切菜主要采用切菜机。切菜的目的是将颗粒大、个体长的蔬菜切成符合馅料需要的细碎状。从产品食用口感方面讲，菜切得粗一些好，一般人们较喜欢食用的蔬菜长度在6mm以上，蔬菜的长度太长不仅制作的馅料无法成型，而且手工包制时饺子皮也容易破口；如果是采用机器包制，馅料太粗，容易造成堵塞，在成型过程中就表现为不出馅或出馅不均匀，所形成的水饺就会呈馅少或馅太多而破裂，严重影响水饺的感官质量。如果菜切得太细，虽有利于成型，但食用口感不好，会有很烂的感觉，或者说没有嚼劲，消费者不能接受。一般机器加工的水饺适合的菜类颗粒为3~5mm，手工包制时颗粒可以略微大一点。因此对切菜工序的考核点主要在掌握颗粒的大小。

脱水也是菜类处理工序中必不可少的部分，脱水程度控制得如何，与馅类的加工质量关系很大，尤其是对水分含量较高的蔬菜，如地瓜、洋葱、包菜、雪菜、白菜、冬瓜、新鲜野菜等。各种菜的脱水率还要根据季节、天气和存放时间的不同而有所区别，春夏两季的蔬菜水分要比秋冬两季的蔬菜略高，雨水时期采摘的蔬菜水分较高。实际生产中很容易被忽略的因素就是采摘后存放时间的长短，存放时间长了，会自然干耗脱水，一般春季干旱时期各种蔬菜的脱水率可以控制在15%~17%。一个简单的判断方法就是采用手挤压法，即将脱水后的菜抓在手里，用力捏，如果稍微有一些水从手指缝中流出来，说明脱水率已控制良好。

有时一些蔬菜需要漂烫，漂烫时将水烧开，把处理干净的蔬菜倒入锅内，将菜完全被水淹没，开始计时，30s左右立即将菜从锅中取出，用凉水快速冷却，要求凉水换三遍以防止菜叶变黄。严禁长时间把菜在热水中热烫，最多不超过50s。烫菜数量应视生产量而定，要做到随用随烫，不可多烫，放置时间过长使烫过的菜"回生"或用不完冻后再解冻使用都会影响水饺制品的品质。

(2) 肉类处理 水饺生产中要用到大量的肉馅，对肉馅要求既不能太细，也不能太粗，肉筋一定要切断。在水饺馅料的制作过程中，肉类的处理至关重要，肉类处理的设备采用绞肉机和刨肉机。肉类处理的原则归纳起来六个字：硬刨、硬绞、解冻。水饺生产过程中最怕出现肉筋，肉筋的出现会使水饺的一端或两端捏合不紧，甚至几个水饺连串。捏口不紧，煮熟后开口，影响外观。为此，要求在肉类处理时充分切断肉筋，对尚未解冻的肉类进行硬刨，刨成6~8mm厚、6~8cm宽、15~20cm长的薄片，再经过10mm孔径的绞肉机硬绞成碎粒，这样处理后的肉基本上没有明显的肉筋，而且黏性好。如果肉中含水量较高，可以适当脱水，脱水率控制在20%~25%为佳。硬绞出的肉糜一般不宜马上用作制馅，否则会因为没有充分解冻而无法搅拌出肉类的黏性，所制得的馅料在成型过程容易出水，由此带来的后果是不易成型和馅料失味，因此在硬刨、硬绞后要充分解冻，如果在冬天还得用风扇吹，否则达不到好的效果。

(3) 混合配料 如果认为有水饺配方就可生产水饺，那是非常错误的。同样的一个配方，不同的投料顺序会得到不同的效果。各种原料可归纳为四个部分：肉类、粉类、菜类、油类。投料顺序一般为：

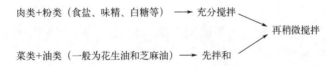

拌馅采用拌馅机，拌馅搅拌时按一个方向，不能倒转，否则容易出水，肉类要和食盐、味精、白糖、胡椒粉、酱油、虾油以及各种香精香料等先进行搅拌，主要是为了能使各种味道充分地吸收到肉类中。同时肉类只有和盐分搅拌才能产生黏性，盐分能溶解肉类中的盐溶性蛋白而产生黏性，水饺馅料有了一定的黏性后生产时才会有连续性，不会出现出馅不均匀，也不会在成型过程中脱水。但是也不能搅拌太久，否则肉类的颗粒性被破坏，食用时就会产生口感很烂的感觉，食用效果不好。判断搅拌时间是否适宜可以参考两个方面：首先看肉色，肉颗粒表面有一点发白即可，不能搅拌到整个颗粒发白甚至都搅糊了，外观没有明显的肥膘。肉色没有变化也不行。其次还可以查看肉料的整体性，肉料在拌馅机中沿一个方向转动，如果肉料形成一个整体而没有分散开来，而且表面非常光滑并有一定的光泽度，说明搅拌还不够，肉料还没有产生黏性；如果肉料已没有任何光泽度，不再呈现一个整体，体积缩小很多，几乎是黏在转轴上，用手去捏时感觉柔软，而且会黏手，说明搅拌时间太长了。

菜类和油类需要先拌和，植物油添加时尽可能将油均匀撒在菜上。这点往往被人们忽略或不被重视，其实这是一个相当重要和关键的工艺。因为肉料含有3%~5%的盐分，而菜类含水量非常高，两者混合在一起很容易使菜类吸收盐分而脱水，由此产生的后果是馅料在成型时容易出水。另外一个可能隐藏的后果是水饺在冻藏过程中容易缩水，馅料容易变干，食用时汤汁减少、干燥。如果先把菜类和油类进行拌和，油类会充分地分散在菜的表面，把菜类充分包起来，这样无论在成型还是在冻藏过程中，菜类中的水分都不容易分离出来，即油珠对菜中的水分起了保护作用。而当水饺食用前水煮时,油珠因为受热会完全分散开来,消除了对菜类水分的保护作用,菜中的水分又充分分离出来,这样煮出来的水饺食用起来多汤多汁,口感最佳。前面两个工艺处理好了,两部分原料混合在一起只要再稍稍拌匀即可,检验的标准只要看菜类分散均匀了没有即可。制备好的馅料要在 30min 内发往包制生产线使用。

2. 面团的调制和饺子皮的辊轧成型

同其他面制食品一样,速冻水饺对原料面粉的要求也很严格,不是所有的面粉都可以用来生产水饺,用于生产水饺的面粉最主要的质量要求是湿面筋含量,另外不同厂家对面粉的白度也有不同的要求。一般要求面粉的湿面筋含量在 28%~30%。面筋是形成面皮筋度的最主要因素,制作的面皮如果没有好的筋度或筋性,在成型时水饺容易破裂,增加废品率,增大成本。淀粉和面筋是面粉的主要成分,另外还有水分、蛋白质以及灰分。

和面通常采用和面机。搅拌是制作面皮的最主要工序,这道工序掌握得好坏不但直接影响成型,而且影响水饺是否耐煮、是否有弹性、冷冻保藏期间是否会开裂。

为了增加制得面皮的弹性,要充分利用面粉中的蛋白质,使这部分的少量蛋白质充分溶解出来,因此在搅拌面粉时添加少量的食盐。食盐添加量一般为面粉量的 2%,添加时要把食盐先溶解于水中,加水量通常为面粉量的 38%~40%,在搅拌过程中,用水要分 2~3 次添加。搅拌时间与和面机的转速有关,转速快的搅拌时间可以短些,转速慢的搅拌时间要长。搅拌时间是否适宜,可以用一种比较简单的感官方法来判定。搅拌好的面皮有很好的筋性,用手拿取一小撮,用食指和拇指捏住小面团的两端,轻轻地向上下和两边拉延,使面团慢慢变薄,如果面团能够拉伸得很薄、透明、不会断裂,说明该面团搅拌得刚好。如果拉伸不开,容易断裂或表面很粗糙、会粘手,说明该面团搅拌得还不够,用于成型时,水饺很短,而且表皮不光滑,有粗糙颗粒感,容易从中间断开,破饺率高。当然,面皮也不能搅拌得太久,如果面皮搅拌到发热变软,面筋也会因面皮轻微发酵而降低筋度。

面团调制后要压延,压延的目的是把皮料中的空气赶走,使皮料更加光滑美观,成型时更易于割皮。如果面皮的辊轧成型工序控制条件不合适,制得的饺子水煮后,可能会导致饺子皮气泡或饺子破肚率增高等质量问题。目前工业制得的饺子皮的厚度均匀,而手工加工的饺子皮具有中间厚、周围薄的特点,因此手工加工的饺子口感好,而且不容易煮烂。如果没有压延,皮料会结成较大块的面团,分割不容易。调制好的面团经过 4~5 道压延,就可以得到厚度符合要求的饺子面皮,整张面皮厚度约为 2mm,经过第一道辊轧后面皮厚度约为 15mm,第二道辊轧面皮厚度约为 7mm,第三道辊轧厚度约为 4mm,第四道辊轧面皮厚度约为 2mm。第四道辊轧时用的面扑为玉米淀粉和糯米粉混合得到的面扑(玉米淀粉:糯米淀粉=1:1)。第三道压延工序所用的面扑均与和面时所用的面粉相同。

3. 成型(包制)

有了馅料和皮料,接下来就可以成型了。如果是手工包制,一定要对生产工人的包制手法进行统一培训,以保证产品外形的一致。同时该工序是工人直接接触食品阶段,因此除了进入车间进行常规的消毒以外,同时还应该加强车间和生产用具的消毒,手工包制车间人员多,为了保证食品的安全,要定期对车间、通道出口的空气进行卫生指标的检验。

水饺机的类型有很多种，如图 4-2 为哈尔滨金美乐商业机械有限公司生产的 JGL120-5B（JGL135）型饺子机。

水饺机的类型不同，成型水饺的外观和质量自然也就不一样，但成型时有几个要点要注意：

(1) 要调节好皮速 皮速快了会使成型的水饺产生痕纹，皮很厚；如果皮速慢了，所成型的水饺容易在后角断开，也就是通常所说的缺角。因此，调节皮速是水饺成型时首先要做的关键工作。调节的技巧是关上机头，关闭馅料口或不添加馅料，先空皮形成一些水饺，此时可能会因为皮料空心管中没有空气，出现瘪管，空皮饺不出来，这时可以在机头前的皮料管上用尖器迅速地捅一个小洞，让空气进入，这样皮料管会重新鼓起，得到合适的外观和稳定的重量时，皮速才算调好。

图 4-2 JGL120-5B（JGL135）型饺子机

(2) 要调节好机头的撒粉量 水饺成型时由于皮料经过绞纹龙绞旋后，面皮会发热发黏，经过模头压模时，水饺会随着模头向上滚动，滚到刮刀时产生破饺，因此在机头上方放适量撒粉是必要的，撒粉的目的就是缓和面皮的黏性。撒粉量不是越多越好，如果撒粉太多，经过速冻包装时，水饺表面的撒粉容易潮解，而使得水饺表面发黏，影响外观。平时对水饺机的保养和维护是保证水饺成型质量的重要因素，特别是对机头的保养，水饺机头在出厂时都喷涂有一种不沾面皮的铁芙蓉，对这种涂料不能用硬器刮，只能用布料擦拭。

水饺在包制时要求严密、形状整齐，不得有漏馅、缺角、瘪肚、烂头、变形、带皱褶、带小辫子、带花边饺子、连在一起不成单个、饺子两端大小不一等异常现象。

机器包制后的饺子，要轻拿轻放，手工整型以保持饺子良好的形状。在整型时要剔除一些如瘪肚、缺角、开裂、异形等不合格饺子。如果在整型时，用力过猛或手拿方式不合理，排列过紧、相互挤压等都会使成型良好的饺子发扁、变形不饱满，甚至出现汁液流出、粘连、饺皮裂口等现象。整型好的饺子要及时送速冻机进行冻结。

4. 速冻

对于速冻调理食品来说，要把原有的色、香、味、形保持较好，速冻工序至关重要。原则上要求低温短时快速，使水饺以最快的速度通过最大冰晶生成带，中心温度要在短时间达到 -18℃。在销售过程中出现产品容易发黑、容易解冻的根源是生产时的速冻工序没有控制好，主要是以下几个方面：冻结温度还没到 -30℃ 以下就把水饺放入速冻机，这样就不会在短时间内通过最大冰晶生成带，不是速冻而是缓冻；温度在整个冻结过程中达不到 -30℃，有的小厂根本没有速冻设备，甚至急冻间都没有，只能在冰柜里冻结，这种条件冻结出来的水饺很容易解冻，而且中心馅料往往达不到速冻食品的要求，容易变质；隧道前段冻结温度过低或风速太大，水饺进入后因温差太大，而导致表面迅速冻结变硬，内部冻结时体积增大，表皮不能提供更多的退让空间而出现裂纹；生产出的水饺没有及时放入速冻机，在生产车间置放的时间太长，馅料中的盐分水汁已经渗透到了皮料中，使皮料变软、变扁、变塌，这样的水饺经过速冻后最容易发黑，外观也不好。可以通过试验确定速冻饺子在速冻隧道中的停留时间，以确保产品质量。

必要时可在速冻水饺表面喷洒维生素 C 水溶液，可以对水饺表面的冰膜起到保护作用，防止饺子龟裂,形成冰晶,减少面粉老化现象。

5. 包装储藏

速冻食品在称量包装时要考虑到冻品在冻藏过程中的失重问题,因此要根据冻藏时间的长短而适当地增加分量。冷库库温的稳定是保持速冻水饺品质的最重要因素,库温如果出现波动,水饺表面容易出现冰霜,反复波动的次数多了,就会使整袋水饺出现冰渣,水饺表面出现裂纹,严重影响外观,甚至发生部分解冻而相互黏结。

四、影响速冻水饺质量的因素

1. 面粉品质的影响

水饺由皮和馅组成,饺子皮的主要原料是面粉,直接影响着制品的外观和口感,合适的面粉是保证速冻水饺品质的前提。

(1) 蛋白质品质的影响 水饺对面粉蛋白质品质要求较高,食品对蛋白质含量的要求从低到高依次为糕点、饼干、馒头、面条、水饺、面包,可见水饺仅次于面包,一般为12%～14%。面粉中的蛋白质主要分为清蛋白、球蛋白、醇溶蛋白、谷蛋白,其中醇溶蛋白、谷蛋白是组成面筋的主要成分,面筋含量的多少及质量的好坏与水饺品质密切相关。蛋白质形成面筋后,应该具有一定的延展性和弹性,只有这样才可以在水饺冻结过程中减轻由于水分冻结、体积膨胀造成的对水饺表皮的压力。片面追求面筋数量而忽视了蛋白质品质是影响水饺冻裂率的一个重要因素。因此,作为优质速冻水饺的专用面粉,它的蛋白质品质要好,面筋质量要高,面团的稳定时间要合适。我国行业标准对饺子专用面粉中的面筋含量要求在28%～32%之间,面团的稳定时间大于3.5min(饺子粉 SB/T 10138—93),同时要求弱化度在120BU以下。但面筋超过32%以后,水饺品质的效果变化不明显,而且从工业化生产讲,筋力太高的面粉弹性好,加工过后缩成原状的趋势强,给工艺带来不便,和面时水分少时面团较硬难以加工,水分多时面团易粘在机器的输送带上,因此面筋含量要适宜。

(2) 灰分的影响 灰分是衡量小麦面粉加工度的主要品质指标,不同的加工精度,面粉的粉色差异较大,粉色差的面粉制成的速冻食品的颜色会越来越差。用于速冻食品的面粉灰分要低于0.45%,而且越低越好。同时灰分主要构成成分是纤维素,一般和面过程中,纤维素在面筋网络中形成节点,破坏了面筋网络的强度;并且由于纤维素吸水较快且较多,在面筋网络中形成水分聚集点,导致水饺冻结过程中破裂率提高。

(3) 粗细度的影响 面粉粗细度一方面影响面粉色泽,另一方面影响面粉中游离水的含量和吸水率,这对速冻食品的稳定性有相当重要的影响。若游离水含量太多产生冰晶对面筋网络的构造会产生破坏作用,降低速冻食品的储藏性。一般以全通CB36,留存CB42不超过10%为宜(SB/T 10138—93)。

(4) 淀粉的影响 淀粉在小麦面粉中所占的比例较大,一般占70%～80%,淀粉的糊化和老化对食品的质构有显著影响,因此对速冻水饺的品质影响也很大。用于速冻水饺的面粉要求淀粉特性具有较低的糊化温度,较高的热黏度,较低的冷黏度。较低的糊化温度可以使水饺皮在低温下糊化并吸收大量的水;较高的热黏度可以使水饺在蒸煮时对表面淀粉有很强的黏附性,使表面淀粉流失减少;较低的冷黏度可以使水饺煮熟降温后减少饺子间的粘连。对于生产速冻食品的面粉来说,淀粉的低温冻融稳定性要好,淀粉或面粉的冻融稳定性与速冻食品、冷冻面团的品质关系密切,速冻水饺也不例外,否则速冻水饺容易冻裂。破损淀粉的含量对水饺的品质也产生很大影响,蒸煮损失与破损淀粉有很大相关性,破损淀粉含量越少,蒸煮损失越少。直链淀粉具有优良的成膜性和膜强度,支链淀粉具有优良的黏结性。

2.工艺的影响

(1)面团的调制工艺 面粉的加水量、和面程度要适度,加水量要根据季节、环境温度及面粉本身质量适当控制,气温低时可多加一些水,这样做有利于水饺的成型。当面团较硬时,和面的力大,不利于水饺成型,此时可多加些水或加入一些淀粉,将面团和软一些。

(2)放置时间 如果水饺成型后放置时间过长,不能及时送入速冻机速冻,水饺馅内的水分会渗透到饺子皮内或流出水饺外,影响水饺色泽,造成水饺色泽变差,因此包好的水饺应立即送入速冻机速冻。

(3)速冻工艺 水饺要经过速冻,才能获得高质量。冻结速度越快,组织内玻璃态程度就越高,形成大冰晶的可能就越小。速冻可以使水饺体系尽可能地处于玻璃态,而慢冻时,由于细胞外液的浓度较低,因此首先在细胞外水分冻结产生冰晶,造成细胞外溶液浓度增大,而细胞内的水分以液态存在,由于蒸气压力差作用,使细胞内水向细胞外移动,形成较大的冰晶,细胞受冰晶挤压发生变形或破裂。同时随速冻时间增加,肉馅中蛋白质的保水能力下降,胞内水分转移作用加强,产生更大、更强的冰晶,而刺伤细胞,破坏组织结构。另外由于冻结速度慢,汁液与饺皮接触时间也长,致使饺皮色泽发暗;而速冻时,肉馅不致因流失汁液而浸入饺皮。冻结温度是决定制品冻结速度的主要因素,温度低效果好,但到一定温度后影响变得就不显著了。

3.添加剂的应用

同其他面制食品一样,选择合适的添加剂可以提高水饺的品质,有效降低生产成本。应用在速冻水饺中的添加剂必须具备以下特点:

(1)能够完善面筋网络形成,提高面筋质量 面筋网络改善有利于增强水饺皮自身的强度,抵抗由于水分结冰体积膨胀所造成的压力,减少水饺的冻裂率。

(2)提高面皮保水性 利用保水性较好的添加剂可以降低表面水分在加工、物流过程中的水分散失,避免由于表面水分流失所造成的表面干裂。

(3)较好的亲水性 较好的亲水性可以使面皮中的水分以细小颗粒状态均匀分布在饺子皮中,降低水分在冻结时对面皮的压力,减少冻裂率。

添加剂的选择对水饺的品质影响很大。例如,乳化剂的添加可以明显降低裂纹概率,减少蒸煮损失,这是因为乳化剂能与面粉中的淀粉、蛋白质,特别是小麦面粉中的麦谷蛋白发生较强的作用,强化面筋网络,使面团弹性增强,阻止搅拌等工艺过程造成对面筋网络的破坏。还可阻止直链淀粉的老化。淀粉添加量越高,水饺白度越好。外加淀粉改变了原面粉中蛋白质与淀粉的比例,从而改善了面筋网络的结构致密度,改变了对光的折射率,提高了饺子的色泽。但添加量太大,面筋被稀释,面筋质量下降,水饺的冻裂率增大。另外,淀粉对饺子的耐煮性及口感、风味也有负面影响,所以淀粉添加量要根据面粉和生产情况选择恰当的比例。

4.水饺馅的影响

水饺馅的品种也会对冻裂率造成一定的影响。馅中脂肪含量较高的品种冻裂率相对较低,因为脂肪在冻结时体积缩小。蔬菜中因为水分含量较高,所以蔬菜馅水饺冻裂率相对会较高。如果是肉馅,用的原料肉不应是反复冻融的,否则会影响保水性,影响水饺的成型。同时水饺馅肥瘦肉之比也要合适,肥膘过多,人吃后会感到饺馅过于油腻,饺子易出现瘪肚现象,让人感到饺馅过少;肥膘过少,口感欠佳。水饺馅的加水量对水饺品质也会产生影响,外加水越多,速冻后肉馅膨胀系数可能性增加,从而使裂纹概率增加。但是如果水太少,会造成口感风味劣化。一般情况下饺子馅在满足口感风味的要求下尽量少加水。饺馅要搅拌充分,否则会出现水分外溢、馅汁分离现象,而且速冻后的水饺颜色加深、发暗,缺乏光泽,煮熟后易出现走油、漏馅、穿底等不良现象。水饺馅大小要均匀,不能过大,否则不利于水饺的成型且熟制时容易出现生馅及烂皮现象。

5. 影响速冻水饺卫生指标的因素

主要有两个方面:一是原材料的卫生指标不合格;二是产品在生产过程中被污染。必须对原材料进行严格的检验把关,对不合格产品进行严格的杀菌处理。生产中的污染主要来自人为因素和环境因素。因此要求操作人员的手、衣、鞋进行严格的消毒处理,车间、工具等都应定期消毒,控制空气中的落下菌,严格依照《食品安全法》进行生产操作。

6. 其他因素的影响

饺子皮与馅的比例对水饺的成型影响也较大,一般控制在60%~70%之间,这样水饺才饱满。皮馅比不合理等原因也会对水饺的冻裂率有一定影响。馅太多,容易把饺子皮涨破;水饺在成型时尽可能使水饺上附着的面粉少一些,否则也会影响成品水饺的色泽及外观;同时,水饺在运输的过程中,要保持温度的恒定,防止温度波动。

总之,影响速冻水饺品质的因素较多,在生产过程中必须严格控制好每一个环节,这样才能保证产品的质量,满足消费者的需求。

学习单元二 速冻馄饨加工技术

一、馄饨概述

馄饨是中国传统食品,名称源于北方,古代认为这是一种密封的包子,没有七窍,所以称为"混沌",依据中国造字的规则,后来才称为"馄饨"。广东等南方一带将馄饨称为"云吞";在四川,馄饨包制时如人的双手抄起,故称之为"抄手";新疆称为"曲曲"。全国各地有不少深受广大食客好评的馄饨,著名的有成都市的龙抄手,其皮薄鲜嫩、味美汤鲜;重庆市的过桥抄手,馅料讲究,薄皮包馅,蘸食调料众多;上海市老城隍庙松运楼的三鲜馄饨,皮薄鲜嫩、汤清味鲜。

馄饨在南方发扬光大后,相比水饺有了明显的区别。馄饨皮为边长约6cm的正方形,或顶长5cm、底长7cm的等腰梯形。其皮薄在1mm以下,甚至薄如纸,但又耐煮不烂,煮熟后有透明感,内里馅心清晰可见,晶莹剔透。馄饨的煮制时间短暂,有"焯"熟之说,故馅心也要求乳化充分,肉馅要成泥状,如此与皮同食,相互衬托更显细腻爽滑。馄饨的食用方法也有讲究,重汤料,多使用清汤,搭配虾皮、紫菜、香菜等食用,也可像水饺样搭配多种蘸料,或者炸制后食用,风味各具特色。

馄饨的馅料也富于变化。菜肉大馄饨与鲜肉小馄饨曾是上海小吃店的基本选项。起源于无锡东亭的三鲜馄饨以鲜猪肉、开洋（淡水虾米干）、榨菜为馅料。常州三鲜馄饨则以鲜猪肉、虾仁与青鱼肉为馅。广东以肥瘦猪肉、鲜虾仁、大地鱼碎、蛋黄等为馅。20世纪90年代以来，连锁经营的数家风味大馄饨店在上海出现，酱菜、荤素时鲜、南北干货纷纷汇入馅料，馄饨的品种也得以大幅丰富与提升，如莲藕叉烧鲜肉、腊肉山药鲜肉、咸肉鲜肉、三菇鲜肉、荷兰豆鲜肉、蛋黄香酥鸭、哈密瓜鲜肉、银鱼蛋黄、平菇虾仁、松仁粟米鲜肉等新鲜组合出现。牛肉、螺肉、鸡肉、各色鱼肉等，时鲜蔬菜水果，以及各色豆制品都可为鲜货之选。干货中的开洋、干贝、香菇、香肠、咸鱼、咸肉、梅菜亦可入馅。酱菜中以榨菜、大头菜和萝卜干受青睐。本单元将以鲜肉馄饨为例介绍速冻馄饨的工艺流程。

二、速冻馄饨对原辅料的要求

馄饨要求皮薄，色洁白，熟后透明度高，还需耐冻、耐煮，因此速冻馄饨用面粉类似优质水饺粉，一般使用高筋小麦粉，湿面筋含量在28％～32％，灰分低，白度高，可参考速冻水饺专用粉选用。市面也有馄饨专用粉销售。

其他原辅料可直接参考速冻水饺的原辅料要求部分。

三、速冻馄饨典型配方

(1) 面皮典型配方 面粉100kg，变性淀粉5kg，水38kg，盐2kg，碱1.5kg，改良剂0.02kg。

(2) 鲜肉馅典型配方 猪肉35kg，水3kg，肉皮汤冻8kg，姜2kg，大葱2kg，盐1kg，白糖0.6kg，味精1kg，鸡精0.7kg，五香粉0.1kg，酱油3kg，香油1kg，色拉油2kg。

四、速冻馄饨生产工艺流程

面皮原料验收→和面→制皮→成型←制馅←原料处理←馅心原料验收
↓
速冻→包装→金属检测→入库冷藏

五、速冻馄饨生产操作要点

1. 和面、制皮

先将面粉倒入和面机内，再将变性淀粉与粉状小料混合后加10kg水（用水含在总加水量中）搅拌均匀成糊状无硬块后倒入和面机，然后倒入剩余的水。若为普通和面机，先开机正转搅拌13min，醒面5～10min，再正转搅拌2min出锅。

压延在连续压延机上进行，一般为1道复合压延，4～5道连续压延，面皮厚度逐渐变薄至1mm厚。在压延过程中，扑粉使用玉米淀粉或绿豆淀粉。

压延之后是制皮工序，可将其串联在压延机后。先用一排立刀将面片分切，立刀间距约为6cm，分切开的多条面皮再经过一个定量切断刀辊，此成型辊的两排刀间距6cm，切断后即成为6cm见方、厚度1mm的大馄饨面皮。也可根据不同品种的要求选择相应的成型模制皮。然后将出好的面皮成品接放在钢盘中，每盘放3行，每叠10～15张皮，送至手工成型工序即可。

2. 制馅

(1) 菜处理 生姜掰叉，清洗干净，控去多余水分，用斩拌机斩切成碎末，颗粒直径不能大于 2mm；脱皮大葱去根、黄叶，清洗干净，控去多余水分后，用切菜机切两遍，再用斩拌机斩碎，颗粒直径不能大于 2mm。

（2）肉处理 使用冻肉时，Ⅱ、Ⅳ号肉先用冻肉机切块，然后用蓖孔为 10mm 绞肉机绞一遍，肥膘使用蓖孔为 8mm 绞肉机绞一遍，按配方要求准确称量后即可进入下一道工序。使用冷鲜肉时，直接过绞肉机即可。肉皮汤冻的制作可参考速冻饺子馅心部分的介绍。

（3）拌馅 馄饨的馅心制备可使用拌馅机，也可在高速斩拌机中进行。首先将肉、1/2 的水，逐渐调至高速斩拌成泥状，至黏性增强时，再加入剩余的水、小料，逐渐换至高速斩拌，最后加入姜葱斩拌均匀即可停机出料。

3. 手工成型

手工成型时若条件许可，先确认馄饨皮的纵横向，将纵向正对身体摊开于左手食指、中指和无名指上，右手拿竹片将肉馅挑到皮子中间，然后将面皮上下对折，旋转面皮，制成官帽式外形。其他成形有抄手式、伞盖式等。

4. 速冻

成型后的馄饨计量入托后，进行快速冻结，要求 30min 内中心温度达到 −18℃。

5. 入库冷藏

速冻后，装袋，过金属检测器，封口装箱，存放在 −18℃ 的冻库。

学习单元三 速冻飞饼加工技术

一、飞饼概述

速冻飞饼是速冻面制品的一种，它是一种以小麦面粉为主要原料，经过调味等，再通过机器成型，并经过速冻而成的一类生制产品。市面上常见的有葱油飞饼、原味飞饼等。

较为风靡的印度飞饼来源于印度首都新德里孟加拉湾大山脉，是享誉印度的一道名小吃，是用调和好的面粉在空中用"飞"的绝技做成。其风味独特，制作神奇，薄如蝉翼，外酥里嫩，松软可口，色泽金黄，品种繁多，内有精心调制的各种馅料。由于它独特的工艺，面对着顾客现做现品，而令人有很强的感官体验以及满足好奇心，其特点为"精、美、优、特"。速冻飞饼成为国内飞速发展、具有异域特色风味的舶来、休闲、时尚的大众消费食品。

二、飞饼加工工艺流程

原辅料的处理→和面→分割静置→裹油压层→成型→速冻→包装→金属检测→装箱入库

三、飞饼加工操作要点

1. 原辅料的处理

生产飞饼时，主要的原料是小麦面粉，其他的辅料有白糖、食盐、飞饼专用油及压层专用油等。

（1）小麦面粉的处理

① 除去面粉的包装袋：拆线时，从带有合格证的一端将线拆下，并集中存放在指定位

置，以免混入产品中。另外，操作时注意不要把外包装上的脏物带入原料中，发现外包装被脏物污染严重，而且直接污染到内装原料，要对这些污染到的原料做报废处理。

② 小麦面粉使用前检查：检查该面粉是否超过保质期，是否吸潮结块或是否有酸败异味等，若有酸败味儿，则作废处理；另外用于生产的面粉一律要求过筛处理，以免面粉中引入杂质等。

(2) 白糖的处理

① 除去白糖的包装袋：拆线时，从带有合格证的一端将线拆下，并集中存放在指定位置，以免混入产品中；另外，操作时注意不要把外包装上的脏物带入原料中，一旦发现外包装被脏物污染严重，而且直接污染到内装原料，要对这些污染到的原料做报废处理。

② 白糖使用前检查：检查白糖是否超过保质期，是否有结块或有异味等现象，如果发现有严重结块或有异味现象，禁止直接使用。

(3) 食盐的处理

① 除去食盐的包装袋：拆线时，从带有合格证的一端将线拆下，并集中存放在指定位置，以免混入产品中；另外，操作时注意不要把外包装上的脏物带入原料中，一旦发现外包装被脏物污染严重，而且直接污染到内装原料，要对这些污染原料做报废处理。

② 食盐使用前检查：检查食盐是否超过保质期，是否有结块或有异味等现象，一旦发现有严重潮解或有异味现象，禁止直接使用。

(4) 飞饼专用油及压层专用油

① 将检验合格的飞饼专用油及压层专用油除去外包装箱及薄膜（要求油脂表面必须去除干净，另外压层油脂表面所裹的塑料膜极易吸附纸箱上的碎纸，因此处理要格外注意坚决杜绝纸屑及薄膜混入产品）。

② 压层专用油若存放在冷藏库，使用前要提前拉出使其回温，一般要求回温后温度控制在16℃左右。

2. 和面

① 将称量准确的小麦面粉和白糖等粉状辅料倒入卧式和面锅，并开启和面锅低速搅拌1～2min，然后加入水或冰水高速搅拌5min，最后加入飞饼专用油搅拌均匀。

② 要求和好的面团的中心温度为20℃左右，因此在和面时要根据季节不同，适当调整水温，如夏季适当添加冰片调节水温，以确保最终和好面团的中心温度符合工艺要求。

③ 经检查合格的面团，方能入面车中，转入下一道工序使用。

3. 分割静置

① 将和好的面团置于不锈钢操作台上进行分割处理，分割时要使用电子秤准确称量，达到面块重量一致。

② 将分割后的面块揉成表面光滑的面块，然后将它们整齐地摆放在不锈钢操作台上，开始静置，一般静置时间为15～25min，静置时为避免面团表皮水分散失，通常要将面团表面加盖塑料薄膜。

③ 静置结束时，面团的中心温度不能出现较大的变动，以免影响产品质量，因此生产环境要设有空调、暖气等设施来维持环境温度在室温条件下，不能太高也不能太低。

4. 裹油压层

① 开机前，要检查压延机各部位零件是否齐全完好，检查压延机的卫生状况，若符合

要求,才能打开电源检查机器是否能正常运转。

② 对压延机的程序进行设定,调整合适的压延尺寸,然后将静置好的面团置于压延机上进行压延,接着把压层油脂置于压延的面皮上,将面皮对称折叠覆盖压层油脂,充分裹好压层油脂,再进行压延、折叠、再压延,一般要经过5道压延,压延后面带温度为20℃左右。

5. 成型

① 开机前,要检查飞饼成型机各部位零件是否齐全完好,检查飞饼成型机的卫生状况,若符合要求,才能打开电源检查机器是否能正常运转。

② 将压延好的面带分半处理后,叠压着置于飞饼成型机上,操作过程中要求操作成型机的机手称量切出飞饼块的单粒重,若发现不合格的产品及时进行反馈调整。

③ 成型过程中,要认真观察机器的运转情况,若发现飞饼膜即将用完,及时停机进行更换,以免造成过多的浪费。

④ 成型好的飞饼由专人挑拣,将无残缺、无起皱、无变形、两侧膜完整的合格飞饼平放于不锈钢钢盘中,然后控制在30min内将产品转入速冻装置进行冻结,以免表面水分蒸发干燥后,造成冻裂和增加不必要的干耗。

6. 速冻

① 在飞饼转入速冻装置之前,必须保证速冻装置内温度已经达到-30℃以下,而经过速冻装置冻结的飞饼中心温度必须达到-18℃以下。

② 将挑拣合格的飞饼摆放在不锈钢钢盘内放入速冻装置,钢盘与钢盘之间要留有一定空隙,便于冷循环及避免速冻装置在运转时出现卡盘现象。

③ 要不定时进行抽检冻后飞饼的中心温度,发现偏差立即进行纠正。

7. 包装

① 首先根据包装袋的材质结合封口机的转速把封口机温度调试到最佳状态,调整日期、质检号及识别码等,使封口平整、严密无缺口,日期和质检号等准确清晰。

② 装袋前先核对包装袋上的品名规格是否与所包装产品相符,另外装袋时还要检查冻结后的产品是否符合工艺要求,若发现有次品(产品严重变形、表面有异物或存在表皮膜脱落等现象)混入,要立即挑出,并将合格产品按照包装规格要求进行快速装袋。

③ 对装袋的产品进行快速称量,确保每袋产品的净含量(不含袋重)都要符合工艺要求。值得注意的是为确保称量的准确性,用检定分度值为1g的电子秤称量,注意秤的灵敏度,称量台无其他附着物体干扰,且使用时秤要放平稳。

④ 对称量合格的成袋产品进行快速封口,使封口平整、严密无缺口,日期和质检号等准确清晰;设专人检查封口后的每袋产品,合格的即可转入下一道工序。

8. 金属检测

① 根据所包装飞饼的大小设定金属检测器的灵敏度,用测试板测试金属检测器,定好金属感应标准,Fe测试板≤Φ1.5m、非铁测试板≤Φ2.0mm、不锈钢测试板≤Φ2.5mm,注意设定时要求金属检测器附近没有干扰源,以免引起设备的灵敏度降低。

② 将封口合格的产品逐袋放到金属探测仪的输送带上,要求每一袋产品都必须通过金属探测仪,一旦发现有不能通过的产品,将产品进行分半,再依次通过金属检测仪,对不能通过的再进行分半检测,最终要求找到金属,并分析查找原因。

③ 一般要求每隔半小时用金属检测板测试金属探测仪一次，以免金属检测器突发失灵，造成产品漏检；金属探测仪检测合格的整袋产品要求快速转入下一道工序。

9. 装箱入库

① 装箱前，首先核对包装箱上的规格、品名、生产日期等是否打印准确清晰，是否与待装箱产品一致。

② 把通过金属检测器的合格产品，按照数量要求装入纸箱，且保证装箱平整，不得多装或少装，用相应的胶带封口，要求封口平整严密，尽量左右保持对称。

③ 封箱后的产品要整齐码放在垫板上，码高不得超过 12 层，在 30min 之内入低温库（－18℃）冷藏。码放时把不同品种分开存放，码垛离库墙及天花板距离≥15cm。另外若在夏季要适当缩短入库时间。

复习思考题

1. 论述速冻水饺生产常见质量问题及控制。
2. 速冻馄饨生产工艺流程及操作要点是什么？
3. 金属检测器使用的目的是什么？使用注意事项有哪些？

数字资源

速冻水饺加工工艺
及操作要点

饺子机（动画）

速冻水饺生产中
常见问题

项目三
速冻米制品加工技术

知识目标

了解速冻米制品加工技术在我国国民经济中的作用；理解速冻米制品加工技术的基本理论；掌握速冻米制品加工技术与农产品储藏的关系。

能力目标

具备速冻汤圆、粽子、米饭等制品加工工艺的基本技能；能够灵活解决速冻米制品加工过程中出现的各种问题。

职业素养目标

培养专业、专注、钻研的素质，具有时间观念和创新精神，提高发现问题、分析问题和解决问题的能力，培养线上的综合素质和管理能力。

学习单元一　速冻汤圆加工技术

一、汤圆概述

米制品类冷冻调理食品主要是指以各种糯米、粳米或糯玉米为主原料，经过调味、包馅等，再由机器或手工加工成各种形状并速冻而成的产品。市面上常见的有汤圆、八宝饭、粽子等，其中又以汤圆和粽子为主。

汤圆是我国人民欢度节日的传统食品。最初是由家庭、茶楼酒肆等现包现煮食用。近年来，随着速冻技术的迅速发展，速冻食品在我国市场迅速兴起，汤圆才作为一种速冻食品，进入社会化大生产的行列。

速冻汤圆作为一种速冻中式食品，既满足了现代人对方便、卫生、营养的要求，又适合国内消费者的口味，因此市场潜力很大。汤圆多呈圆形，包馅，大小从3g重的小汤圆到30g重的大汤圆不等。汤圆的最大特点是绵软香甜、口感细腻、食用方便，是点心小吃的佳品。尤其在传统的元宵节，几乎家家户户都吃汤圆，又出于汤圆的"圆"字常常代表团圆，因此春节期间也是消费汤圆的大旺季。汤圆一般以甜味为多，大多根据汤圆的馅料命名，有芝麻汤圆、花生汤圆、豆沙汤圆、香芋汤圆、椰味汤圆等，咸味的汤圆不多，常见的只有鲜肉汤圆。

二、速冻汤圆对原辅料的要求

(1) 组成(以黑芝麻为例的主要成分) 皮儿：水磨糯米粉（主要成分）；
馅儿：黑（白）芝麻、白砂糖、饴糖、猪板油、熟面粉、核桃仁、CMC-Na 等；
辅料：水、汤圆面皮改良剂、其他食品添加剂等。

(2) 原料要求 水磨糯米粉：汤圆面皮儿的主要组成部分，最好是选用优质粳糯为原料；黑芝麻：颗粒饱满、去沙除杂，粗细度全部通过 CB36，炒熟后无焦苦味；核桃仁：成熟度好、无霉烂、无虫害，用沸水浸泡去皮、炸酥、碾碎成小米粒大小；猪板油：新鲜或冷冻良好的洁白脂肪；熟面粉：将小麦粉于笼屉上用旺火蒸 10~15min，以调节馅心的软硬度，缓解油腻感；CMC-Na：将 CMC-Na 配制成质量分数为 3%~5% 的乳液，用以调节馅心黏度，使其成团。

(3) 辅料及添加剂用途

① 如魔芋精粉、瓜尔胶等可作为汤圆改良剂，有协同增稠作用，具有形成凝胶的能力，确保汤圆不塌架，同时增加了干水磨糯米粉的吸水量。

② 如复合磷酸盐通过保水、黏结改善面皮儿流变性能以改进速冻汤圆的组织结构和口感。因吸水、保湿而避免表面干燥，使组织细腻，表皮光洁不渗水。

三、速冻汤圆配方设计

1. 馅料（1000g）

馅料配方实例见表 4-4。

表 4-4 馅料配方实例

名称	比例/g	名称	比例/g
色拉油	200	黑芝麻	80
蔗糖	200	白芝麻	40
糖粉	200	花生	80
糯米粉	90	淀粉	40
水	30	白油	40

2. 面皮（1000g）

面皮配料实例见表 4-5。

表 4-5 面皮配料实例

名称	比例/g	名称	比例/g
糯米面	600	白油	19
水	约 380	食盐	1

四、速冻汤圆生产工艺流程

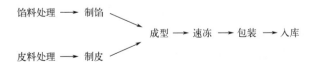

五、速冻汤圆生产操作要点

1. 馅料的原料处理

馅料的原料主要有芝麻、花生、莲子、豆沙、白糖以及鲜肉汤圆用到的猪肉等。在以上几种原料中芝麻的处理最麻烦,芝麻汤圆要用到黑芝麻和白芝麻两种,通常黑芝麻含有较多的细沙杂质,对黑芝麻的清洗要有足够的耐心。

(1) 黑芝麻的清洗操作流程 把芝麻放入10倍重量的清水中上下搅拌几分钟,让芝麻充分浸水,然后静置30min,由于芝麻饱满程度不同,芝麻或漂浮、悬浮或沉浮于水中。完全漂浮于水面的芝麻没有肉质、只是空壳,不能食用,这部分芝麻连同浮于水面的草叶、草根等杂质先捞出弃掉;然后用密网把悬浮于水中的优质芝麻慢慢捞出另放备炒;沉底部分不易同杂质分开,需要再次搅拌,并将盛桶倾斜静置,稳定后杂质会朝低端处沉积,高端处为干净芝麻。这样反复几次,基本可以把芝麻洗净。另外要注意的是洗好的芝麻不能盛放太多太久,洗好的芝麻特别容易发热,对其质量有影响。

(2) 炒芝麻、花生或其他原料 火候掌握得好坏关系到炒后的香味和脆性,要求芝麻或花生熟透、香脆且没有焦味、苦味,颗粒鼓胀。炒熟的芝麻或花生要趁热绞碎,冷却后再绞的效果不好,不易绞碎。甜味汤圆馅切忌混有除糖以外的任何味道,因此不能使用五香花生或略带咸味的调味花生,最好使用生花生现炒现用。

2. 皮料的原料处理

汤圆皮料主要是由糯米粉组成,因此对皮料的原料处理也就是对糯米的处理。糯米处理可分清洗及浸泡、磨浆、脱水三个过程。

(1) 清洗及浸泡 水洗和浸泡的主要目的是除去杂质。浸泡要求一半米和一半水搅拌后浸泡,浸泡时间根据不同的气温有所不同,夏天浸泡4h,冬天要浸泡8h或更多,甚至晚上开始浸泡第二天磨浆,浸泡时间达12h以上。浸泡的目的是将硬质的糯米软化,便于磨浆。磨浆时要注意出料阀的控制,好的浆料呈天然白色,细腻,滑润,并且充分吸水鼓胀,呈泡沫状,如果浸泡时间不够,磨出的浆料则成稀液状,不会鼓胀。

(2) 磨浆 将浸泡过的糯米磨成细浆的过程。在磨浆下料时还要注意边加米边加水,使浸泡米始终在含水状态下进入磨浆机,否则磨出的米浆不够细腻,很粗糙,将直接影响成品的质量。水磨后的浆液进入浓浆池之前应设计过筛工艺,一般采用80~100目的筛网以确保细度。

(3) 脱水 指将匀浆进行脱水成固体的工序。脱水的作用是将浆料中多余的水分脱去,一般脱水后的糯米浆为原料糯米的160%~180%,根据这个得率在实际生产中调试并掌握脱水机适当的转速和脱水时间。如果不是现用还要对脱水后的糯米浆进行干燥处理,以达到糯米粉的标准。

3. 制馅

随着消费者对汤圆质量要求越来越高,从事汤圆生产的研究开发人员对汤圆的研究也越来越深入,好的汤圆馅料可以总结为几个特点:成型时柔软不稀,冷冻时体积不增大,水煮食用时流动性好呈流水状,味道香甜细腻。以上所说的特点都是针对甜味馅而言,咸味的如鲜肉汤圆较简单,同水饺、包子的馅料制法一样。

汤圆馅料要达到成型时柔软不稀易成型,水煮食用时又要呈流动性好的液态,添加适当的食品添加剂就显得特别重要。实践证明，在馅料中添加1%左右的冷冻果酱粉效果良好，果酱粉通常由黄原胶和麦芽糊精等原料人工合成，其亲油性大于亲水性，调配馅料时果酱粉充分溶解于所添加的油分里形成糊状。同时溶于油中的果酱浆有良好的黏稠性，与芝麻酱或花生酱（磨碎的芝麻或花生）及白糖混合后提高了混合馅料的柔软性和延展性，符合成型要求。而馅料经加热水煮后油珠受热重新游离，糊性降低，稀释性提高，馅料则呈现有较好流动性的稀液，食用时口感细腻，感觉馅料很多，自然溢出，并且可以感觉到馅多。

选择好适当的果酱粉还不能保证制作出的馅料质量上乘，多种原料的调配顺序至关重要。在汤圆馅料的制备过程中，原料不同其制作工艺也不完全相同。以芝麻汤圆为例说明馅料调配的工艺要点。

① 先将芝麻酱和白糖粉充分搅拌，因为芝麻在绞碎时会由于流出芝麻油而使芝麻酱呈细条状，而不是粉状，在搅拌时要把细条状的芝麻酱分散开来，直至呈粉末状分布于白糖粉中，否则芝麻味不均匀，影响质量。

② 色拉油和甘油要先与果酱粉搅拌溶解，边搅拌果酱粉边加色拉油和甘油，使果酱粉充分溶解在油中，形成糊状液。在这个工序要特别注意，搅拌要连续不能中断，否则果酱粉会结团不易分开。然后把以上两种混合料再混合搅拌均匀，得到效果良好的芝麻馅。馅料在用于成型之前最好在0℃左右的低温条件置放几个小时，这样更有利于成型。

汤圆馅料在整个配制过程中几乎不添加水分，如果太干可以再适当添加色拉油，但考虑到成本，添加少量的水分也可以。如果馅料的水分太多，在速冻（特别是速冻条件较差的）时汤圆容易冻裂。汤圆冻裂的问题一直困扰着很多厂家，一般认为汤圆冻裂的原因是皮质问题，但也有研究认为，馅料的好坏也影响汤圆是否会裂。因为在速冻过程中，皮料首先冻硬，馅料比较慢才会冻硬，如果馅料水分太多，在水变成冰时，体积膨胀，造成整体馅料体积膨胀，从而使皮被胀破。另外由于冷库及销售过程中的温度波动，冰的体积将进一步增大，因此在实际中发现汤圆在储藏或销售过程中还会进一步开裂，因此馅料中水分的控制很重要。选择油料时用色拉油的原因是色拉油没有味道，适用于不能有异味的甜馅中，另外低度的色拉油在低温时会凝固，有利于成型。添加少量甘油的目的是增加乳化稳定作用，也有利于提高增稠效果。

③ 豆沙馅的制作工艺比其他汤圆馅料略为复杂，在选料上也有较大区别，基本上不添加甘油和增稠剂。其工艺为：煮糖水→冷却→加小麦淀粉→煮沸→加红豆粉→加色拉油→冷却。豆沙馅成品的要求是光泽好、表面光滑、口感细腻。

4. 制皮

传统的手工汤圆制成后很快就食用，但工业化生产的速冻汤圆要经过速冻及长时间的冻藏和销售，汤圆皮是否会冻裂以及破裂的程度会直接影响各厂家汤圆的质量和声誉，因此用来防止汤圆裂皮的各种食品添加剂便应运而生，汤圆生产的工艺也越来越科学。综合各厂家的普遍做法，添加一定量的熟皮和少量的增稠剂是共同的措施，即煮芡法，不同的是熟皮的添加量以及增稠剂的品种选择有所差异。

① 熟皮是指蒸熟后的糯米浆。将糯米浆掰成小块平铺在带有小孔的蒸盘上蒸15min即得熟皮，蒸盘带小孔的作用是排除在蒸的过程中积留在蒸盘上大量水液，这部分水液会降低熟皮的黏度，甚至影响到汤圆皮的软硬度，必须除去。熟皮呈淡黄色，具有较强的黏性，组织细密。

② 熟皮用于汤圆皮中的目的是提高汤圆皮的组织细密性，提高汤圆皮的延展性，提高抗冻能力，有利于防止汤圆皮被冻裂。由于熟皮具有极强的黏性，在使用时要注意先将熟皮

冷却并捏成小圆子，以细碎的形式分批次往正在搅拌的糯米浆中添加，如果一整团加入，熟皮会黏附缠绕在搅拌器上，搅拌不均匀，起不到应有的效果，熟皮添加量一般为汤圆皮总量的 6%～8%。

③ 糯米浆属于米制品类，如果其延展性不好则容易断裂。因此在速冻汤圆的生产中使用适当的食品添加剂显得尤其重要。有利于提高黏弹性的增稠剂是比较常用的添加剂。

5. 成型

在工业化速冻汤圆的生产中手工成型的相对较少，机器成型的居多。汤圆成型过程中有几个常见的问题要引起注意。最常出现的问题是汤圆漏底，馅料露出。出现这个问题有机器调节不当或皮料馅料制作效果不好两种原因。走馅速度太快（馅料太多）或走皮速度太慢（皮量太少）会使成型的汤圆破底，调节馅速（馅量）或皮速（皮量）即可。另外，安定板（或称支撑台）调节得太高，使得汤圆还未包馅完成就被打击柄打出造成漏底，把安定板调低即可。如果机器调节正常还出现漏底，一个原因可能是馅料太硬，在包馅过程中把皮冲破，解决的办法是将馅料在绞肉机中（2mm 孔径）再绞一遍，绞后的馅料既软又细，易成型；另一个原因可能是皮料制作不好，搅拌不够，还未形成较好的延展性，易断，特别在安定板上旋转时，很容易磨裂，造成漏底，此时要求对皮料进行再搅拌，提高延展性。

成型的汤圆不圆，甚至变形也是在汤圆生产中经常出现的问题。出现这个问题同样有机器和皮料两方面的原因。其中机器方面最大可能是打击柄调得太高或安定板调得太高，打击柄调得太高会出现汤圆个体有打击柄打出的压痕，如果皮料稍软就会使汤圆上下歪曲变形；如果安定板调得太高，会出现汤圆太扁，底端偏大，不圆。以上这两种情况只要对打击柄和安定板做些小调节即可。制作的皮料如果太软也会使成型的汤圆比较扁塌、不圆。

6. 速冻

在所有冷冻调理食品当中，汤圆对速冻的条件要求最高，也最讲究。成型后的汤圆在常温中置放的时间不能超过 30min，在温度低湿度小的冬季，汤圆表皮易干燥，冻后容易裂；在温度高湿度大的夏季，汤圆容易变软变形，容易扁塌。速冻的温度至少要达到 −25℃，高于这个温度冻硬的汤圆表面会沉积冰霜或冰渣，出现大量的细纹；另外温度偏高的条件下速冻的汤圆不白，色偏黄，影响外观。速冻的时间也要合理掌握，不能超过 30min，否则汤圆会冻裂。速冻汤圆的中心温度可以用专用的数字温度仪表测定。

7. 包装入库

汤圆的包装要求速度快。汤圆是易解冻的产品之一，解冻后表面会发熟，容易相互黏结，特别是没有采用固定内皿套装而是混合包装的汤圆，在包装时务必要求速度快。储藏汤圆的冷库要求库温相对稳定，否则汤圆表面易产生冰霜或冰渣，甚至整个包装袋都会有大量的冰渣，汤圆开裂，色泽变黄。

学习单元二　速冻粽子加工技术

一、粽子概述

粽子是我国人民传统的节令小吃，最有名的是我国江南的粽子。速冻粽子食用时用慢火煮开即可。作为大米加工的产品之一，粽子是端午节的节日食品，古称"角黍"，传说是为祭奠投江的屈原而开始流传的，并且粽子还是我国历史上迄今为止文化积淀最深厚的传统食品。粽子有荤粽、素粽、咸粽、甜粽之分。

1．北京粽子

多为甜粽，主要分为两种。一种为纯用糯米包成的白粽子，吃时需蘸白糖，并加上一点玫瑰汁木樨卤，味道香气宜人。另一种为在糯米中包入两三颗红枣，称小枣儿粽子，吃前需冷藏，吃时会有冰凉的快感。

2．广东粽子

其是所有粽子中用料最丰富的，体积特大，做法费时最久。咸粽的内馅有火腿、咸肉、蛋黄、烧鸡、叉烧、烧鸭、栗子、香菇、虾子等。甜馅有莲蓉、绿豆沙、红豆沙、栗蓉、枣泥、核桃等。

3．台湾粽子

台湾肉粽有南北之分。北部粽是先将糯米用红洋葱、酱油、盐、胡椒等炒至八分熟，再包以炒过的内馅如猪肉、豆干、竹笋、卤蛋、香菇、虾米、萝卜干等，置蒸笼蒸熟，具有咀嚼感，不会太黏腻。南部粽则是将糯米与花生略微炒过，不加酱色，所包内馅有猪肉、红洋葱、栗子、豆干、芋头等，再将包好的粽子以水蒸煮至糯米熟透，吃时蘸调味料，南部粽香糯性黏，较无嚼感。

4．湖州粽子

属江浙口味，可在江浙点心馆中尝到，也分甜咸两种。甜者是以油脂红豆沙为内馅，咸者是以酱油腌过的猪肉为内馅，而且每个粽子只包一块肥肉及一块瘦肉，并无其他材料，而粽子的包法也很特别，是一头凸出一头扁平的铲子头形状。

5．嘉兴粽子

名气大。与湖州粽子较类似，亦属江浙口味。

6．真武山甜茶粽子

取真武山优质甜茶经煎熬取汁煮粽子，其粽子色泽金黄油亮，入口润滑细嫩，柔软黏稠，齿颊留香，回味甘甜，去腻消食，营养丰富又适合糖尿病患者食用。浙江多数地方尤其是浙西山区居民祖祖辈辈、从古至今都有用甜茶煮粽子的传统习惯。

二、速冻粽子对原辅料的要求及配方

我国最早的《国家粽子行业标准》是中国商业联合会于 2005 年颁布的。随后，我国成立了中国食品工业协会粽子行业委员会作为我国粽子行业的管理机构，并于 2009 年起草发布了《全国粽子行业自律规范》。

1．原料验收标准

(1) 白糯米

① 白糯米采用优质的粳糯米（圆糯米），不得使用籼糯米。
② 白糯米是当年产的优质糯米，不得是多年的陈糯米。
③ 白糯米中不得有发黄、发绿、黑斑、沙粒、木屑等其它杂质。
④ 糯米中夹杂的大米不得超出 3%，碎米不得超出 5%。
⑤ 水分及农药残留都必须符合国家标准。

⑥ 所有的糯米厂商都必须是经过 QS 认证。
⑦ 糯米不得有长虫、虫蛀、发霉等情况发生。
⑧ 装糯米的包装袋必须是牢固、完好的，以免漏糯米或二次污染。
⑨ 150g 粽子所用糯米必须为香糯米。

(2) 瘦牛肉

① 牛肉中间不得夹有牛毛、骨头、筋等其它杂质。
② 每车次牛肉必须有合格证及检疫报告。
③ 牛肉的理化指标必须达到国家标准，肉的来源必须来自非疫区。
④ 牛肉的包装要求牢固、完好，不得发生二次污染。

(3) 粽叶

① 每张粽叶的规格：150g 粽子粽叶长最少为 35cm、宽为 8cm，每两片粽叶包一个粽子。50g 粽子粽叶长最少为 32cm，宽为 7cm。
② 粽叶要求每张都是完好无损、无破烂、无断叶、无虫眼的保鲜箬叶。
③ 粽叶每张的颜色应是保鲜的绿色，不可以有干黄的颜色或其它颜色的大片斑点。
④ 粽叶必须是薄嫩的箬叶，不能是厚老的箬叶，不得夹有霉烂、坏死的箬叶。
⑤ 粽叶在保鲜过程中不得使用有毒或对人体有害的物品和化学试剂。
⑥ 粽叶的包装必须用真空包装，无漏气现象，真空袋外也必须有外包装。

（当地生产的可以用简装包装）

(4) 白棉线

① 白棉线是缝纫用白棉线，线采用纯棉质线，不得用腈纶等遇热收缩的线。
② 白棉线要求不缩水、有弹力、不易拉断、粗细均匀。
③ 白棉线不得有发霉、虫蛀等质量问题的发生。
④ 白棉线的包装要求牢固、完好，不发生二次污染。

(5) 红豆、黑豆

① 豆子必须饱满、颗粒完整，有红豆、黑豆固有的清香味。
② 不得有沙粒、土块、豆壳、茅草等杂质。
③ 不饱满颗粒不得超出 2%，其它杂质不得超出 1%。
④ 不得有发霉、长虫、虫蛀等现象发生。
⑤ 红豆、黑豆的包装要求牢固、完好，不发生二次污染。
⑥ 水分及农药残留都必须符合国家要求。

(6) 色拉油

① 色拉油是一种加工去腥的油脂，颜色为透明浅黄色。
② 色拉油中不得含有水分、沉淀、悬浮物等杂质。
③ 色拉油不得有异味、有色物质、氧化等变质现象。
④ 色拉油的理化指标都必须达到国家标准。
⑤ 色拉油的包装采用铁桶灌装，不得发生泄漏及二次污染。

(7) 玉米

① 玉米采用速冻甜玉米，个体必须饱满、颗粒完整，有玉米固有的清香味，颗粒是小粒玉米，色泽金黄色。
② 不得有沙粒、石子、咬不动的玉米粒和其它杂质。

③ 不得有变味、变质、干耗、虫蛀等问题。
④ 包装要求牢固、完好，不发生二次污染，在冷库中储藏。

（8）蜜枣
① 蜜枣必须个体饱满、颗粒完整，有蜜枣固有的清香味，甜味适中。
② 不得有沙粒、石子、树枝、茅草、枣核等杂质。
③ 蜜枣是用去核青枣用糖腌制而成。

（9）花生
① 花生必须籽粒饱满、颗粒完整，有花生固有的清香味，花生为红皮小籽花生。
② 不得有沙粒、土块、花生壳、茅草、发芽颗粒等杂质。
③ 不饱满颗粒不得超出 2%，其它杂质不得超出 1%。
④ 不得有发霉、长虫、虫蛀等现象发生。
⑤ 包装要求牢固、完好，不发生二次污染。
⑥ 水分及农药残留都必须符合国家要求。

（10）莲子
① 莲子必须籽粒饱满、颗粒完整，有莲子固有的味道。
② 不得有沙粒、土块、茅草、莲芯、发芽颗粒等杂质。
③ 不饱满颗粒不得超出 2%，其它杂质不得超出 1%。
④ 不得有发霉、长虫、虫蛀等现象发生。
⑤ 莲子的包装要求牢固、完好，不发生二次污染。
⑥ 水分及农药残留都必须符合国家要求。

（11）调味品及添加剂
① 调味品及添加剂必须有产品合格证、生产日期、产品执行标准、保质期、卫生许可证号、生产厂家等标记和证件。
② 调味品及添加剂不得超过保质期，应在离保质期一半时间以上。
③ 产品和包装应相符，无变色、无变味、无杂质、无破袋等现象。
④ 调味品及添加剂的理化指标都必须达到国家标准。

2．速冻粽子配方

（1）嘉兴粽子 浙江嘉兴粽子历史悠久，闻名华夏。嘉兴粽子为长方形，有鲜肉、豆沙、八宝、鸡肉粽等品种。嘉兴粽子当推"五芳斋"为最，素有"江南粽子大王"之称。它的粽子从选料、制作到烹煮都有独到之处。米要上等白糯米，肉从猪后腿精选，粽子煮熟后，肥肉的油渗入米内，入口鲜美，肥而不腻。

主料：糯米 1000g，猪腿肉 600g。

调料：酱油 50g，白砂糖 27g，盐 25g，白酒 5g，味精 1g。

（2）海南粽子 海南粽子与北方的粽子不同，它由芭蕉叶包成方锥形，重约 0.5kg，米为精白纯正的糯米，馅料多为切方块的猪脚、新鲜的瘦带肥肉、咸蛋黄、虾仁、火腿叉烧、红烧鸡翅，配以美酒、虾米、精盐、酱油、姜汁、蒜蓉、五香粉、冬菇、枸杞、胡椒粉、橘汁、味精搅拌腌制，做出来的粽子软绵、浓香、味透、馅多，食而不腻，回味无穷。糯米中有咸蛋黄、叉烧肉、腊肉、红烧鸡翅等，热粽剥开，先有芭蕉和糯米的清香，后有肉、蛋的浓香。香浓淡兼有，味荤素俱备，令食者胃口大开。海南粽子又以定安粽子、儋州洛基粽、澄迈瑞溪粽最为驰名。

(3) 山东粽子 在诸多品种的粽子里，资格最老的，当首推山东黄米粽子。选用黄黏米包裹的粽子黏糯，夹以红枣，制品风味独特，食用时，可根据食客习惯，佐以白糖，增加甜味。

原料配方：黄黏米 500g，红枣 250g，干粽叶 250g。

(4) 北京粽子 北京粽子个头较大，为斜四角形或三角形。目前，市场上供应的大多数是糯米粽。在农村中，仍然习惯吃大黄米粽，黏韧而清香，别具风味。北京粽子多以红枣、豆沙做馅，少数也采用果脯为馅。

(5) 四川粽子 四川的辣粽，因制作讲究、工艺复杂、口味独特，故成为四川千古流传的名点小吃之一。其制法是先把糯米、红豆浸泡 5~6h，将水倒出，放入辣椒粉、川盐、味精和少许腊肉，用粽子叶包成约 60g 一个的四角粽。煮熟后食之，香辣适口，风味独特。

绿豆鸭蛋粽子配方与制作：糯米、绿豆各 750g，花生米 25g，熟咸鸭蛋黄 5 个。将蛋黄切碎与糯米、绿豆、花生拌匀即成馅。取泡过的粽叶折成斗状，填入适量馅料，包好后入锅加冷水浸没粽子，煮沸 1h 后，改文火煮 1h 即可。

(6) 广式裹蒸粽 广东粽子与北京粽子相反，个头较小，外形别致，正面方形，后面隆起一只尖角，状如锥子。品种较多，除鲜肉粽、豆沙粽外，还有用咸蛋黄做成的蛋黄粽，以及鸡肉丁、鸭肉丁、叉烧肉、冬菇、绿豆等调配为馅的什锦粽，风味更佳。

原料配方：糯米 500g，干香菇 1 朵，莲子 4 粒，虾米 10g，绿豆仁 50g，栗子 2 粒，干荷叶 1 张、干竹叶 6 片，干碱草 2 条。

(7) 台湾粽子 台湾粽子品种甚多，有白米粽、绿豆粽、叉烧粽、八宝粽、烧肉粽。烧肉粽最为流行，馅料包括猪肉、干贝、芋头、蛤干、鸭蛋等，成为终年可见的传统小吃。

客家八宝粽原料配方：糯米 2.5kg，花生米或黄豆 250g，五花肉 500g，猪瘦肉 250g，虾米 50g，萝卜干丁 300g，鱿鱼干 300g，香菇 200g，洋葱 250g，咸鸭蛋 20 个（或栗子 40 个），酱油、香油、精盐、味精、猪油各适量。

(8) 闽南粽子 闽南的粽子分碱粽、肉粽和豆粽。碱粽是在糯米中加入碱液蒸熟而成，兼具黏、软、滑的特色，冰透后加上蜂蜜或糖浆尤为可口。肉粽的材料有卤肉、香菇、蛋黄、虾米、笋干等。以厦门的肉粽最为出名。豆粽则盛行于泉州一带，用九月豆混合少许盐，配上糯米裹成。蒸熟后，豆香扑鼻，也有人蘸上白糖来吃。厦门、泉州的烧肉粽、碱粽皆驰名海内外。

原料配方：晚糯米 1500g，带皮猪腿肉 1500g，鲜栗子 450g，水发香菇 75g，虾仁干 90g，炸酥鳊鱼 60g，鸭肉 600g，红糖 75g，熟猪油 150g，酱油香料卤汁 750g，味精 5g，竹粽叶 80 片、咸片若干条。

三、速冻粽子工艺流程

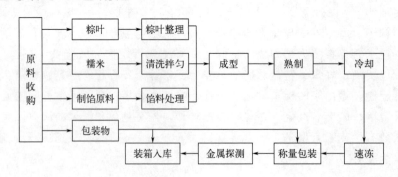

四、速冻粽子生产操作要点

1. 原料处理

将糯米淘洗干净后沥干水分,加入酱油和盐,搅拌均匀,使米粒充分吸收调料 2~3h。再将夹心猪肉洗净切成 30g 重的小方块,加入其他作料,搅拌均匀后让肉浸渍在调料中 2~3h 备用。干粽叶应提前进行浸泡、修剪等处理,加工好的湿粽叶,不能较长时间存放,要尽快投入生产使用。

2. 制馅

(1) 牛肉粽子 瘦牛肉处理:将牛肉去除筋、皮、骨头等杂质后进行清洗,清洗干净后切成小块,每粒馅重 6~8g。

香菇:将干香菇挑拣干净后,用温水浸泡 8h,将根部去除干净,切成 0.3cm×0.3cm×0.3cm 的颗粒。(香菇的添加与否应根据包装袋上配料表中的标示而定,每个粽子中加一粒)

预拌调味料:将牛肉、香菇与配方用量的小料搅拌均匀后在 0~10℃ 环境下腌制 4h 左右,待用。

(2) 豆沙粽子 炒制豆沙:炒制豆沙分为选豆、清洗、煮制、磨浆、炒制、冷却六道工序。

① 选豆:将小红豆分次倒入选豆机的漏斗中,再开动选豆机,人在选豆机的输送带上把沙粒、茅草等其它杂质挑选出来,机器把小一点的沙粒、茅草等其它杂质筛选出来,好的红豆流入机器后面装红豆的周转箱中。

② 清洗:把选好的小红豆称好定量的重量,放在大的周转箱中,加入凉水进行清洗。同时将另外的一个周转箱也加入凉水。水要高出小红豆 20cm 以上,用不锈钢铲子上下翻动,把漂浮在上面的杂质用漏勺(纱网状的漏勺)除掉,再用漏勺把好的小红豆用淘洗的方法,放到另外一个装满水的周转箱中,将剩下的沙粒等杂质倒掉,如此反复清洗两遍。

③ 煮制:先在夹层锅中放入一半的凉水,用淘洗的方法把小红豆倒入锅中,煮小红豆的水用量是以 1 份小红豆 3 份水,如第一次放水多了就减,少了就加;盖上盖子放入蒸汽开始煮,开始蒸汽压力为 0.3MPa,开锅后蒸汽压力为 0.2MPa,整个过程控制在 80min 左右,小红豆以用手可以捏烂为准。

④ 磨浆:把煮好的小红豆放入周转箱中,把胶体磨调到最小,通上冷却水,开动胶体磨,用周转箱接在出浆口上,把煮好、热的小红豆倒入胶体磨的漏斗中进行磨浆。在磨浆过程中一定要注意胶体磨的出口,以防热浆飞溅烫伤。磨浆时如果太干,可以加一点温水。

⑤ 炒制:把刚才煮红豆的夹层锅清洗干净,装上搅拌器;在锅内加入 3~4kg 油,再把磨好的红豆浆倒入锅中,加入称量好的白糖;先开动搅拌器,再把蒸汽开到 0.3MPa 加热炒制,在炒制过程中油要分次慢慢加入,以防止豆沙粘锅,见有粘锅现象就往锅内加少许油,油是有定量的,要有计划地加入,做到不粘锅、不多油。炒制整个过程控制在 2~3h;炒制时人一定要离锅远一点,以防红豆浆飞溅出来烫伤人。

⑥ 冷却:把炒好的豆沙用白色的周转箱装上,放在通风处自然冷却,冷却到豆沙中心温度为 20℃ 左右,再放入保鲜库中储藏待用。

⑦ 制成小馅：把冷却了的豆沙用手搓成长条，切成一个一个的小馅，50g粽子馅重为7～9g，馅的表面撒上少量淀粉，以防馅与馅之间粘在一起，装在盒中待用。

(3) 蜜枣粽子 将蜜枣中的残核去除干净后，用刀切成配方要求大小的块状，50g粽7～9g馅，150g粽21～27g馅（注：防止蜜枣中间塞米导致米夹生，所以一定要切成小块）。

(4) 红豆粽子 红豆拣干净后，用1.5%的蛋白糖溶液在60℃温水中浸泡2～3h，煮制30min冷却后待用，要求内外甜度一致，或直接购置糖渍红豆。添加剂的添加量符合GB 2760的要求，50g粽子馅重为7～9g。

(5) 八宝粽子 红豆、黑豆、花生：拣干净后，用1.5%的蛋白糖溶液在60℃温水中浸泡2～3h，煮制30min冷却后待用，要求内外甜度一致。添加剂的添加量符合GB 2760的要求，符合食品卫生要求。

莲子：将莲子中杂质去除干净后，用1.5%的蛋白糖溶液在60℃温水中浸泡至完全浸透，吸水率约100%即可。

3. 拌米

(1) 泡米 把定量的白糯米先挑选一次，把黑米、石粒等杂质挑选出来，用凉水漂洗三次，用凉水浸泡，浸泡时间为3～4h。

(2) 脱水 将泡好的米放入脱水机中，需上色入味的粽子品种启动开关后15～20s后立即关闭机器停转后即可，其它品种启动开关后10～15s后立即关闭机器停转后即可。

(3) 拌匀 将米和按配方配好的小料倒入卧式拌米机中搅拌均匀即可，如人工拌米，必须搅拌均匀，静置20min后包制。（注：八宝粽子拌好的米分装前搅拌均匀）

4. 洗粽叶

把真空粽叶袋子拆开放入周转箱中（要定量），放入凉水浸泡4h以上，人工用刷子来回刷洗，粽叶的正反两面都必须刷洗，从清水中摆洗3次，放在清水中浸泡待用。

5. 包制

① 将清洗好的粽叶弯折成一个漏斗形。
② 先放入拌好整个粽子的一半米（每个品种相应的米）。
③ 在米上加入每个品种相应的馅。
④ 再盖上余下的一半米。
⑤ 把粽叶叠过来包成一个四角的粽子。
⑥ 用线把粽子捆扎好，粽子捆线要在粽子身上捆七圈，七圈要在粽子身上均匀分布，打成死结。捆扎讲究"甜松咸紧、肥松瘦紧"的包制方法。包制好的粽子单个重量为39～41g（含粽叶），熟制后为54～56g（含粽叶）。成型的粽子应尽快熟制，停滞时间不得超过2h，如来不及熟制的，应入冷库存放。注：包制时必须按配方要求进行包制，八宝粽子内要求每种馅料至少含有一颗。

6. 熟制

① 把包制好的粽子放入杀菌锅（用特制的筐子装），每筐都不要装得太满，必须离筐边有2cm的距离；筐子装满后放在特制的车上排好，筐子堆高不超过五个筐子，最上面一个筐子的粽子上要用不锈钢盘压住，然后送入杀菌锅中，杀菌锅中只可以装三车（15筐）。

② 每次杀菌锅工作盖上盖之前都要在上法兰与下法兰的接触面加油，装满后盖上盖子，扣上法兰，锁上保险，打开气泵使气垫充气；往锅内加水，水加到规定的位置。

③ 通汽过程中不断打开出气阀排出锅内冷气，但不得使进汽速度太快而导致锅内水剧烈翻腾，使粽子脱线，造成次品或浪费。80℃时关掉一半出气阀，95℃时关闭出气阀。

④ 通汽使锅内水温达到均匀的121℃时，关闭气阀，进行保温，并开始保温计时，保温时间15～20min(50g粽15min，150g粽20min，如糯性不好可适当延长时间)。

⑤ 保温过程中使两温度表始终保持在121℃，气压通过蒸气或调节放气阀保持在0.15～0.2MPa之间。

⑥ 打开排水闸门排水，排水时要打开气泵和阀门向锅内加压，排水时锅内压力在0.1～0.15MPa之间，热水排完后放入凉水，放凉水时打开上端的排气阀排汽；凉到锅内温度80℃时，排掉气垫内的气，用凉水把法兰冲凉一下，关掉进入锅内的凉水，打开保险和锅盖。

⑦ 待放汽、放水结束后（即气压表显示为"0"，水位管显示"无水"），关闭放水阀，打开注水阀和放气阀进行注水冷却。

⑧ 关闭注水阀，打开放水阀放水，放尽水后旋推门锁柄，用特制的车子把装粽子的筐子拉出来。150g粽子冲洗干净后铺蒸盘上用蒸汽灭菌，1.3MPa压力下10min，冷却后包装。

7. 冷却

从锅内取出粽子倒入冷水中再次冷却（10min左右）后捞出，放在食品车上沥水。捞出粽子放在不锈钢速冻盘中，捞出时要把粽子上面粘的饭粒清洗掉，把破的、开裂的、掉线的都要挑出来。

8. 速冻

粽子在不锈钢盘中要把表面的水分吹干，然后在速冻库或速冻机中速冻。粽子的速冻时间为3～4h，粽子中心温度要达到－15℃以下。

9. 包装

① 速冻好的粽子先进行金属检测，检测好的产品应及时包装，防止因解冻而导致产品品质不良现象的发生。如不能及时包装，应送至冷库，包装前再取出。

② 封口必须平整，封好口的袋子必须牢固无漏气现象，日期号码在固定的位置，150g粽子根据实际生产品种在包装袋品名对应方框内画"√"。

③ 包装箱的品名必须和产品相对应，并检查密封是否严密、袋中是否有残次品混入，如有不得装入箱中，装箱时必须正面向上。产品的数量必须和纸箱上所标的数量相对应。

④ 纸箱封口胶带必须居中，是一条直线，两头胶带搭头不得超出5cm；纸箱外必须在明显的部位盖有产品批号。

⑤ 包装标准：其中落地产品及有大开裂漏米现象等严重残次品不得混入。

10. 称量工序

(1) 400g精装及混合装 包装称量范围430～438g(含粽叶、线绳，不含袋)，每箱装12袋，顺着箱底摆放三层，每层四袋（散装粽子为套环形收缩膜；精装及混合装粽子加贴菱形标贴，于扎线前道工序贴于粽体，要求加贴规范、端正，字体朝外；另外混合装粽子包装箱箱体相应位置加盖"竹风香粽（混合装）"字样。

(2) 2500g散装 速冻后的粽子套上彩条后进行塑封，要求彩条套入粽体中央，塑封紧密，包装称量范围2700～2710g(含粽叶、线绳，不含袋)，每箱装四袋，顺着箱底摆放两

(3) 150g 一粒装 每袋净含量150g（不含粽叶、包装袋），每箱装30个。

11. 入库

封好箱的成品应及时入库，成品在外停留时间，夏季不超过15min，冬季不超过20min，成品按要求码好或按库管要求摆放。入库的产品必须堆放整齐，产品分类，以满足出货，做到先入库产品先出库，以免产品在库中压库时间太长，发生产品变质、过期等质量事故。

学习单元三　速冻米饭加工技术

一、速冻米饭对原辅料的要求

1. 原料

① 大米质量标准　大米背沟和粒面留皮程度称为加工精度，加工速冻米饭应选用优质大米，其质量标准应符合GB/T 1354—2018。

② 大米的营养成分　大米的主要营养成分为碳水化合物。大米中脂类的含量是影响米饭可口性的主要因素，油酸含量越高，米饭光泽性越好。大米中的维生素多为水溶性的B族维生素。

2. 辅料

(1) 食用油脂　可供人类食用的动、植物油称为食用油脂，简称油脂。

① 天然油脂　植物油：常用的植物油有大豆油、棉籽油、花生油、芝麻油、橄榄油、棕榈油、菜籽油、玉米油、米糠油、椰子油、可可油和向日葵油等。

动物油：黄油，也称奶油，是从牛奶中分离出的油脂；猪油；牛油。

② 人造油脂　制造人造奶油的主要原料为油脂（80%）、水分（14%～17%）、食盐（0～3%）、乳化剂（0.2%～0.5%）、乳成分、合成色素及香味剂。

起酥油是指动植物经精制加工或硬化、混合、速冷、捏合等处理后具有可塑性、乳化性等加工性能的油脂。

(2) 调味品　酱油、食醋、味精、食盐；香辛料：姜、葱、洋葱、大蒜、胡椒、辣椒、花椒、八角、茴香、桂皮、咖喱等。

(3) 品质改良剂

① 复合磷酸盐　复合磷酸盐可增加淀粉的吸水能力及面团的持水性，在蒸面时容易蒸熟，此外，还可增强面筋弹性，使口感爽滑有韧性，同时还能增强米粒的黏弹性，提高光洁度。复合磷酸盐加入量为0.01%～0.06%。

② 增稠剂　瓜尔胶添加量一般为小麦粉的0.3%。

海藻酸钠添加量一般为小麦粉的0.2%～0.4%。

二、速冻米饭生产工艺流程

原料清选→淘洗→浸泡→加抗黏剂→搅拌→蒸煮→冷却→离散→装盘→干燥→冷却→检验→袋装→封口→入库。

三、速冻米饭生产操作要点

1. 清选
原料经过清选可去掉碎末、小石子等杂质,为整个工序提供优质原料。

2. 淘洗
将清选后的原料在淘洗机中用水淘洗,将大米表面附着物淘洗除去。设备:螺旋式淘米机。

3. 浸泡
浸泡的目的是使大米充分吸收水分,为淀粉糊化创造必要条件。大米浸泡可分为常温浸泡和高温浸泡两种方法。浸泡方式分为间歇式和连续式。

(1) 常温浸泡与高温浸泡　常温浸泡时,可以将大米倒入容器或水槽中,浸泡后随即捞起,将湿米堆起,进行焖米,使水分逐渐向大米内部渗透,被籽粒吸收;也可以将大米置于池槽内浸泡一定时间,然后进行蒸煮。常温浸泡时间应控制在 90min 以内。高温浸泡时,预先将水加热到 80~90℃,然后放入大米进行浸泡。浸泡过程中水温保持在 70℃,浸泡 20min 左右,可避免大米发酵带来的不利影响。

(2) 多次浸泡　第一次浸泡于常温水中,使生淀粉充分吸水,利于下道工序传热及糊化。

第二次浸泡是将经第一次浸泡并蒸煮后的米饭于常温水中短时间浸泡,使米粒再次吸水,并使米饭外观具有光泽,消除黏性。

第三次浸泡是将第二次浸泡并蒸煮的米饭再次用常温水进行短时间浸泡,使米粒能达到完整、光滑、有光泽、口感爽滑。为了使大米内部淀粉在蒸煮过程中能全部糊化,大米浸泡后的水分应不低于30%。

4. 加抗黏剂
蒸煮后的原料有较大的黏性,为了防止结块,蒸煮前应加入抗黏剂。抗黏剂为普通可食用的油脂类物质。

5. 搅拌
搅拌的目的是使抗黏剂充分混合均匀。

6. 蒸煮熟化
蒸煮就是利用各种热源对大米进行加热处理,使大米在水和热的作用下,吸收一定量的水分,可溶性营养成分向内部转移,并使大米淀粉产生凝胶化(也称为糊化)。大米的蒸煮时间和加水量对成品的质量有很大影响。增加加水比例,有利于提高米粒的熟透速率。蒸煮时间受到米质的影响,一般蒸煮只要求米饭基本熟透即可。

7. 离散处理
(1) 机械处理　我国常采用机械的方法将米饭离散。蒸煮冷却后的物料进入解块机,高速旋转的解块机将落下的块状物击打散开。机械方法虽然具有一定效果,但还是不同程度地存在米粒之间相互黏结、碎粒增多等问题。

(2) 米饭离散液　离散液由水、乙醇、非离子表面活性剂(脂肪酸蔗糖酯、脂肪酸甘油酯、脂肪酸丙二醇酯等）组成，添加量为米饭质量的2%～10%。离散液中的乙醇有利于米饭的离散，其组成质量分数不应小于10%。非离子表面活性剂含量一般为0.1%～1.0%。离散时，米饭的温度需低于55℃，以保证良好的离散效果。

(3) 短时间冻结处理 蒸煮后的米饭经短时间冻结处理，使米饭表层的糊化淀粉迅速β-化，有利于米饭离散的完成。

8. 干燥

根据干燥方法的不同可以分为热风干燥和微波干燥。速煮米干燥的温度为60～100℃，干燥后的米粒含水量为8%～10%。

四、提高速煮米制品复水性能的方法

1. 水蒸和汽蒸结合

将大米装在一个内壁倾斜的蒸煮室内，在低的一端先进行水蒸，然后再经过高的一端用蒸汽蒸。气密室内保持连续压强，从气密室高处出来的米粒含水量30%～75%，淀粉完全糊化。熟米用传统的干燥机干燥。

2. 挤压、辊压或冲压使大米变成薄片或产品破裂

3. 过热蒸汽

将经过调质的谷粒放在膨化室内，去除空气后，用蒸汽加压至合适程度，然后将谷粒快速向处于高真空状态的膨化室内释放，使大米开裂，达到提高复水性的作用。

五、罐头米饭实例

1. 罐头米饭生产工艺流程

(1) 金属罐罐头米饭 原料清选→淘洗→浸泡→加抗黏剂→搅拌→蒸煮→拌匀→装罐→排气→杀菌→冷却→检验→成品。

(2) 软罐头米饭 原料清选→淘洗→浸泡→加抗黏剂→搅拌→预煮→拌匀→装袋密封→装盘蒸煮→杀菌→蒸煮袋表面脱水→检验→成品。

(3) 无菌包装米饭 原料清选→淘洗→浸泡→加抗黏剂→搅拌→预煮→拌匀→无菌包装→成品。

(4) 脱水干燥米饭 可分为：α化米饭、冷冻干燥米饭和膨化米饭等三种。

① α化米饭 又称为速煮米饭或脱水米饭。α化米饭的出现，是为了克服最早出现罐头米饭食用前需加热蒸煮的缺点。该产品首先由美国通用食品公司生产，主要作为军用食品、旅游食品。其生产工艺流程为：大米→淘洗→浸泡→汽蒸或炊煮→米饭→干燥。产品形式有袋装、杯装或盒装，有加配菜也有不加配菜等多种形式。

② 冷冻干燥米饭 将大米炊煮成米饭后，先冻结至冰点以下，使水分变成固态冰，然后在较高真空度下，将冰升华成为水蒸气而除去即成为冷冻干燥米饭。冷冻干燥米饭虽呈多孔状，但注入开水后米粒表面淀粉糊化，形成薄层，阻碍水分渗入，因此米粒中心仍保留原有白浊状。为提高冷冻干燥米饭食用品质，大米汽蒸或炊煮后，可浸泡在冷水中或温水中进行缓慢冷冻，使米粒内部产生较大冰晶。冷冻干燥米饭便于储藏、携带和运输。

冷冻-热风干燥法工艺流程如下：

大米→清洗→浸泡→蒸煮→冷冻→热风干燥→冷却→成品

取 100g 大米，在 60℃温水中，浸泡 30min，沥干后常压蒸汽蒸 60min，将蒸煮后的大米迅速置于冰箱冷冻层中冷冻（冷冻过程中不可开冰箱门），冷冻结束后，简单铺平，立即置于已升温至设定温度的热风干燥箱中干燥。

③ 膨化米饭　即将大米预糊化后再膨化。膨化米饭复水性优于 α 化米饭、冷冻干燥米饭；但复水后米饭缺少黏性。其生产工艺流程为：大米→淘洗→浸泡→汽蒸或炊煮→α 化→干燥→膨化。

其中，α 化程度对米饭膨化度、复水性、口感等有较大影响。α 化不充分，膨化度低，注入开水复原时，未 α 化米粒不能复原。膨化前水分一般调整为 10%～20%，经水分调整后，如放置 2～3h，可大大提高膨化度。

脱水干燥米饭生产工艺流程总结如下：

大米→淘洗→浸泡→汽蒸或炊煮→离散→干燥→筛选→包装→α 化米饭

非脱水米饭生产工艺流程如下：

大米→淘洗→浸泡→汽蒸或炊煮→离散→包装→杀菌→α 化米饭

2. 罐头米饭工艺流程说明

(1) 罐头米饭（金属罐罐头米饭）　罐头米饭（金属罐罐头米饭）与速煮米的生产工艺流程基本相同，区别只是罐头米饭的工艺流程中没有速煮米生产中干燥的步骤，而是需要杀菌。

在针对每一个具体食品品种、规格制定出一个合理的杀菌条件时，既要保证抗热力最强、危害性最大的微生物被杀死，同时还要最大限度地保留食品的色、香、味和营养物质。因此，必须找出不同产品的杀菌对象和一个可靠的最低热力强度。试验表明，嗜温厌氧芽孢杆菌中的芽孢梭状杆菌和肉毒梭状杆菌可作为罐头米饭的杀菌对象菌。

(2) 软罐头米饭

① 预煮。将大米预先煮成半生半熟的米饭。经过预煮，能克服蒸煮袋内上、下层米水比例差别显著这一弊端，避免产品复原后出现软硬不匀、夹生等现象。预煮时间一般为 25min 左右，米粒松软即可。

② 装袋密封。使用全自动充填密封包装机。包装材料应选择耐热、耐油、耐酸、耐腐蚀，热封合性、气密性俱佳，化学性能稳定的塑料复合薄膜，目前常采用的是聚酯/聚丙烯复合薄膜、聚酯/铝箔复合薄膜。装袋密封时，应掌握好食品的温度，一般在 40～50℃时进行充填为好。蒸煮袋密封要在较高温度（130～230℃）下进行，压力是 3×10^5 Pa，时间 0.3s 以上。密封部位不要沾染污物，以免裂口，影响产品外观；蒸煮袋不仅需要密封，同时应尽可能减少袋中残存的空气。

③ 装盘。将袋装的半成品人工装入长方形蒸煮盘内。

④ 蒸煮杀菌。蒸煮杀菌时温度一般为 105～135℃，时间为 35min。蒸煮时米饭水分含量在 60%～65%时米饭粒较完整，不糊烂，储存期较稳定，不易回生。

蒸煮袋胀破的原因一是袋中空气太多，蒸煮时随温度升高而膨胀；原因二是蒸煮时物料升温升压，当外界压力降至常压时造成内外压力差。为了防止蒸煮袋胀破，应使袋中残留空气量不超过 5mg。此外也可采用反压杀菌工艺。

⑤ 蒸煮袋表面脱水。如要求蒸煮袋表面完全干燥，可以用小型热风机吹。

(3) 无菌包装罐头米饭

① 无菌包装的基本概念。在无菌环境条件下,把无菌的或预杀菌的产品充填到无菌容器中并密封。

② 无菌包装的基本原理。以一定方式杀死微生物,并防止微生物再次污染。

③ 无菌包装的特点。可采用最适宜的杀菌方法进行杀菌,使色泽、风味、质构和营养成分等少受损害;能得到品质稳定的产品;包装材料的耐热性和强度相应降低;可进行自动化连续生产,省工节能。

④ 无菌包装材料的性能要求。在无菌热处理期间不产生化学变化或物理变化;在用化学试剂或紫外线进行无菌处理的过程中,材料的有机结构不改变;在无菌处理或干制的热处理过程中,容器外形不发生明显变化;一方面能阻隔外部氧气的渗入,另一方面能保持充入容器的惰性气体不外渗;阻止水分的穿透,以保持产品应有的水分含量;具有合适的包装性能,便于机械化充填、封口;阻隔光线的穿入;无毒、符合食品安全标准,而且易于杀菌;来源丰富,成本低。

无菌包装材料一般分为金属、纸板、塑料和玻璃四类。

3. 常见质量问题及解决方法

(1) 影响罐头米饭老化的主要因素 含水量:16%~60%之间易于老化。

温度:2~4℃易回生。淀粉的种类:直链淀粉易于回生。

(2) 防止罐头米饭老化的措施 大米的选择:选择含支链淀粉多的米品种为原料。

大米的浸泡:碱水浸泡。

高温处理:对浸泡后的大米进行高温处理。

加水量的选择:含水量68%~70%。

适当的添加剂:蔗糖、油脂、乳化剂等。

加快工艺流程:尽量缩短工序间的放置时间,特别封口至杀菌前的停留时间。

复习思考题

1. 速冻汤圆馅料的要求是什么?
2. 影响速冻汤圆质量的因素有哪些?
3. 速冻粽子的生产流程包括哪些?并详细描述。
4. 方便米饭的种类有哪些?各有什么特点?

数字资源

汤圆的制作

速冻汤圆加工工艺及操作要点

速冻汤圆加工影响品质的因素

技能单元一　发酵型速冻面制品加工

技能训练　速冻包子制作

【原料准备】

1. 面皮

馒头粉 10kg，酵母 0.06kg，水 4.8kg。

2. 雪菜猪肉馅料

猪肉 50kg，雪菜 20kg，香菇 10kg，香葱 1kg，水 8kg，盐 0.8kg，白糖 0.8kg，鸡粉 1.2kg，胡椒粉 0.01kg，香油 5kg，生抽 2.5kg，姜 1kg。

【仪器和工具】

和面机、压延机、切菜机、斩拌机、不锈钢盘、电子秤、食品车、包装机、速冻机等。

【制作方法】

1. 制皮

(1) 和面　将面粉、酵母粉状物料倒入立式和面机开机搅拌 2min，将调好温度的水一次性倒入和面桶中，春冬季和面水温 (28±2)℃，通过添加热水来实现；夏秋季和面水温为 (15±2)℃，通过添加冰片来控制。先慢速搅拌 5min，至无干粉时，快速搅拌 4min，然后再转慢档搅拌 4min。和面时间全过程控制在 15min 以内。

(2) 压面　先用高速压面机进行复合压延 (15±1) 次，要求逐渐调整辊距，由宽到窄，使面团厚度达到 2~3cm，注意每次均要折叠平展才可进入下一次压面。以上复合压延也可在全自动压面机进行，由其自动折叠和输送、喂入、转入下一道工序等，得到理想厚度的面团。压延工序对包子皮来说非常重要，如果没有压延或压延时间不够，包子皮中的空气没有排干净，成品表皮会有明显的大空泡，而且在冷后收缩形成疤纹，严重影响外观。

2. 制馅

将各类蔬菜原料（如雪菜、姜、葱等）清洗干净，用切片机将其切成长丝条状，姜丝再用斩拌机斩成姜碎。再进行肉处理，将瘦肉洗净后过绞肉机，用 10mm 的蓖孔绞碎，肥肉用 8mm 的蓖孔搅成泥状。最后拌馅，将处理过的肉菜倒入拌馅机中搅拌均匀，倒入调味料、香油拌匀。为使馅料不松散，在咸馅配方中可使用能够增加黏稠度的芡汁，大多使用淀粉、增稠剂和骨汤等熬制而成。

3. 成型

开皮：将压延好的面皮置于工作台上，将其卷成条状，搓揉至所需直径，要求粗细一致。揪剂：将条状面团握于左手中，露出所需重量的面团长度，用右手的拇指、食指和中指握住条状面团迅速揪下，按生重 40g 的雪菜猪肉包，其皮重约占 22g。将合格的面剂子按成扁圆形，擀制成圆片状，直径约为 5cm，要求厚薄一致。也可借助 Φ5cm 圆模具开皮。

开好的包子皮将光滑面向下，放于左手心中，右手上馅，推捏成均匀皱褶的菊花形花纹，要求收口严密、个头挺立，包子表面的花纹清晰，而且每个都是 16~18 个褶皱，无偏馅粘馅现象。然后将包子生坯置于不沾油纸或包底纸中央，均匀上盘后转至干净的蒸车，准备进入醒发工序。

4．醒发、蒸制

醒发间预先调好温度（38±2）℃，相对湿度80%±5%，醒发时间（50±5）min。醒发结束，把生坯送入蒸柜关紧柜门，蒸熟蒸透。

5．预冷、速冻、金属检测

拉出蒸柜的产品在冷却区稍微冷却，中心温度降至35℃以下即可按照产品规格来计量装托。预先把急冻隧道温度降至−30℃以下，包子进行速冻。然后进行包装。过金属探测器。打印纸箱标识，把产品装入规定的包装纸箱，封好箱，做好检验合格的标记。

【质量要求】

包子收口严密、个头挺立，包子表面的花纹清晰，皮薄馅大，耐蒸耐咬，外皮软硬度适中，馅料的稀稠度适中，在符合要求的储藏条件下满足保质期内的质量要求。

技能单元二　非发酵型速冻面制品加工

技能训练一　创意水饺设计制作

通常大家认为的饺子都是白色的、胖胖的，但是经过奇思妙想，就可以发掘很多新的花样，比如把饺子做成喜爱的卡通形象。

【原料准备】

中筋面粉200g，水85g，肉馅300g，葱末，玉米油，味精，盐少许，蛋黄粉，火腿肠，胡萝卜，海苔，黑芝麻少许。

【仪器和工具】

搅拌器、电子秤、筛子、盆、刮刀、刀具、裱花袋、压花器。

【制作方法】

① 分别混合黄色和白色面团食材，和面揉成光滑面团。

② 分出面剂子，每个15g，擀成饺子皮。

③ 包入10g白菜猪肉馅，包成元宝形。

④ 用裱花嘴在白色面皮上压出圆形，粘在白色饺子上做出熊耳朵和鼻子。

⑤ 饺子放入滚水中煮熟，每次煮沸后加入少量凉水，再继续煮沸，重复3次，最后饺子浮起后捞出。

⑥ 用裱花嘴在火腿肠上压出圆形。

⑦ 用表情压花器在海苔上压出造型部件。

⑧ 分别在白色和黄色饺子上完成松弛熊和猪鼻鸡的造型，其中猪鼻鸡的鼻子是用胡萝卜和黑芝麻完成。

技能训练二　速冻馄饨制作

【原料准备】

1．面皮配方

面粉100kg，变性淀粉5kg，水38kg，盐2kg，碱1.5kg，改良剂0.02kg。

2. 鲜肉馅配方

猪肉 35kg，水 3kg，肉皮汤冻 8kg，姜 2kg，大葱 2kg，盐 1kg，白糖 0.6kg，味精 1kg，鸡精 0.7kg，五香粉 0.1kg，酱油 3kg，香油 1kg，色拉油 2kg。

【仪器和工具】

和面机、压延机、切菜机、斩拌机、不锈钢盘、电子秤、食品车、包装机、速冻机等。

【制作方法】

1. 和面、制皮

先将面粉倒入和面机内，再将变性淀粉与粉状小料混合后加 10kg 水（用水含在总加水量中）搅拌均匀成糊状无硬块后倒入和面机，然后倒入剩余的水。（若为普通和面机，先开机正转搅拌 13min，醒面 5～10min，再正转搅拌 2min 出锅）

压延在连续压延机上进行，一般为 1 道复合压延，4～5 道连续压延，面皮厚度逐渐变薄至 1mm 厚。在压延过程中，扑粉使用玉米淀粉或绿豆淀粉。

压延之后是制皮工序，可将其串联在压延机后。先用一排立刀将面片分切，立刀间距约为 6cm，分切开的多条面皮再经过一个定量切断刀辊，此成型辊的两排刀间距 6cm，切断后即成为 6cm 见方、厚度 1mm 的大馄饨面皮。也可根据不同品种的要求选择相应的成型模制皮。然后将出好的面皮成品接放在钢盘中，每盘放 3 行，每叠 10～15 张皮，送至手工成型工序即可。

2. 制馅

(1) **菜处理** 生姜掰叉，清洗干净，控去多余水分，用斩拌机斩切成碎末，颗粒直径不能大于 2mm；脱皮大葱去根、黄叶，清洗干净，控去多余水分后，用切菜机切两遍，再用斩拌机斩碎，颗粒直径不能大于 2mm。

(2) **肉处理** 使用冻肉时，Ⅱ、Ⅳ号肉先用冻肉机切块，然后用筛孔为 10mm 绞肉机绞一遍，肥膘使用筛孔为 8mm 绞肉机绞一遍，按配方要求准确称量后即可进入下一道工序。使用冷鲜肉时，直接过绞肉机即可。肉皮汤冻的制作可参考速冻饺子馅心部分的介绍。

(3) **拌馅** 馄饨的馅心制备可使用拌馅机，也可在高速斩拌机中进行。首先将肉、1/2 的水，逐渐调至高速斩拌成泥状，至黏性增强时，再加入剩余的水、小料，逐渐换至高速斩拌，最后加入姜葱斩拌均匀即可停机出料。

3. 手工成型

手工成型时若条件许可，先确认馄饨皮的纵横向，将纵向正对身体摊开于左手食指、中指和无名指上，右手拿竹片将肉馅挑到皮子中间，然后将面皮上下对折，旋转面皮，制成官帽式外形。其他成形有抄手式、伞盖式等。

4. 速冻

成型后的馄饨计量入托后，进行快速冻结，要求 30min 内中心温度达到 －18℃。

5. 入库冷藏

速冻后，装袋，过金属检测器，封口装箱，存放在 －18℃ 的冻库。

【质量要求】

成品馄饨要求外皮完整、造型端正、无明显变形、馅料无外露；皮薄馅嫩、汤清味鲜，煮透后外观有透明感，在符合要求的储藏条件下满足保质期内的质量要求。

技能单元三　速冻米制品加工

技能训练　速冻粽子制作

速冻粽子是指以糯米和其他谷类食品为主要原料，中间裹以（或不裹）豆类、果仁、菌类、肉禽类、蜜饯、水产品等馅料，用粽叶包扎成型，经水煮至熟，冷却后速冻的制品。

【原料准备】

主料：糯米 1000g，猪腿肉 600g。

调料：酱油 50g，白砂糖 27g，盐 25g，白酒 5g，味精 1g。

其他：粽叶，棉线。

【仪器和工具】

不锈钢盘、粽子筐、脱水机、卧式拌米机、杀菌锅、电子秤、食品车、包装机、速冻机等。

【制作方法】

1. 糯米处理

（1）泡米　把定量的糯米先挑选一次，把黑米、石粒等杂质挑选出来，用凉水漂洗三次，用凉水浸泡，浸泡时间为 3~4h。

（2）脱水　将泡好的米放入脱水机中，启动开关后 10~15s 后立即关闭机器停转后即可。

（3）拌米　将米和按配方配好的小料倒入卧式拌米机中搅拌均匀即可，如人工拌米，必须搅拌均匀，静置 20min 后包制。

2. 馅料处理

将猪腿肉洗净切成 30g 重的小方块，加入其他作料，均匀后让肉浸渍在调料中 2~3h 备用。

3. 粽叶处理

把真空粽叶袋子拆开放入周转箱中（要定量），放入凉水浸泡 4h 以上，人工用刷子来回刷洗，粽叶的正反两面都必须刷洗，从清水中摆洗 3 次，放在清水中浸泡待用。

4. 包制

① 将清洗好的粽叶弯折成一个漏斗形。

② 先放入拌好整个粽子的一半米。

③ 在米上加入制作好的馅料。

④ 再盖上余下的一半米。

⑤ 把粽叶叠过来包成一个四角的粽子。

⑥ 用线把粽子捆扎好，粽子捆线要在粽子身上捆七圈，七圈要在粽子身上均匀分布，

打成死结。捆扎讲究"甜松咸紧、肥松瘦紧"的包制方法。包制好的粽子单个重量为39～41g(含粽叶)，熟制后为54～56g(含粽叶)。成型好的粽子应尽快熟制，停滞时间不得超过2h，如来不及熟制的，应入冷库存放。

5．熟制

① 把包制好的粽子放入杀菌锅（用特制的筐子装），每筐都不要装得太满，必须离筐边有2cm的距离；筐子装满后放在特制的车上排好，筐子堆高不超过五个筐子，最上面的一个筐子的粽子上要用不锈钢盘压住，然后送入杀菌锅中，杀菌锅中只可以装三车（15筐）。

② 每次杀菌锅工作盖上盖之前都要在上法兰与下法兰的接触面加油，装满后盖上盖子，扣上法兰，锁上保险，打开气泵使气垫充气；往锅内加水，水加到规定的位置。

③ 通汽过程中不断打开出气阀排出锅内冷气，但不得使进汽速度太快而导致锅内水剧烈翻腾，使粽子脱线，造成次品或浪费。80℃时关掉一半出气阀，95℃时关闭出气阀。

④ 通汽使锅内水温达到均匀的121℃时，关闭气阀，进行保温，并开始保温计时，保温时间15～20min(50g粽15min，150g粽20min，如糯性不好可适当延长时间)。

⑤ 保温过程中使两温度表始终保持在121℃，气压通过蒸汽或调节放气阀保持在0.15～0.2MPa之间。

⑥ 打开排水闸门排水，排水时要打开气泵和阀门向锅内加压，排水时锅内压力在0.1～0.15MPa之间，热水排完后放入凉水，放凉水时打开上端的排气阀排汽；凉到锅内温度80℃时，排掉气垫内的气，用凉水把法兰冲凉一下，关掉进入锅内的凉水，打开保险和锅盖。

⑦ 待放汽、放水结束后（即气压表显示为"0"，水位管显示"无水"），关闭放水阀，打开注水阀和放气阀进行注水冷却。

⑧ 关闭注水阀，打开放水阀放水，放尽水后旋推门锁柄，用特制的车子把装粽子的筐子拉出来。150g粽子冲洗干净后铺蒸盘上用蒸汽灭菌，1.3MPa压力下10min，冷却后包装。

6．冷却

从锅内取出粽子倒入冷水中再次冷却（10min左右）后捞出，放在食品车上沥水。捞出粽子放在不锈钢速冻盘中，捞出时要把粽子上面粘的饭粒清洗掉，把破的、开裂的、掉线的都要挑出来。

7．速冻

粽子在不锈钢盘中要把表面的水分吹干，然后在速冻库或速冻机中速冻。粽子的速冻时间为3～4h，粽子中心温度要达到−15℃以下。

8．包装

速冻好的粽子先进行金属检测，检测好的产品应及时包装，防止因解冻而导致产品品质不良现象的发生。如不能及时包装，应送至冷库，包装前再取出。

9．入库

封好箱的成品应及时入库，成品在外停留时间，夏季不超过15min，冬季不超过

20min，成品按要求码好或按库管要求摆放。入库的产品必须堆放整齐，产品分类，以满足出货，做到先入库产品先出库，以免产品在库中压库时间太长，发生产品变质、过期等质量事故。

【质量要求】

成品粽子粽角端正、扎线松紧适当，无明显露角、粽体无外露；米粒呈淡酱色，馅料香糯可口，在符合要求的储藏条件下满足保质期内的质量要求。

参 考 文 献

[1] 孟宏昌，等．粮油食品加工技术［M］．北京：化学工业出版社，2008．
[2] 张一鸣，等．粮油食品加工技术［M］．郑州：中原农民出版社，1998．
[3] 叶敏．米面制品加工技术［M］．北京：化学工业出版社，2006．
[4] 袁仲，等．速冻食品加工技术［M］．北京：中国轻工业出版社，2015．
[5] 隋继学，等．速冻食品生产技术［M］．北京：中国科学技术出版社，2012．
[6] 李里特，等．焙烤食品工艺学［M］．北京：中国轻工业出版社，2000．
[7] 马涛，等．焙烤食品工艺［M］．北京：化学工业出版社，2011．
[8] Schofield J D. Flour proteins：structure and functionality in baked products［C］// Chemistry and Physics of Baking. London：Royal Society of Chemistry，1986：14-29.
[9] Weegels P L, et al. Functional properties of wheat glutenin［J］. Journal of Cereal Science，1996，23（1）：1-17.
[10] Don C, et al. Glutenin macropolymer：a gel formed by glutenin particles［J］. Journal of Cereal Science，2002，37（1）：1-7.
[11] Southan M, et al. Molecular weight distribution of wheat proteins［J］. Cereal Chemistry，1999，76（6）：827-836.
[12] Tatham A S, et al. Structural studies of cereal prolamins, including wheat gluten［J］. Advances in Cereal Science and Technology，1990，10：1-78.
[13] Wang K, et al. Effects of partial hydrolysis and subsequent cross-linking on wheat gluten physicochemical properties and structure［J］. Food Chemistry，2016，197：168-174.
[14] 张莹莹，等．面制品制作过程中蛋白质的行为及作用［J］．粮食加工，2019，44（1）：9-13．
[15] 刘锐，等．和面方式对面团理化结构和面条性质的影响［D］．北京：中国农业科学院，2015．
[16] Kohler P, et al. Disulphide bonds in wheat gluten：further cysteine peptides from high molecular weight (HMW) and low molecular weight (LMW) subunits of glutenin and from gamma-gliadins［J］. Zeitschrift für Lebensmittel-Untersuchung und Forschung，1993，196（3）：239-247.
[17] Morel M H, et al. Mechanism of heat and shear mediated aggregation of wheat gluten protein upon mixing［J］. Biomacromolecules，2002，3（3）：488-497.
[18] Gómez A, et al. Effect of mixing time on structural and rheological properties of wheat flour dough for breadmaking［J］. International Journal of Food Properties，2011，14（3）：583-598.
[19] 白雪，等．影响冷冻面团的因素及其品质改良研究进展［J］．食品工业科技，2020，41（5）：348-353．
[20] 刘传富，等．延时醒发面包的生产工艺［J］．食品与发酵工业，2005，31（1）：43-46．
[21] GB/T 24303—2009，粮油检验 小麦粉蛋糕烘焙品质试验 海绵蛋糕法［S］．
[22] 李芳，等．小麦面筋形成及其理化特性影响因素研究进展［J］．中国食品学报，2019，19（11）：278-285．
[23] 张妍，梁传伟．焙烤食品加工技术（教育部高职高专规划教材）［M］．北京：化学工业出版社，2006．
[24] 朱珠，李丽贤．焙烤食品加工技能综合实训［M］．北京：化学工业出版社，2008．
[25] 樊丽华，赵广林，等．焙烤食品加工实训指导教程［M］．长春：吉林大学出版社，2014．
[26] 朱珠．焙烤食品工艺与实训［M］．郑州：郑州大学出版社，2012．
[27] 顾宗珠．焙烤食品加工技术［M］．北京：化学工业出版社，2008．
[28] GB/T 1355—2021，小麦粉［S］．
[29] GB/T 40636—2021，挂面［S］．
[30] GB/T 17400—2015，食品安全国家标准 方便面［S］．
[31] SB/T 11194—2017，方便面调味料［S］．
[32] 何承云，林向阳．乳化剂抗馒头老化效果的研究［J］．农产品加工（学刊），2010（5）：20-22＋26．
[33] 陈建伟．几种乳化剂在挂面生产中的应用研究［J］．粮食加工，2005（4）：43-44．